“中国森林生态系统连续观测与清查及绿色核算”系列丛书

王　兵■主编

广东省林业生态连清体系网络布局与监测实践

甘先华　黄钰辉　陶玉柱　黄芳芳
魏　龙　王永峰　吴　琰　牛　香　等■著

中国林业出版社

图书在版编目(CIP)数据

广东省林业生态连清体系网络布局与监测实践 / 甘先华等著.
-- 北京：中国林业出版社, 2020.3
("中国森林生态系统连续观测与清查及绿色核算"系列丛书)
ISBN 978-7-5219-0501-4

Ⅰ. ①广… Ⅱ. ①甘… Ⅲ. ①森林资源调查－研究－广东 Ⅳ. ①S757.2

中国版本图书馆CIP数据核字(2020)第033651号

审图号：粤S（2019）096号

本书出版得到广东林业生态定位监测网络平台建设项目(2019KJCX021)
和林业生态监测网络平台建设(2020-KYXM-09)资助。

中国林业出版社·林业分社
策划、责任编辑：于界芬　于晓文

出版发行　中国林业出版社
（100009 北京西城区德胜门内大街刘海胡同 7 号）
网　址　http://www.forestry.gov.cn/lycb.html
电　话　(010) 83143542　83143549
印　刷　河北京平诚乾印刷有限公司
版　次　2020 年 6 月第 1 版
印　次　2020 年 6 月第 1 次
开　本　889mm×1194mm　1/16
印　张　11.25
字　数　280 千字
定　价　98.00 元

《广东省林业生态连清体系网络布局与监测实践》
著 者 名 单

项目完成单位：

广东省林业局

中国森林生态系统定位观测研究网络（CFERN）

中国林业科学研究院

广东省林业科学研究院

项目首席科学家：

王　兵　中国林业科学研究院

项目组成员：

甘先华　黄钰辉　陶玉柱　黄芳芳　魏　龙　王永峰　吴　琰

牛　香　张卫强　高常军　肖石红　蔡　坚　郭乐东　许秀玉

易小青　温小莹　周　毅　李大锋　刘梦芸　李一凡

前言

党的十九大指出，中国的现代化是人与自然和谐共生的现代化，既要创造更多物质财富和精神财富以满足人民日益增长的美好生活需要，也要提供更多优质生态产品以满足人民日益增长的优美生态环境需要。林业作为生态建设和保护的主体，已经成为生态文明建设的中坚力量；林业承担着建设森林生态系统、保护湿地生态系统、改善荒漠生态系统、维护生物多样性的重大使命，在保护自然生态系统、构建生态安全格局、建设美丽中国、促进绿色发展等方面发挥了重大作用，为人民提供了优质的生态产品和优美的生态环境。改革开放以来，广东省实施了“十年绿化广东”“林业分类经营”“林业生态省建设”“全面推进新一轮绿化广东大行动”“创建国家森林城市”等系列重大举措，林业生态文明建设取得显著成效。2016年，广东省林业发展“十三五”规划提出了“森林生态体系完善、林业产业发达、林业生态文化繁荣、人与自然和谐的全国绿色生态第一省”的发展目标，盘活“山水林田湖草”生命共同体，构建“四区多核一网”的林业建设发展格局。生态监测是生态保护的基础，是生态文明建设的重要支撑。生态监测网络已成为研究典型区域生态学特征，监测森林、湿地、荒漠、城市等陆地生态系统动态变化，为林业生态文明建设提供决策依据和技术保障的重要平台，在解决林业生态建设的重大科技问题、构建生态安全格局、服务国家生态文明与美丽中国建设等方面发挥着重要作用。

自广东鼎湖山森林生态站启动以来，经过几十年的发展，广东已建国家生态站12个，含森林生态站（7个）、城市生态站（3个）及湿地生态站（2个）；已有省级生态监测点10个，其中，森林生态监测点6个，城市生态监测点2个，湿地生态监测点2个，生态站点建设取得了一定成效，但在生态站布局、生态站管理及生态

站运行等方面存在不足，主要表现在如下几个方面：在生态站布局方面，森林生态站布局没有有效利用广东温度、水分、地形区划、流域区划、数字高程、植被区划、重点生态功能区、生物多样性保护优先区及行政区划等数据，缺乏科学的技术手段，无法形成科学合理的森林生态站布局；湿地生态站类型单一，主要集中在广东沿海河流、湖泊及红树林湿地，监测区域与监测类型不足；城市生态站主要集中在广州与深圳，无法有效对珠三角国家森林城市群生态屏障区、缓冲区及核心城区生态系统进行监测。在生态站管理方面，广东省省内建设的生态监测站归口管理部门涉及中国科学院、国家林业和草原局及广东省林业局等部门，受行业保密与用户使用权限的影响，生态监测数据没有实现有效共享，监测成果没有得到有效整合和利用。在生态站运行方面，与中科院生态站相比，林业部门所属生态站在人才吸引与队伍建设、运行经费保障及重大基础与应用型项目支撑等方面存在明显差距。

2015年，中国林业科学研究院王兵研究员提出了森林生态连清体系，是以生态地理区划为单位，以国家现有森林生态站为依托，采用长期定位观测技术和分布式测算方法，定期对同一森林生态系统进行重复的全指标体系观测与清查的技术，森林生态连清体系顺应了林业标准化体系发展的需求，规范了森林生态站的建设和观测研究，全面提升了森林生态站建设和观测研究水平，解决了当今重大生态工程评估工作面临的瓶颈问题。森林生态连清技术体系为广东林业生态连清监测网络布局提供了新思路与新方法。依据生态文明建设、美丽中国建设对广东林业生态连清监测网络发展的新要求，以国家陆地生态系统定位观测研究网络中长期发展规划布局原则为指导，结合广东省自然、社会、经济状况及林业生态资源现状，以优化结构、科学布局、整合资源、开放共享、前瞻性为布局原则，进行林业生态连清监测网络布局。森林生态站布局以典型抽样思想为指导，采用分层抽样方法，选取适宜指标，利用空间分析技术实现广东省生态地理区划，在此基础上，提取相对均质区域作为森林生态站网络规划的目标靶区，并对森林生态站的监测范围进行空间分析，确定森林生态站网络规划的有效分区，布设23个森林生态站；湿地生态站布局采用典型抽样的方法，兼顾广东主要湿地资源与类型，选择其中的近海与海岸湿地、河流湿地和人工湿地作为建站区域，布设7个湿地生态站；城市生态站布局依托珠三角国家森林城市群生态功能区划，综合考虑各城市的空间方位与城市类型，布设12个城市生态站，形成涵盖珠三角城市的多区域综合、多类型集合、多站点联合的城市生态站布局。

本书中林业生态连清专项监测研究成果主要依托广东南岭森林生态站、广东东江源森林生态站、广东沿海防护林森林生态站及广东海丰湿地生态站等研究平台数据积累，结合广东省林业科技创新项目（2015KJCX029、2016KJCX026及2017KJCX038）的研究成果，经过多年整理而成。在本书写作过程中，中国林业科学研究院森林生态环境与保护研究所和广东省林业科学研究院编写组通力合作，进行了大量的资料整理和分析工作，在此对他们辛勤劳动表示诚挚的感谢。由于作者水平有限，书中错误与疏漏在所难免，敬请读者不吝批评指正。

著者

2019年3月

目 录

第一章 研究背景

第一节 国际陆地生态系统定位观测网络布局及研究进展

生态系统指一定空间范围内，生物群落与其所处的环境所形成的相互联系、相互作用的统一体，是生态学的基本功能单位。生态系统服务功能，即指生态系统与生态过程所形成及维持人类赖以生存的自然环境条件与效用（欧阳志云等，1999），是对人类福祉产生直接惠益的生态系统功能，是人类社会产生价值的另一种表现形式（于丹丹等，2017）。长期生态研究是通过对生态过程的长期监测，研究各种生态因子的相互作用及生态过程，从而揭示出生态系统和环境的长期变化，为生态系统评价及管理提供科学依据（王兵等，2004；傅伯杰等，2007）。生态系统观测研究网络是开展多变量的综合观测、多学科的交叉研究、多台站和多生境的联网试验，以及多层次研究项目联合实施的综合性野外平台（傅伯杰等，2007），是获得大尺度生态系统变化及其与气候变化相互作用等数据信息的重要手段（王兵等，2004）。党的十九大提出了加大生态系统保护力度，实施重要生态系统保护和修复重大工程，优化生态安全屏障体系，构建生态廊道和生物多样性保护网络，提升生态系统质量和稳定性。生态监测是生态系统保护的基础，是生态系统修复重大工程建设成效的重要手段，是生态文明建设的重要支撑。

生态系统观测研究网络是自20世纪80年代开始建设的全球地表过程观测网络之一，其目的是对全球的不同类型生态系统开展联网式动态观测研究，在区域性的生态、环境和资源问题的监测和研究中发挥了重要作用（傅伯杰等，2007）。国际生态监测始于1843年英国洛桑（Rothamsted）实验站，主要对土壤肥力与肥料效益长期定位试验。最早森林生态系统定位观测研究始于1939年美国Laguillo实验站，对美国南方热带雨林森林生态系统结构和功能的状况和变化展开研究。随着很多国家相继开展定位观测研究工作，由单独台站发展而来的生态系统定位观测网络逐渐形成。20世纪初，苏联、澳大利亚、美国、加拿大等国家相继开展了湿地、荒漠、草地等生态系统定位研究。在此之后，由单独台站联合形成

的生态系统定位观测网络逐渐形成。在一个国家或地区，系统建立观测站，构建定位观测网络，是今后开展陆地生态系统研究的趋势（王兵，2016）。20 世纪 50 年代以后，特别是 1992 年联合国环境与发展大会以后，随着全球生态环境问题日益严重，为了解决人类所面临的资源锐减、环境污染和生态系统安全等问题，生态系统观测研究网络发展迅速。一些国家地区、国际组织相继建立了国家、区域乃至全球尺度上的长期定位观测研究网络，用以开展生态系统在人类和自然双重影响下的演变机理和过程研究（傅伯杰等，2007）。

在国家尺度上，主要由美国长期生态学研究网络（US-LTER）、美国国家生态观测网络（NEON）、英国环境变化研究网络（ECN）、加拿大生态监测与分析网络（EMAN）及德国陆地环境观测站（TERENO）等。美国长期生态学研究网络（US-LTER）建于 1980 年，是世界上建立最早、涵盖生态系统类型最多的国家长期生态学研究网络，由代表森林、草原、农田、湖泊、海岸、极地冻原、荒漠和城市生态系统类型的 26 个站点组成。监测指标囊括了生态系统各类要素，包括生物种类、植被、水文、气象、土壤、降雨、地表水、人类活动、土地利用、管理政策等。

澳大利亚陆地生态系统研究网络（TERN）于 2009 年在国家合作研究设施战略和昆士兰州政府的支持下创建；TERN 为澳大利亚生态系统科学界提供基础设施和网络，以实现跨时空尺度采集和集成生态系统数据，安全地存储、获取、共享和管理数据；针对关键的生态系统科学问题建立合作的工作关系，对澳大利亚生态系统科学和环境管理领域的关键问题做出多学科、国家尺度的贡献；目前，共有 17 所大学合作伙伴、政府机构、澳大利亚联邦科工组织等 25 个机构参与；TERN 形成了硬、软两方面的基础设施：硬件方面包括规范的数据采集、存储和共享基础设施，如设备塔、支持植物区系和动物区系调查的样带和样地网络、各类实时环境传感器及相应的数据流；在软件设施方面，制定国家标准方法、数据采集、管理和挖掘的新方法，加强新的多学科合作、综合分析和知识向政策的转化等；在网络观测研究设施的整体架构方面，TERN 包括土地覆被 / 利用、国家尺度样地网、海岸带生态系统观测设施、长期生态学研究网络、通量观测网、土壤和景观网格、澳大利亚样带网、大样地网络、生态系统模拟和尺度推绎设施、数据发现端口、生态信息平台和澳大利亚生态分析与综合中心；TERN 建立了将生态系统点、样地等微观尺度的观测与样带、大陆尺度的观测集成起来的观测体系架构，实现了多尺度、多平台和多学科领域观测的集成；在观测方法上，TERN 将定点、多指标、高频率地面监测与周期性大范围清查和大尺度遥感监测相结合（傅伯杰等，2014）。

德国 TERENO 由 Helmholtz 国家研究中心联合会于 2008 年发起创建；TERNO 的总体目标是长期观测气候变化和全球变化对德国陆地系统的影响。德国学者将陆地系统定义为地下和包括生物圈、大气圈底层和人文圈的陆地表面；TERNO 观测系统是一个从局地到区域的多尺度等级系统；TERNO 以及在其基础上扩展而来的 TERENO-MED 都以研究全球变化对区域生态、社会和经济的影响以及人类的最佳相应为核心科学问题，水是其主要关注点。TERENO 的重要科学问题包括：一是全球变化对陆地地下水、土壤、植被和地表水以及人类栖息地的影响；二是陆地生态系统间交换过程中的反馈机制对陆地水和物质通量的作用；三是土壤和土地利用变化对水平衡、土壤肥力、生物多样性和区域气候的直接影响；四是大型人类活动对陆地生态系统的影响。TERNO 以流域为观测的基本空间单元，包括从德国东北部低平原流域到南部山地流域共设 4 个流域观测站点。每个站点综合集成了多个定位观测设施系统，同时辅以覆盖从局地到区域尺度的移动观测平台；TERNO 的观测设备系统包括：①多尺度区域降水场观测系统；②水气、能量和示踪气体通量以及气象参数观测系统；③高时空分辨率的环境参数传感器网络；④地表、地下水和溶质迁移定量观测系统；⑤ 地基、空基遥感观测平台；⑥地球物理和光谱传感器系统。通过综合集成这些设备系统，TERNO 采集系统的科学数据用于回答设计的科学问题（傅伯杰等，2014）。

在区域尺度上，有欧洲森林大气污染影响监测（ICP Forest）、亚洲通量观测系统（Asia Flux）等。目前在亚洲地区已经成立 AsiaFlux（日本）、KoFlux（韩国）和 ChinaFLUX（中国）区域性观测研究网络，约有 54 个不同生态系统类型的通量观测站点，观测区域覆盖了热带雨林、常绿阔叶林、针阔混交林、灌木草地、高寒草甸和各种农田等陆地生态系统（于贵瑞等，2004）。

在全球尺度上，相继建立了全球陆地观测系统（GTOS）、全球气候观测系统（GCOS）、全球海洋观测系统（GOOS）和国际长期生态学研究网络（ILTER）等。1993 年，美国长期生态学研究网络主办的国际长期生态学网络研究会议上发起成立了国际长期生态研究网络（ILTER），目前共有 40 余个成员网络。ILTER 是由基于站点从事长期生态学和社会经济研究的科学家组成的网络，使命是提升和促进对国家和区域范围长期生态现象的理解，为局地、区域和全球尺度的生态系统管理提供科学基础，促进综合、基于站点的和长期生态研究计划之间的国际合作，推动当前没有的此类计划的站点开展（Hobbie et al.，2003）。ILTER 将分布于各成员网络的生态站点的观测研究联系起来，增强站点观测研究尺度的扩展，进而提升解释、预测生态和环境问题的能力（傅伯杰等，2014）。

无论是全球网络、区域网络还是国家网络，在布局上普遍采用基于空间典型抽样的规划布局方法。在美国长期生态学研究网络基础上，美国国家科学基金委员会（NSF）于 2000 年提出建立美国国家生态观测网络（The National Ecological Observatory Network，NEON）是这种布局方法的典型代表。NEON 是大陆尺度针对关键生态问题的生态观测系统，它包含了 20 个生物气候区、覆盖相连的 48 个洲，以及阿拉斯加、夏威夷及波多黎各。每个区域代表一个独特的植被、地形、气候和生态系统（Carpenter et al.，1999）。区域边界依据统计多元地理聚类法（MGC）确定。NEON 的构成有 2 个层次：第 1 层为一级区域网络，依据美国农业部林业总署提出的植被分区图的一级区内的一些研究机构、实验室和野外观测站组成 20 个区域网络，第 2 个层次是由上述区域网络组成的国家网络“核心站”和“卫星站”。在每一个区域网络中设有一个“核心站”，它将具有全面、深入开展生态学领域研究工作所需的野外设施、研究装置和综合研究能力；“卫星站”的数目很多，通常只配置对某些生态过程或现象观测的野外装置（赵士洞，2005）。NEON 提出了核心站点遴选标准（最能代表该分区特征的野外站点和临近可重新定位的站点，这些站点可以针对包括分区内的连通性等区域性和大陆尺度的科学问题进行观测研究，同时，这些站点全年均可进出，土地权属 30 年以上，领空权不受限制以便定期开展空中调查，可作为潜在的试验站点），核心站见表 1-1。

表 1-1　NEON 候选核心站及其科研主题

分区编号	分区名称	候选核心野外站点	科学主题	北纬（°）	西经（°）
1	东北区	Harvard 森林站	土地利用和气候变化	42.537	72.173
2	大西洋中部区	Smithsonian 保育研究中心	土地利用和生物入侵	38.893	78.140
3	东南区	Ordway-Swisher 生物研究站	土地利用	29.689	81.993
4	大西洋新热带区	Guánica 森林站	土地利用	17.970	66.869
5	五大湖区	圣母大学环境研究中心和 Trout 湖生物研究站	土地利用	46.234	89.537
6	大草原半岛区	Konza 草原生物研究站	土地利用	39.101	96.564
7	阿巴拉契亚山脉 / 坎伯兰高原区	橡树岭国际研究公园	气候变化	35.964	84.283
8	奥扎克杂岩区	Talladega 国家森林站	气候变化	32.950	87.393
9	北部平原区	Woodworth 野外站	土地利用	47.128	99.241
10	中部平原区	中部平原试验草原站	土地利用和气候变化	40.816	104.745
11	南部平原区	Caddo-LBJ 国家草地站	生物入侵	33.401	97.570
12	落基山脉以北区	黄石北部草原站	土地利用	44.954	110.539
13	落基山脉以南 / 科罗拉多高原区	Niwot 草原	土地利用	40.054	105.582
14	西南沙漠区	Santa Rita 试验草原站	土地利用和气候变化	31.911	110.835
15	大盆地区	Onaqui-Benmore 试验站	土地利用	40.178	112.452
16	太平洋西北区	Wind River 试验森林站	土地利用	45.820	121.952
17	太平洋西南区	San Joaquin 试验草原站	气候变化	37.109	119.732
18	冻土区	Toolik 湖泊研究自然区	气候变化	68.661	149.370
19	泰加林区	Caribou-Poker Creek 流域研究站	气候变化	65.154	147.503
20	太平洋热带区	夏威夷 ETF Laupahoehoe 湿润森林站	生物入侵	19.555	155.264

第二节 中国陆地生态系统定位观测网络布局及研究进展

一、中国陆地生态系统定位观测网络建设研究进展

和国外相比，中国陆地生态系统定位观测起步较晚，为揭示陆地生态系统结构与功能，从20世纪50年代末至60年代初，我国开始建设陆地生态系统定位研究站（王兵等，2016）。国家林业和草原局下属的涵盖森林、湿地、荒漠、竹林、城市生态系统的国家陆地生态系统定位观测研究站网络（CTERN）和中国科学院下属的涵盖森林、农田、海湾、湖泊、湿地、草地、荒漠、城市生态系统的中国生态系统研究网络（CERN）。同时，水利、气象、生态环境部门也成立了相关生态要素的专项监测网络。

（一）国家林业和草原局CTERN建设研究进展

与其他部门行业相比，国家林业和草原局森林生态系统定位观测研究启动较早，早在20世纪50年代末60年代初，蒋有绪等老一辈科学家率先借鉴苏联的生物地理群落的理论和方法，在小兴安岭阔叶红松林、长白山自然保护区、湖南会同杉木人工林、四川米亚罗亚高山针叶林、云南西双版纳及海南尖峰岭的热带雨林等典型植被区开展了专项半定位的观测研究工作。20世纪80年代后期，森林生态定位研究站规模不断完善和扩大，并向网络化发展，分别在三北、长江、黄河、沿海、太行山等生态林业工程区内建立了近30个定位监测点，监测防护林体系的生态功能及环境效益；同时，在荒漠化地区、重要的湿地以及三峡库区建立了多个生态定位监测站，开展大气、植被、土壤、水文等多方面的系统观测，构成了我国林业生态环境效益监测网络的主体，形成了从沿海到内地，从农田林网到山地森林，从内陆湿地到干旱荒漠化地区的生态环境监测网络系统。1992年，国家林业部在黑龙江省帽儿山召开了已建成并持续开展工作的11个定位站的工作会议，全面总结了10年来的研究工作，这次会议推进了我国森林生态系统定位研究进入一个新的阶段（王兵等，2004）。截至2000年，森林生态站数量达到25个。2003年，国家林业局召开了“全国森林生态系统定位研究网络工作会议”，正式研究成立中国森林生态系统定位研究网络（CFERN），明确了生态站网在林业科技创新体系中的重要地位，标志着生态站网建设进入了加速发展、全面推进的关键时期。中国森林生态系统定位观测研究网络（CFERN）由分布于全国典型森林植被区的110个森林生态站组成，成为横跨35个纬度的全国性观测网络。森林生态站是通过在典型森林地段，建立长期观测点与观测样地，对森林生态系统的组成、结构、生物生产力、养分循环、水循环和能量利用等在自然状态下或某些人为活动干扰下的动态变化格局与过程进行长期观测，阐明生态系统发生、发展、演替的内在机制和自身的动态平衡（王兵，2016）。国家林业和草原局已经建设湿地生态站39个，初步形成了中国湿地生态系统定位观测研究网络（CWERN），涵盖沼泽、湖泊、河流、滨海四大自然湿地类型和人工湿地类型，遍布 24 个省（自治区、直辖市）；荒漠生态站网（CDERN）有荒漠生态站 26 个，个别站点建站历史很长，开展相关观测与研究工作基础较好，实现了除滨海沙地外，我国主要沙漠、沙地以及岩溶石漠化、干热干旱河谷等特殊区域的覆盖。

生态监测网络其功能作用主要体现：一是积累数据，即基本功能；二是监测评估，即评价功能；三是科学研究，即应用功能（段经华，2017）。通过长期建设，生态站已成为一站多能，集野外监测、科学试验、示范推广、科普宣传于一体的大型野外科学基地，在基础设施、监测水平、自主创新等方面取得了长足发展，特别是在陆地生态系统服务功能评估等方面形成了一大批监测研究成果，为准确评价林业生态工程建设成效、宣传林业功能和作用，应对气候变化以及履约谈判提供了基础数据和重要支撑（段经华，2017）。依托森林生态系统定位观测网络，先后完成了两次全国森林生态系统服务功能价值评估、4 次退耕还林工程生态效益监测评估国家报告及首期天然林保护工程生态效益监测评估国家报告（段经华，2017）。

（二）中国科学院 CERN 建设研究进展

1988 年，中国科学院创建了中国生态系统研究网络（CERN），并将“监测生态系统长期变化”“研究生态系统演变机制”“示范生态系统优化管理模式”作为整个网络的 3 大基本科技任务。CERN 由 1 个综合中心、5 个学科分中心（水分、土壤、大气、生物、水体）和 42 个生态站共同组成的观测和实验研究网络，涵盖了农业、森林、草原、荒漠、湖泊、海湾、沼泽、喀斯特和城市 9 类生态系统，分布在我国的主要气候地带和经济类型区域，主要针对中国各种生态系统类型开展长期监测研究。该网络是一个综合性生态系统定位观测研究网络，为生态系统过程的深入研究、生态系统联网研究和区域性复合生态问题研究奠定了坚实的基础（于贵瑞等，2013）。以 CERN 的观测研究网络为主体，还逐渐发育成了农业研究示范、生态系统恢复研究和全球变化等 3 大领域的研究基地及其 10 个专项观测实验研究平台（于贵瑞等，2013）。CERN 的核心任务与目标是开展生态与环境变化的动态观测、科学研究和生产示范，在此基础上为社会提供科学咨询、组织学术交流、人才培养和公众的生态环境教育（傅伯杰等，2007）。

（三）水利部全国水土保持监测网络建设研究进展

水土保持监测网络规模化建设始于 2004 年，经过近 10 年的建设，建立了由水利部水土保持监测中心、7 大流域机构监测中心站、31 个省（自治区、直辖市）监测总站、175 个监测分站和 735 个监测点构成的全国水土保持监测网络，形成了覆盖我国水土流失重点防治地区的水土保持监测网络（赵院，2013）。全国水土保持监测网络是一个由各级水土保持监测机构和常规监测点、临时监测点构成的层次式网络结构，既是一个开展、组织和管理水土保持监测工作的体系网络，又是一个水土保持监测数据采集、传递、整编、交流和发布的数据交换网络；既是一个具有自己特殊的任务、作用及与之相适应的完整结构的网络，

又是一个可以从公用数据网络以及相关监测网络获取信息并向它们提供信息的开放网络（郭索彦等，2009）。

（四）国家气象局气象监测网络建设研究进展

中国气象局国家气象信息中心负责承担全国和全球范围的气象数据及其产品的收集、处理、存储、检索和服务；研究与应用最新数据处理技术；加工和开发各类气象数据产品；承担国家级气象档案馆的任务职责，负责全国气象记录档案和工作档案的收集、归档、管理和服务；承担数据和档案业务对省级的技术指导。依据中国气象局《气象资料共享管理办法》和《气象信息服务管理办法》的规定，根据不同用户需求，向国内外提供各类气象数据及其产品的共享服务。依托完善的实时资料的接收业务流程，每日通过国内卫星通讯系统、全球通信系统收集全球和国内各类实时和非实时的气象观探测资料。现有的资料种类包括全球高空探测资料、地面观测资料、海洋观测资料、数值分析预报产品，我国农业气象资料、地面加密观测资料、天气雷达探测资料、飞机探测资料、风云系列卫星探测资料、数值预报分析场资料、GPS－Met、GOES-9卫星云图资料、土壤墒情、飞机报、沙尘暴监测、TOVS、ATOVS、风廓线资料等。资料服务室对收集的各类资料及时进行质量检验、加工处理、存储、建立综合气象数据库，形成各类便于应用的数据产品，通过在线和离线方式为各类用户提供分级分类共享服务（http://data.cma.cn/article/getLeft/id/269/keyIndex/2.html）。

（五）生态环境部环境监测网络建设研究进展

我国生态环境监测体系发展起步于20世纪70年代。40多年来全国环保系统的环境监测体系从无到有、从弱到强，全国已形成国家、省、市、县四级环境监测机构体系。环境保护部门建立了空气、地表水、噪声、固定污染源、生态、土壤等监测网络，颁布了400多项环境监测方法标准以及质量保证和质量控制标准，全国环境监测机构由1981年的650个发展到2012年的2725个，各项监测网络由原环境保护部环境监测司统一管理。2012年以来，全国先进监测设备快速应用，全国338个地级市1436个国控环境空气质量监测点位，都配备了能够监测 $PM_{2.5}$、O_3、CO的先进仪器设备和软件系统。党的十八大以来，国家区域大气环境监测网络由15个增加到95个，地表水环境监测网络由972个增加到2767个，地表水环境监测网络（自动）由149个增加到419个，近岸海域监测网络由301个增加到419个，土壤网络由0个增加到45000个（王海芹等，2017）。

二、中国陆地生态系统定位观测网络布局进展

在NEON的布局借鉴下，郭慧（2014）阐述了森林生态站布局特点，提出了森林生态站布局原则、方法和步骤；从区划背景与目的、原则、指标和结果4个方面系统对比分析

了中国的典型生态区划方案；结合中国生态地理区域系统的水分、温度指标和中国森林分区（1998），构建中国森林生态系统长期定位观测生态地理区划，在此基础上考虑重点生态功能区和生物多样性保护优先区，构建森林生态系统长期定位观测台站布局；在国家尺度上，森林生态系统长期定位观测网络将全国划分为147个生态区，布设190个森林生态站，其中拟建设102个森林生态站，包括已建设88个森林生态站（2013年年底）。网络布局结果可以监测全国89.29%的森林面积，72.98%的重点生态功能区面积和62.87%的生物多样性优先保护区面积。从重大林业生态工程尺度上，郭慧等（2014）综合温度、水分和森林区划结合退耕还林工程分区、已有森林生态站和DEM数据，与GIS空间分析相耦合构建了退耕还林工程森林生态系统长期定位观测网络；该网络包含148个退耕还林监测区，共布设166个监测站，其中已经建设68个，计划建设98个；利用全国退耕还林县级单位数据对网络规划布局结果进行精度评价，总精度达到97.96%；指出了不同退耕还林区生态效益监测的主要生态功能监测侧重点；该网络可以实现对中国退耕还林工程区内生态要素的连续观测与清查，其结果为退耕还林工程的生态效益评估提供数据支撑，并为辅助决策分析提供依据。

三、省域尺度森林生态系统定位观测网络研究进展

近年来，部分省级林业行政主管部门根据区域经济社会和林业发展的需求，以国家网络现有站点为骨架建立了省（市）级陆地生态系统定位观测研究网络。上海借助ArcGIS字段计算功能和空间叠置分析技术，通过分层抽样结合复杂区域均值模型，以MCI指数为标准，结合实地情况，遵守建站选址原则，确定各森林生态站点位置，从而构建上海城市森林生态监测网络，12个森林生态站分别代表了不同林分与环境特征，体现了上海城市森林特点和地方特色，实现了上海市森林生态监测网络“多功能组合、多站点联合、多尺度拟合、多目标融合”的目标。基于球状模型的普通克里格插值与GIS的空间叠置分析相耦合，湖北省构建了森林生态系统长期定位观测网络，该网络将湖北省划分成21个分区，布设21个森林生态站，其中计划建设17个森林生态站，包括已经建设4个森林生态站；网络布局结果不仅可以监测湖北省96.53%的森林面积，96.79%功能区面积和99.62%的生物多样性保护优先区面积，而且12个森林生态站分布与湖北省4个重点生态功能区和3个生物多样性保护优先区相匹配。

浙江省已经建立了包括5个国家级和8个省级生态站的省级生态观测研究网络，初步建成了覆盖全省主要流域、重要区位、典型植被类型的定位研究体系。吉林省规划至2020年建立森林、湿地、沙地监测站14个，形成较为完善的省级生态观测网络（王兵等，2014）。河南省规划并建立由生态站构成的河南省森林生态系统定位研究网络，并依托河南省林业科学研究院成立了网络管理中心。内蒙古自治区也已经规划在其境内对国家生态环境观测网络进行加密生态站建设，建立符合本区域生态环境功能的生态观测网络。此外，四川省、

新疆维吾尔自治区等省（自治区）也初步具备了省级陆地生态系统定位研究网络的雏形，其他省份也在进行各自相应的研究或规划工作。

省域尺度的长期观测研究主要侧重重点林业生态工程建设和生态环境热点问题，开展森林生态系统关键生态要素作用机理研究。由于森林生态系统区域分布完整性和多样性的特点，在市级或县级尺度上全面开展网络布局的工作使得生态站布设存在重复的可能性，不仅不能体现典型抽样的思想，而且投资成本过大。因此，选择省域尺度进行森林生态系统定位观测研究网络的建设，其主要目的是通过长期定位的监测，从格局—过程—尺度有机结合的角度，研究水分、土壤、气象、生物要素的物质转换和能量流动规律，定量分析不同时空尺度上生态过程演变、转换与耦合机制，建立森林生态环境及其效益的评价、预警和调控体系，揭示该区域森林生态系统的结构与功能、演变过程及其影响机制。

第三节　广东省林业生态监测布局与网络建设意义

一、广东省林业生态监测站点发展历程

（一）森林生态监测站（点）发展历程

广东省生态监测站建设始于20世纪70年代，在中国科学院大力支持下，先后完成了广东鼎湖山森林生态系统定位研究站和广东鹤山森林生态系统国家野外科学观测研究站的建设（表1-2）。广东鼎湖山森林生态系统定位研究站位于广东省肇庆市中国科学院鼎湖山国家级自然保护区内，隶属中国科学院华南植物园，现为中科院生态系统研究网络（CERN）台站和国家野外科学观测研究站（CNERN），联合国教科文组织人与生物圈（MAB）第17号定位站，中国通量网成员，中国科学院大气本底观测网成员，国际氮沉降观测网成员。鼎湖山站的科学研究先后经历了本底调查，群落结构、动态、生物量和生产力，生态系统结构与功能研究，生态系统关键过程及其耦合对全球变化的响应与适应性研究等阶段。广东鹤山森林生态系统定位研究站位于鹤山市，现为中国科学院生态系统研究网络（CERN）野外重点生态站，重点开展生态系统恢复、复合农林业生态系统模式及低效林提质增效等方面的长期定位监测。

2001年，广东省人民政府颁布了《广东省农业科技发展纲要（2001—2010年）》，提出了建立3～5个森林生态环境监测站的目标，同时提出了广东省森林生态效益监测工作的任务和目标。2003年，广东省人民政府开展了“创建林业生态县”“建设林业生态省”的行动，对森林生态效益监测工作和监测点的建设均提出了更明确的要求。2003年，广东省林业局编制了《广东省森林生态环境监测站（点）建设总体规划》，启动了“四江一带”省级生态监测布局，在广东“四江流域”和广东沿海防护林带建立6个省级森林生态监测点（表1-2、图1-1），率先在全国建立了第一个省级森林生态监测网络。

表 1-2 省级森林生态监测点

序号	生态站名称	管理单位	地点	建设情况
1	西江流域德庆森林生态监测点	广东省林业科学研究院	德庆县三叉顶市级自然保护区	已建
2	韩江流域蕉岭森林生态监测点	广东省林业科学研究院	蕉岭县长潭省级自然保护区	已建
3	东江流域龙川森林生态监测点	广东省林业科学研究院	龙川县老隆镇	已建
4	东江流域新丰江森林生态监测点	广东省林业科学研究院	源城区大桂山自然保护区	已建
5	北江流域天井山森林生态监测点	广东省林业科学研究院	乳源县天井山林场	已建
6	广东湛江东海岛森林生态监测点	广东省林业科学研究院	湛江市东海岛	已建

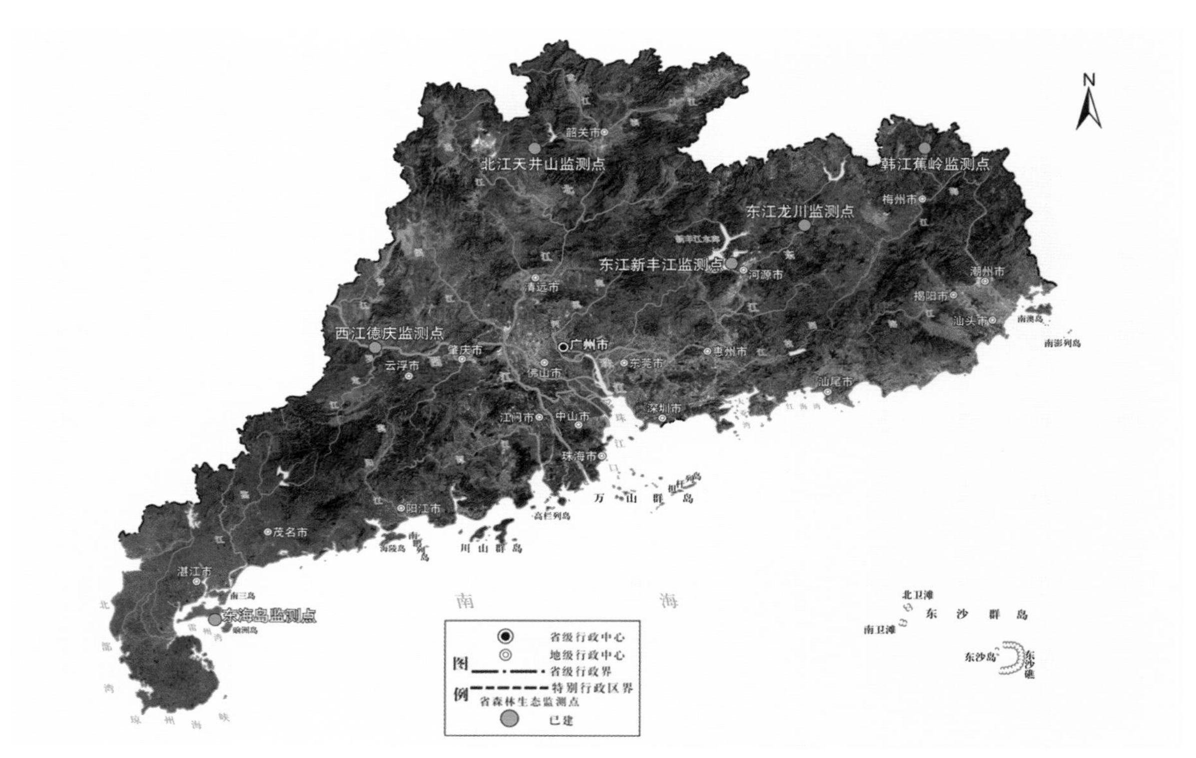

图 1-1 省级森林生态监测点分布

2004 年以来，在原有省级生态监测点（天井山森林生态监测点、新丰江森林生态监测点、东海岛沿海防护林森林生态监测点）建设的基础上，国家林业局依托广东省林业科学研究院，启动了广东沿海防护林森林生态系统国家定位观测研究站、广东南岭森林生态系统国家定位观测研究站及广东东江源森林生态系统国家定位观测研究站（表 1-3）。与此同时，国家林业局依托中国林业科学研究院热带林业研究所与国家林业局桉树研究开发中心，启动了广东珠三角森林生态系统国家定位观测研究站（兼顾城市站监测功能）和广东湛江桉树林生态系统国家定位观测研究站，见表 1-3 和图 1-2。2017 年，广东省林业厅在广东省

南岭国家自然保护区、广东车八岭国家级自然保护区、广东象头山国家级自然保护区、广东石门台国家级自然保护区、广东罗坑鳄蜥国家级自然保护区、广东云开山国家级自然保护区启动了生态环境与生物多样性专项监测点建设（表 1-4 和图 1-3）。

表 1-3　国家森林生态监测

序号	生态站名称	管理单位	地点	建设情况
1	广东鼎湖山森林生态系统定位研究站	中国科学院华南植物园	鼎湖山国家级自然保护区	已建
2	广东鹤山森林生态系统国家野外科学观测研究站	中国科学院华南植物园	鹤山市桃源镇	已建
3	广东珠三角森林生态系统国家定位观测研究站	中国林业科学研究院热带林业研究所	广州市白云区	已建
4	广东沿海防护林森林生态系统国家定位观测研究站	广东省林业科学研究院	汕尾湖东林场	已建
5	广东南岭森林生态系统国家定位观测研究站	广东省林业科学研究院	南岭国家级自然保护区	已建
6	广东东江源森林生态系统国家定位观测研究站	广东省林业科学研究院	东源县新丰江国家级森林公园	已建
7	广东湛江桉树林生态系统国家定位观测研究站	国家林业局桉树研究开发中心	湛江市遂溪县	已建

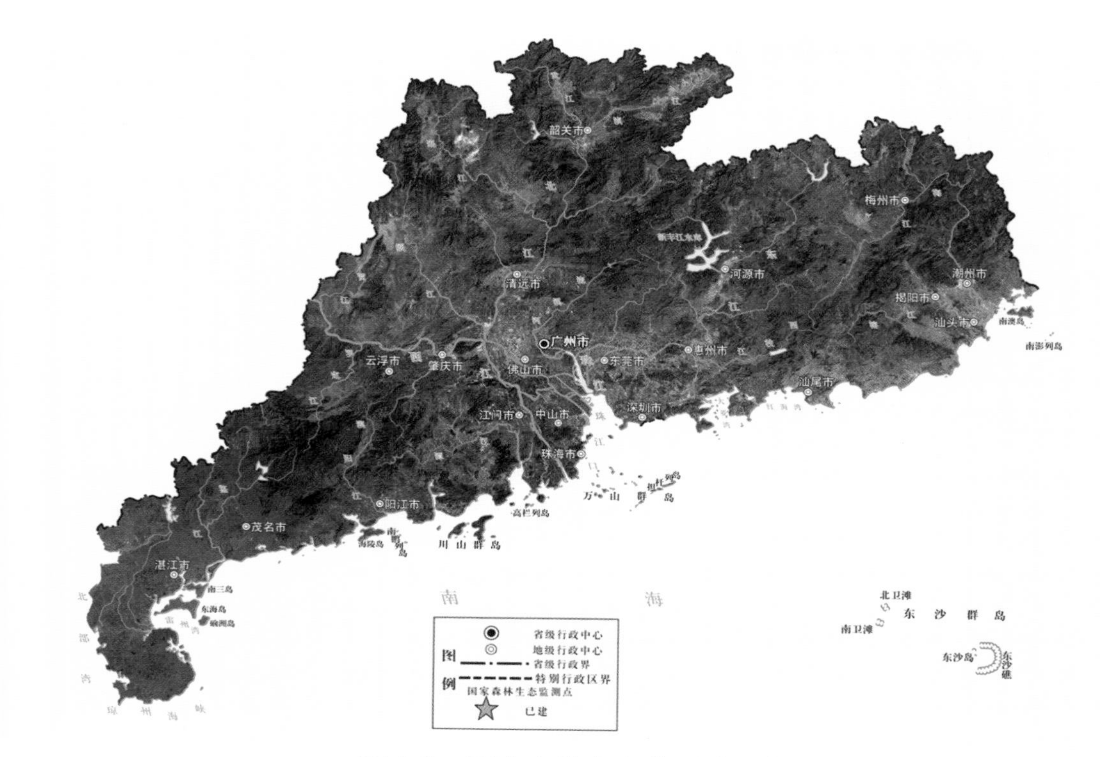

图 1-2　国家森林生态监测站分布

表 1-4　省级专项生态监测点

序号	生态站名称	管理单位	地点	建设情况
1	南岭森林生态监测点	广东省林业科学研究院	广东南岭国家级自然保护区	在建
2	石门台森林生态监测点	广东省林业科学研究院	广东石门台国家级自然保护区	在建
3	罗坑森林生态监测点	广东省林业科学研究院	广东罗坑鳄蜥国家级自然保护区	在建
4	车八岭森林生态监测点	广东省林业科学研究院	广东车八岭国家级自然保护区	在建
5	象头山森林生态监测点	广东省林业科学研究院	广东象头山国家级自然保护区	在建
6	云开山森林生态监测点	广东省林业科学研究院	广东云开山国家级自然保护区	在建

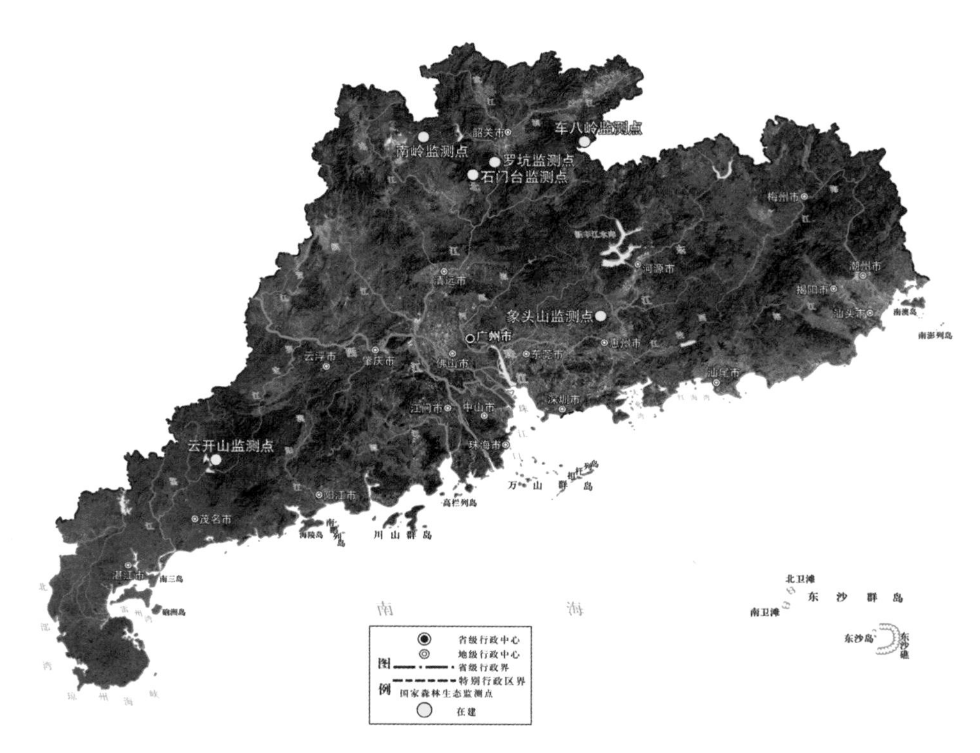

图 1-3　省级专项生态监测点分布

（二）湿地生态监测站（点）发展历程

近年来，国家林业和草原局依托广东省林业科学研究院和中国林业科学研究院湿地研究所先后启动了广东海丰湿地生态系统国家定位观测研究站和广东湛江红树林湿地生态系统国家定位观测研究站建设；与此同时，广东省林业局依托广东省林业科学研究院启动了广东内伶仃岛—福田与广东湛江红树林湿地生态环境与生物多样性专项监测点建设，见表 1-5 和图 1-4。

表 1-5　国家与省级湿地生态监测站点

序号	生态站名称	管理单位	地点	建设情况
1	广东海丰湿地生态系统国家定位观测研究站	广东省林业科学研究院	海丰湿地公园	在建
2	广东湛江红树林湿地生态系统国家定位观测研究站	中国林业科学研究院湿地研究所	湛江红树林国家级自然保护区	在建
3	广东内伶仃岛—福田生态环境与生物多样性监测点	广东省林业科学研究院	深圳内伶仃岛—福田红树林国家级自然保护区	在建
4	广东湛江红树林生态环境与生物多样性监测点	广东省林业科学研究院	湛江红树林国家级自然保护区	在建

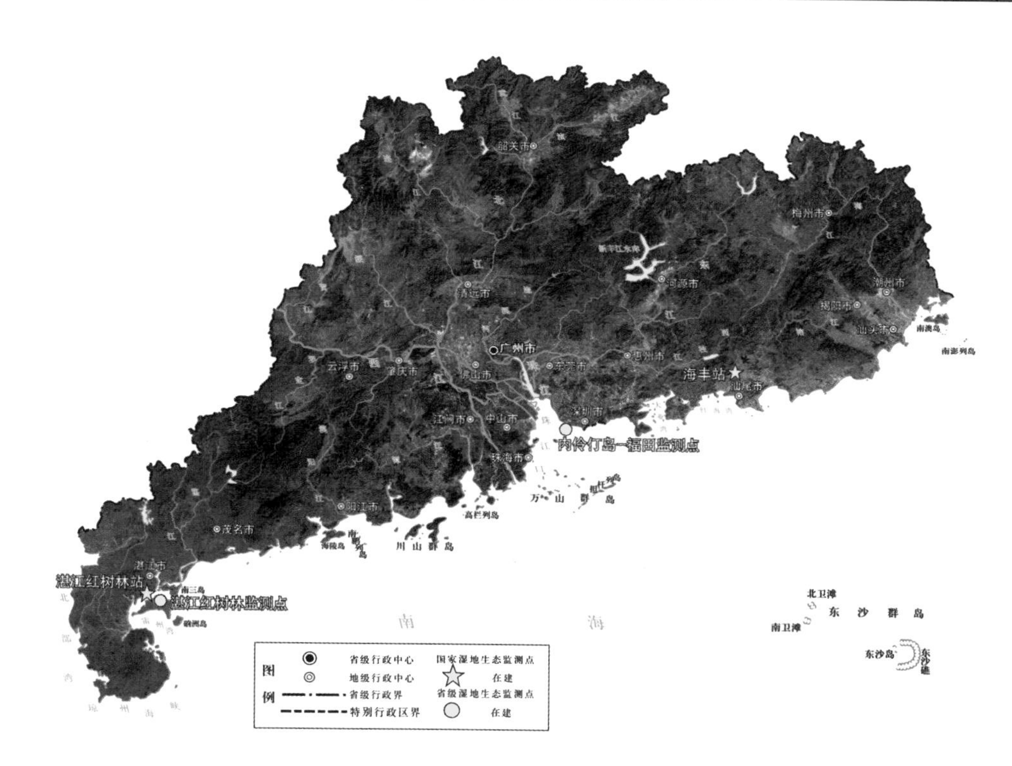

图 1-4　国家与省级湿地生态监测站点分布

（三）城市生态监测站（点）发展历程

2005 年以来，国家林业局依托中国林业科学研究院热带林业研究所、深圳仙湖植物园、广州市林业与园林研究院、国际竹藤中心，先后启动了珠三角城市森林生态站、深圳城市森林生态站、广州城市森林与湿地生态站及广东珠江口城市群森林生态站的建设；与此同时，广东省林业局依托广东省林业科学研究院，先后启动了中山城市森林生态站和东莞城市森林生态站建设，见表 1-6、图 1-5。

表 1-6　国家与省级城市生态监测站点

序号	生态站名称	管理单位	地点	建设情况
1	广东珠江三角洲森林生态系统国家定位观测研究站	中国林业科学研究院热带林业研究所	广州市太和镇帽峰山森林公园	已建
2	广东深圳城市森林生态系统国家定位观测研究站	中国科学院仙湖植物园	中国科学院仙湖植物园	在建
3	广东广州城市生态系统国家定位观测研究站	广州市林业与园林科学研究院	广州市风景区、湿地公园及森林公园	在建
4	广东珠江口城市群森林生态系统国家定位观测研究站	国际竹藤中心	深圳市龙岗区横岗园山	在建
5	中山城市森林生态监测点	广东省林业科学研究院	广东省中山市林业科学研究所	已建
6	东莞城市森林生态监测点	广东省林业科学研究院	广东省东莞市樟木头林场	已建

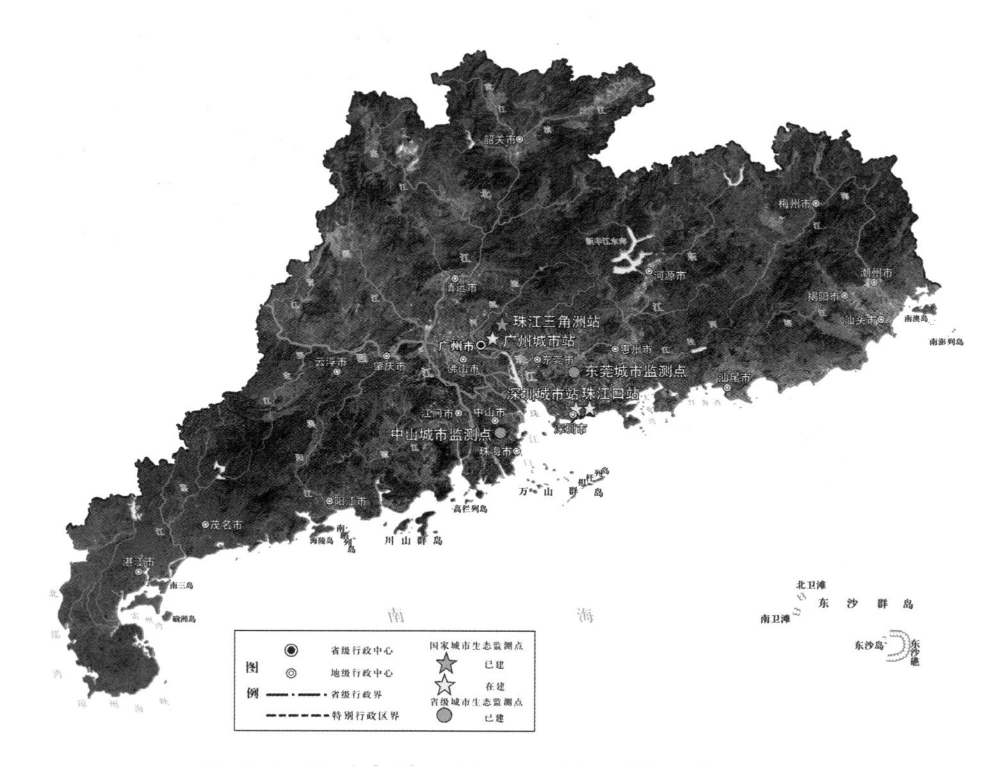

图 1-5　国家与省级城市生态监测站点分布

在中国科学院与国家林业和草原局的大力支持下，广东省已建国家森林生态站 7 个，其中，珠三角城市森林生态站兼顾城市森林站的功能；在建国家湿地生态站 2 个，已建或在建国家城市生态站 4 个，国家森林、湿地、城市生态站达到 12 个。在广东省林业局的大力支持下，广东省已建省级森林生态监测点 6 个，省级城市森林生态监测点 2 个，国家自然保护区生态环境与生物多样性专项监测点 8 个，共计 16 个生态监测点。

二、广东省林业生态监测站布局现状

（一）森林生态监测站布局现状

广东省森林生态站布局按照“四江一带”和典型植被类型进行布局，建立了国家森林生态站（7个）、省级森林生态监测点（6个）及省级专项生态监测点（6个）；如广东南岭森林生态站、石门台森林生态监测点及罗坑森林生态监测点位于北江上游，主要开展粤北屏障区调节气候、山地常绿阔叶林生物多样性保育等方面的生态监测；广东东江源森林生态站和象头山森林生态监测点位于东江中上游，主要开展季风常绿阔叶林演替、森林涵养水源功能监测；广东鼎湖山森林生态站、广东鹤山森林站、广东德庆森林生态监测点位于西江下游，主要开展山地丘陵季风常绿阔叶林演替及人工林提质增效生态监测；蕉岭森林生态监测点位于韩江上游，主要开展山地常绿阔叶林生物多样性保育与森林涵养水源等方面的生态监测；广东湛江桉树林森林生态站位于雷州半岛沿海流域，主要开展桉树林生态功能监测；广东汕尾沿海防护林森林生态站位于沿海防护林生态区域，开展沿海防护林防风固沙、防灾减灾功能监测。

广东省森林生态站点布局存在的不足主要表现为布局依据不够充分和布局方法不够先进。目前，森林生态监测站点所属不同层次（国家与省级）。国家森林生态站主要从国家层面上按照生态地理区划进行典型抽样布局；而省级森林生态站只考虑了广东四江流域与典型森林植被类型进行典型抽样布局。布局依据没有充分考虑广东温度、水分、地形区划、流域区划、数字高程、植被区划和植被图斑矢量、重点生态功能区、生物多样性保护优先区及行政区划等数据，无法形成基于生态站点监测的广东省生态功能区划，缺乏应用 ArcGIS 和普通克里格方法等手段构建以温度、植被、水分和地形因素的广东省生态地理区划，没有提取相对均质区域作为森林生态站规划的目标靶区和森林生态站的监测范围进行空间分析，无法获取森林生态站网络规划有效分区，无法完成科学合理的森林生态监测站点布局。

随着党中央“推进生态文明建设”的战略部署和“新一轮绿化广东大行动”的实施，以维护生态安全为主攻方向，以扩绿提质增效为基本要求，努力建成“全国绿色生态第一省”，2016 年，广东省林业厅出台了《广东省林业发展“十三五”规划》，规划依据全省地形地貌、森林资源分布、区域社会经济发展方向的差异性特征，盘活“山水林田湖”生命共同体，构建“四区多核一网”的林业建设发展格局，“四区”为珠三角国家森林城市群建设区、粤北生态屏障建设区、东西两翼防护林建设区和雷州半岛生态修复区；“多核”以保护全省丰富的森林风景资源目标，建设一大批森林公园、湿地公园、自然保护区、森林小镇和乡村绿化美化示范点等，在广东大地形成一颗颗璀璨的绿色明珠，营造和谐、绿化、美化、生态化的城乡环境；“一网”将生态景观林带、沿海防护林带、农田防护林带、沿江沿河防护林带、绿道等有机连接，形成覆盖全省的生态绿网，为广东经济社会可持续发展提供生态保障。目前，广东生态监测站点布局无法适应《广东省林业发展“十三五”规划》的要求，主要体现在如下几个方面：粤北生态屏障建设区仅有广东南岭森林生态站、石门台森林生态监测点及罗坑森林生态监测点，无法有效满足粤北生态屏障区低效林提质增效、生物多样性保育、森林康养等建设成效的评估；东西两翼防护林区主要开展沿海滩涂红树林、沿海基干林带和沿海纵深防护林建设，广东汕尾沿海防护林生态站主要开展沿海基干林带防风固沙监测为主的生态站，无法满足沿海纵深防护林建设成效评估的需求；雷州半岛生态修复区主要以典型生态系统的修复与保护、集约经营用材林为主，而广东湛江桉树林生态站主要开展桉树集约经营生态功能的监测，而北热带地带性植被常绿阔叶林修复与保护成效监测尚需要建立生态监测站点，以满足雷州半岛生态修复区建设的需求。

（二）湿地生态监测站点布局现状

广东省湿地主要涵盖近海和海岸湿地、河流湿地、湖泊湿地、沼泽湿地、人工湿地等5大湿地类21个湿地型；其中，近海和海岸湿地、河流湿地、人工湿地等3大类湿地数量较大。目前，广东省有湿地生态站点4个，其中，国家级湿地生态站2个，省级湿地生态监测点2个，监测湿地类型集中在滨海湖泊库塘湿地及海岸泥质潮间带红树林湿地。其中，广东海丰湿地生态站主要开展滨海湖泊库塘湿地物种多样性、湿地植物净化水质、滨海湿地碳收支规律等方面的监测，而广东湛江红树林湿地生态站和广东福田红树林湿地生态站主要开展红树林生态系统物种多样性、红树林湿地碳收支规律等方面的监测。目前，湿地生态监测网络台站数量偏少，监测湿地类型较为单一，而作为广东省主要湿地类型的河流湿地和人工湿地缺乏相应生态站点的布设，无法满足广东湿地生态监测网络布局的需求。

（三）城市生态监测站点布局现状

2016年，广东省林业厅发布实施了《珠三角国家森林城市群建设规划（2016—2025年）》，在珠三角区域将建成我国第一个国家森林城市群。城市群生态站网布局与单个城市生态站的布局有所不同，既需要考虑各个城市特点及代表性也需要综合考虑城市群整个区域的生态环境构成。目前，珠三角城市群已有6个城市生态站点，其中，国家级城市生态站4个，省级城市生态监测点2个，城市生态监测站点主要集中珠三角城市群东部，在空间上既没有涵盖珠三角城西部主要城市，也没有实现对珠三角城市群生态屏障区、城市群生态缓冲区及核心城区的全面监测，在城市类型上缺少工业少、环境好，人均可支配收入多的城市生态站点。现有城市生态监测站点无法满足创建珠三角国家森林城市群的需求。

三、广东省林业生态监测站网管理与运行现状

（一）广东省林业生态监测站网管理现状

目前，广东省省内建设的生态监测站归口管理部门涉及中国科学院、国家林业和草原局及广东省林业局等部门。中国科学院系统的中国生态系统研究网络CERN成立领导小组、科学指导委员会和科学委员会，领导、组织和协调CERN的工作，领导小组是CERN的决策机构，负责领导CERN的运作，负责重大问题的决策以及与院、国家有关部门的协调，聘任科学指导委员会和科学委员会；科学指导委员会是CERN的学术指导机构，对CERN的科学方向、重大科学问题、发展战略及科学委员会的其他工作提出指导性建议；科学委员会是CERN的学术领导机构，负责确定CERN的研究方向、重大研究内容，制定CERN的发展战略、规划和计划，监督计划执行情况；综合中心、分中心和生态站所在研究所，负责所属中心和生态站的日常管理和后勤保障；生态站是CERN的基本单元，承担环境要素、生态过程的监测及生态系统结构与功能的研究、优化模式的构建与示范等方面任务。

《国家林业局关于印发〈国家陆地生态系统定位观测研究站网管理办法〉的通知》（林科发〔2014〕98号）明确国家林业局（现为国家林业和草原局）负责生态站网的建设管理；国家林业局管辖的国家生态定位观测网络中心负责组织开展生态站网规划建设、运行管理、观测研究、培训交流、标准制定等工作；生态站业务管理由相关单位科技主管部门负责；生态站依托相关法人单位开展建设运行和观测研究。按照《国家林业局陆地生态系统定位研究网络中长期发展规划（2008—2020年）》，国家林业局设立陆地生态系统野外观测研究管理委员会和陆地生态系统野外观测研究科学委员会，以及国家林业局陆地生态系统野外观测研究与管理中心。管理中心下设森林、湿地、荒漠、城市4个管理分中心，分别负责相应研究网络生态站的管理工作。管理委员会由主管部门和部分生态站依托单位的管理人员组成，主要任务是制定生态站网的发展规划和各项管理规定，研究生态站建设、管理方面的重大问题，确定生态站网的重大工作计划。科学委员会主要任务是对生态站网的发展规划、研究方向、观测任务和目标进行咨询论证，评议生态站网的科研进展，开展相关咨询，组织讨论重大科学问题，组织重大科研、科普活动、学术交流和科技合作。管理中心及分中心在管理委员会和科学委员会的领导与指导下开展工作，负责站网具体建设及日常运行管理和生态站综合评估与专家咨询等。管理分中心同时作为数据中心，具体负责生态站网的观测数据传输、采集、储存和管理系统，负责系统维护和指导相应生态站的数据管理系统建设并对外提供数据服务。

目前，广东省域内生态监测站管理单位涵盖中国科学院华南植物园、中国林业科学研究院热带林业研究所、国家林业和草原局桉树研究开发中心、中国科学院深圳仙湖植物园、国际竹藤中心、广州市林业与园林科学研究院、中国林业科学研究院湿地研究所及广东省林业科学研究院等单位，不同单位所属不同行业，野外观测指标和观测方法等方面也存在较大差异，如中国科学院系统华南植物园鼎湖山与鹤山森林生态站野外定位观测主要依据《中国生态系统研究网络观测与分析标准方法》进行生态指标观测与分析，而国家林业和草原局林业行业生态站主要依据森林、湿地、荒漠等生态系统观测指标体系与观测方法进行（GB/T 35377—2017、GB/T 33027—2016、LY/T 1606—2003、LY/T 2090—2013、LY/T 1752—2008 等）。在数据管理与共享方面，中国生态系统研究网络 CERN 建立了台站—分中心—综合中心三级分布式数据管理和共享服务系统，实现了生态系统生物、土壤、水文、气象进行有效管理与数据共享，国家林业和草原局生态定位观测网络中心 CTERN 建立了中国陆地生态系统定位观测研究站网数据平台，对林业部门已经建成的 188 个生态站观测数据进行管理，实现数据的集成共享与展示。目前，广东省域生态站监测数据受行业保密与用户使用权限的影响，没有实现有效共享，监测成果没有得到有效整合和利用，无法有效体现广东省生态文明与美丽广东建设成效，无法有效评价珠三角创建国家森林城市群和雷州半岛生态修复等重大生态工程建设效果。

（二）广东省林业生态监测站网运行现状

广东鼎湖山与鹤山森林生态站以其独特的区位优势、完善的平台设施、丰富的研究积累和优秀的成果产出吸引了越来越多的国内外科研人员到鼎湖山和鹤山森林生态站寻求合作研究和开展学术交流，与中科院研究所、院外科研院所及大专院校开展实质性的科学研究，有“973”项目、国家自然科学基金重大重点项目等作为生态站运行支撑，在人才培养、人才队伍建设、科研能力与技术平台建设等方面取得了显著的成效，为广东省其他生态站运行提供了示范。广东省域其他生态站由于起步较晚，经过十多年的发展，依托生态站长期定位观测数据，在国家森林生态服务功能评估、林业生态工程建设成效评价、林业生态关键技术研究等方面取得了显著成效，但与中国科学院鼎湖山与鹤山生态站相比，其运行能力相对较弱，主要表现在人才吸引与队伍建设、运行经费保障及重大基础与应用型项目支撑等方面；首先，在人才吸引与队伍建设方面，广东林业部门生态站没有相关台站吸引人才鼓励机制与管理办法，无法有效吸引国内外知名专家与学者到生态站进行科学研究与学术交流，生态站人员参差补齐、人员流动较大、人员定位不明确、没有明确生态站研究人员、技术支撑人员、辅助人员等职责；其次运行经费保障方面，纳入国家林业和草原局与广东省林业局所管台站运行经费仅占建设经费的 5%～10%，其经费主要依靠国家林业和草原局陆地生态站运行补助经费、广东省省级生态公益林效益补偿专项资金投入，各生态站正常的运行经费严重不足，无法满足基本的野外设施与设备的维护及生态数据监测的需求，影响了生态站开展长期、稳定、高水平的观测研究工作；最后在重大基础与应用型项目支撑方面，依托生态站长期定位观测研究平台，争取科技部重大科学研究计划项目、国家自然科学基金等项目能力不足，无法形成项目与生态站良性循环的运行模式。

与此同时，在广东省域内，中国科学院华南植物园所属生态站与林业部门所属生态站监测和研究工作大多集中在单站水平，缺乏跨站、跨区域的协作监测与研究，对整体格局和规律的监测与研究还十分有限，无法整合全省生态监测力量和资源，需要构建行之有效的生态站联盟合作模式；生态监测数据管理分别由中国生态系统研究网络管理中心、中国陆地生态定位观测网络中心及广东省森林生态系统定位观测网络中心分别进行管理，各管理中心数据管理规范不一致，没有形成统一的生态监测数据管理模式。

四、广东省林业生态监测站点成果产出

自中国科学院华南植物园建站以来，鼎湖山森林生态站荣获国家自然科学奖二等奖 1 项，广东省自然科学奖一、二等奖共 3 项，中国基础研究十大新闻 1 项，主持中科院先导专项课题、国家自然科学基金重点项目、“杰青”项目、“百人计划”项目、“973”课题、中科院重要方向性项目、广东省团队项目等。鹤山森林生态站始终紧跟国际科学研究前沿，围绕全球变化对生态恢复的影响研究，以鹤山站为第一主持单位开展了“中国东部主要农业生态系统与全球变化相互作用机理研究”（国家重大基金项目），其成果被国际地圈生物圈计划（IGBP）中的全球变化与陆地生态系统计划（GCTE）列为核心研究项目内容，所研究的中国东部南北样带被列为 IGBP 的第 15 条国际标准样带的一部分，为开创世界领先水平研究打下了坚实基础，这一研究在 2000 年被评为中国基础研究十大新闻。

依托林业部门野外生态站，开展了森林、湿地生态系统“水分、土壤、气象和生物”指标的长期定位观测，积累了大量生态数据，为广东重大林业生态工程（生态景观林带建设、水源涵养林建设工程、珠三角森林进程围城、沿海防护林恢复工程等）建设成效评估提供科学依据。依据 1994 年、1999 年、2004 年、2009 年广东省森林资源二类清查数据，结合广东省森林生态系统定位研究站的长期观测数据集，采用分布式计算方法与 NPP 实测法，分地市、优势树种林分类型、林种、起源和龄组从固碳释氧、涵养水源、保育土壤、积累营养物质、净化大气、生物多样性保护功能对广东省森林生态系统生态服务物质量、价值量的总量和单位面积的物质量、价值量进行了测算和评估。2009 年广东省森林生态系统服务功能的总价值为 7263.01 亿元 / 年（7.26×10^{11} 元 / 年），每公顷森林提供的价值为 7.51 万元 / 年。

五、森林生态系统连续观测与清查体系的提出及其发展

森林生态系统服务功能全指标体系连续观测与清查技术（简称森林生态连清体系）是由中国林业科学研究院森林生态环境与保护研究所王兵研究员提出和倡导的。森林生态连清是以生态地理区划为单位，以国家现有森林生态站为依托，采用长期定位观测技术和分布式测算方法，定期对同一森林生态系统进行重复的全指标体系观测与清查的技术。它可

以配合国家森林资源连续清查，形成国家森林资源清查综合调查新体系。用以评价一定时期内森林生态系统的质量状况，进一步了解森林生态系统的动态变化。

世界发达国家的森林资源清查基本都经历了3个发展阶段，即木材资源调查阶段、森林多资源调查阶段和森林环境监测阶段（Shaw et al.，2014）。这一历程是随着不断加剧的全球环境变化而发展的。德国作为欧洲一个森林资源丰富的国家，全国森林资源清查(National forest inventory）开始于1986年，而在此之前的1983年，已经开始了每年1次的森林健康监测（Forest health survey)，可以说德国森林资源清查的历史是从森林健康监测开始的。之后，德国又从1987年开始，每隔15年进行1次森林土壤调查（Forest soil survey)，其起因也是针对当时日益严重的酸雨问题（Paivinen et al.，1994)。在全国的森林资源监测网络中，德国更关注森林生态状况（森林环境）监测体系的建设，将整个体系分为3个层次，第1层次是以高斯—大地坐标为基准建立的系统性网状抽样（密度为16千米 × 16千米）的监测样地体系，也称大规模森林状态监测体系，第2层次是在典型的森林地区建立固定观测样地，进行森林生态系统的强化监测，第3个层次是为研究森林生态系统过程的一般问题，由一些集中的研究组织和研究场地构成的观测及研究体系（张会儒等，2002)。这样形成的森林生态连清体系与森林资源清查在同一体系框架下进行，综合起来构成了完整的技术体系。美国的森林资源清查与分析（Forest inventory and analysis，FIA）从1928年开始到20世纪70年代以前，主要以森林面积和蓄积调查为主（Xiao et al.，2005)。1989年美国开始建立森林健康监测（Forest health monitoring，FHM）体系（Klos et al.，2009；Woodall et al.，2011；Woodall et al.，2010)，这一时期，多资源调查与森林健康监测同时进行。1998年美国国会要求设计一个综合的森林清查与分析和森林健康监测体系，取名为森林资源清查与监测体系（Forest inventory and monitoring，FIM)，这是美国森林资源清查转折点；通过5年的过渡与调整，到2003年美国已经全面采用了新的设计方案，同步实施了对森林资源与森林健康的清查与监测。值得注意的是，美国的全国森林资源清查工作是由美国林务局所属的6个森林研究站承担。而这些研究站本身就是美国的“长期生态学研究网络”(USLTER）成员。他们在研究生态学问题的同时，开展了大量森林生态状况方面的指标观测，实际上发挥的正是森林生态连清的作用。

1994年，国家林业局颁布了《国家森林资源连续清查主要技术规定》，森林资源的调查内容主要以森林的面积和蓄积为主。2004年，国家林业局颁布了《国家森林资源连续清查技术规定》，规定中增加了群落结构、林层结构、树种结构、自然度、植被覆盖度等反映森林生态状况的因子，也给出了“森林生态功能评价因子及类型划分标准”。同时，国家林业局开始关注森林资源连清体系的发展需求，从第七次全国森林资源清查开始，首次在森林资源连清中使用了森林生态服务专项评估，2009年“中国森林生态服务功能评估”正式发布，森林生态连清技术开始进入全国森林资源清查中。王兵（2015）在借鉴国内外森

林生态系统服务研究成果基础上，结合中国国情和林情，提出一套森林生态系统服务评估技术体系——森林生态连清体系，弥补了这一领域的空白。森林生态连清技术体系是森林生态系统服务全指标体系连续观测与定期清查的简称，是以生态地理区划为单位，以国家现有森林生态站为依托，采用长期定位观测技术和分布式测算方法，定期对同一森林生态系统进行重复的全指标体系观测与清查的技术，森林生态连清技术体系由野外观测连清体系和分布式测算评估体系两部分组成，其中，野外观测连清体系主要由观测体系布局、生态站建设、观测标准体系及观测数据采集传输系统组成；分布式测算评估体系通过分布式测算方法、测算评估指标体系、数据源耦合集成及森林生态功能修正系数集来完成。相比目前国内外森林生态系统服务研究体系框架中生态研究和经济核算的相对独立，森林生态连清体系将森林资源清查、生态参数观测调查、指标体系和价值评估方法集于一套框架中，即通过合理布局来实现评估区域森林生态系统特征的代表性，又通过标准体系来规范从观测、分析、测算评估等各阶段工作。这一套体系是在耦合森林资源数据、生态学参数和社会经济价格数据的基础上，在统一规范的框架下完成对森林生态系统服务功能的评估（王兵，2016）。生态连清技术体系在国家层面森林生态系统服务评估、重大林业工程及省级层面森林生态系统服务评估等方面得到了广泛应用。中国森林生态系统服务功能评估组（2010）基于第七次全国森林资源清查数据，利用森林生态连清体系对我国森林生态系统服务评估得出，森林生态系统每年能够提供价值 10.01 万亿元的服务。在进一步改进和完善评估方法，丰富野外观测数据的基础上，中国森林资源核算研究项目组（2015）基于第八次全国森林资源清查结果评估出我国森林生态系统平均每年提供的主要生态服务价值 12.68 万亿元，首次从国家层面连续反映森林生态系统服务价值。国家重大林业工程方面，2014 年，国家林业局通过生态连清体系对我国退耕还林工程 6 个重点监测省份退耕还林工程生态效益进行评估，得出价值量总和为 4502.39 亿元 / 年，已超过政府对工程的总投资。2015 年，国家林业局对我国长江、黄河中上游流经省份退耕还林工程生态效益进行评估，分别得出 2 条大河流经省份退耕还林工程每年的生态效益总价值达 10071.50 亿元，还利用该套评估技术体系进行多个省份森林生态系生态统服务评估（王兵等，2010；王兵，2011；山广茂等，2013），例如广东省森林生态系生态统服务总价值为 7263.01 亿元 / 年，黑龙江省森林生态系统生态服务总价值为 12684.04 亿元 / 年，吉林省森林生态系统生态服务总价值为 5934.49 亿元 / 年等。

六、广东林业生态连清体系布局与建设的目的意义

生态监测是生态保护的基础，是生态文明建设的重要支撑。目前，广东省生态监测网络存在范围和要素覆盖不全，建设规划、标准规范与信息发布不统一，信息化水平和共享程度不高，监测与监管结合不紧密，监测数据质量有待提高等突出问题，难以满足生态文明建设

需要，影响了监测的科学性、权威性和政府公信力，必须加快推进生态监测网络建设。

（一）践行“两山”理论、建设美丽广东

2005 年 8 月 15 日，时任浙江省委书记的习近平在安吉考察时首次提出“绿水青山就是金山银山”这一科学论断。2013 年 9 月 7 日，习近平主席在哈萨克斯坦纳扎尔巴耶夫大学发表演讲时，阐述了关于“金山银山”与“绿水青山”关系的“两山”理论。“两山”理论的绿色发展思想，科学回答了发展经济与保护生态二者之间的辩证统一关系，是指导中国生态文明建设的重要理论，得到世界的高度关注和认可。深刻领会习近平总书记以“两山”理论为基础的绿色发展思想，对于推进广东省生态文明与林业建设具有重大意义。广东省林业生态监测布局与网络建设是回答“绿水青山价值多少金山银山”的科学基础，是保护和建设广东绿水青山提供的有力支撑。党的十八大提出建设美丽中国，十九大提出“乡村振兴战略”，“坚持人与自然和谐共生，走乡村绿色发展之路”。广东省林业生态监测布局与网络建设亦是落实建设美丽中国和“乡村振兴战略”的有效途径，是实现乡村振兴、建设美丽广东的科技基础。《广东省林业发展“十三五”规划》也明确提出“十三五”期间是广东省生态文明建设的重要时期，把“完善生态监测评价体系”作为一项战略任务。广东是一个经济发展区域不平衡的省份，珠三角地区经济占绝对优势，而粤东、粤西经济发展相对落后。但粤东、粤西的生态环境很好，依据习总书记的“两山”理论，可以把粤东、粤西生态优势转为经济优势。生态监测网络可以研究生态过程，提供生态效益补偿评估，为构建美丽乡村提供技术支撑，带动乡村经济发展，是推动实施粤东、粤西乡村振兴的需要。为了践行习总书记的“两山”理论，完善广东省生态监测评价体系和建设美丽广东，广东省需要建立生态监测网络。

目前，广东省生态状况仍需要改善，生物多样性遭破坏仍未得到有效遏制，自然生态环境仍然十分脆弱。粤北岩溶石漠化严重，沿海耕地沙化没得到有效控制，珠三角城市群由于工业和建设的影响环境污染严重。随着经济发展和人民生活水平的提高，社会公众对森林、湿地、水资源、清洁空气、生态康养、宜居环境等生态产品的需求日益增加，同时希望得到更多更及时的生态环境状况资讯。通过在广东省建设生态监测网络，开展长期定位观测，研究生态过程机理以及生态建设关键技术和优化模式，综合多站点数据，进行绿色 GDP 核算和自然资产评估，可为保障广东省生态建设和实现社会可持续发展的宏观决策提供重要的科学依据和技术支撑，同时也能为公众提供更多的生态环境资讯，为建设美丽广东保驾护航。因此，建立生态监测网络十分必要。

（二）服务珠三角，支撑国家森林城市群建设的需要

我国首个国家森林城市群建设规划《珠三角国家森林城市群建设规划（2016—2025 年）》

已经通过广东省人民政府审议。这对广东省提升城市群综合竞争力、打造世界级城市群、建设全国绿色生态省具有重大的现实意义。该规划着力解决珠三角突出的生态问题，从全域创建国家森林城市、森林小镇入手，统筹生态一体化建设，实现自然生态系统的共建共享和互联互通。该规划提出2018年力争珠三角9个城市全部达到国家森林城市标准；到2020年，基本建成珠三角国家森林城市群；到2025年，珠三角建成互联互通的森林生态体系和绿色生态水网。珠三角国家森林城市群建设在全国尚属首次，很多理论有待探索，例如如何打造海绵城市、减缓热岛效应，森林湿地对城市群的生态调节作用，如何建立统一的城市群空气质量监测标准，如何减缓或消除城市群的雾霾。建立生态监测网络可以为解决此类重要问题提供数据支持和研究平台，因此建立广东生态监测网络十分必要。

（三）应对气候变化，提升广东林业防灾减灾功能

20世纪中叶以后，尤其是进入21世纪，随着全球气候变化等生态危机的不断出现和日趋严峻，人们对控制全球温室气体、减缓气候变化作用、改善环境质量等特殊作用日益重视。围绕《联合国气候变化框架公约》《京都议定书》以及哥本哈根全球气候变化会议，在减少温室气体排放的排放贸易、联合履约和清洁发展机制谈判，都需要详实系统的观测数据和研究结论作为依据。广东省是全国7个碳交易试点之一，尚处探索阶段，交易平台和制度的效果需要观测数据支撑。另外，广东是各种自然灾害的常发区和多发区，全国44种主要自然灾害中，广东占40种。由于地理、气候环境的特殊性，广东省不断发生造成重大经济损失的极端气候灾害，近年来广东因灾损失每年超过100亿元，生态恶化已成为影响可持续发展的突出问题。其中，台风对广东沿海地区造成的伤害尤为严重。合理的森林布局对抵御台风很重要。生态监测网络有助提供准确及时的生态安全预警服务，有助全社会防御灾害事件的能力和水平，最大程度地保护人民生命财产的安全，对经济发展和社会进步具有很强的现实意义。因此，广东省生态监测网络的建设十分必要。

（四）整合生态监测资源，实现全省统筹观测研究

广东省生态系统观测研究站点隶属不同主管部门，各站点跨部门、跨行业、跨地域，处于不同层次。例如鼎湖山森林生态站等隶属中国科学院，南岭森林生态站等隶属国家林业和草原局，而蕉岭森林生态站等隶属广东省林业局。这些生态站点所属层次不同，监测的内容和仪器层次不同。现在需要在全省范围内，统一规划和设计，将各主管部门的野外观测研究基地资源、观测设备资源、数据资源以及观测人力资源进行整合和规范化，有效地组织广东省生态系统网络的联网观测与试验，构建广东省生态系统观测与研究的野外基地平台，数据资源共享平台，科学研究合作与人才培养基地。

随着全球气候变化等生态危机不断出现和日趋严重，决定了必须通过相对密集的长期

定位观测和联网研究，在城市与区域尺度上进行系统集成与综合分析，为解决这些生态危机提供决策依据。森林、湿地等生态系统是天然碳汇，但要回答和解决诸如“森林与水”“森林对减缓气候变化的作用”“森林碳汇”“如何发展低碳林业”“珠三角城市群雾霾产生及消除机制”等涉及林业生态建设的重大科学问题，都需要依靠定位观测网络长期观测积累的数据来保障，需要监测网络研究成果来支撑。目前，广东虽然拥有很多生态站点，但由于隶属各单位，没有得到有效综合的应用。如果建立了广东生态监测网络，综合分析利用多个生态站点的大数据，有望解决这些重大科学问题。因此，在广东合理布设多个生态观测站点，建立统一的生态监测网络可为研究此类重大理论问题提供科学研究平台。另外，由于广东有其自身地理位置的特殊性，植被与世界上同纬度其他地区差异很大。比如鼎湖山是北回归线上的唯一绿洲，还有，目前世界上与南岭同纬度的地区大都成为了稀树草原或热带沙漠，南岭是仅存面积最大的绿洲，保存多种森林植被类型，因此，广东生态监测网络的建设可以打造具有岭南特色、有国际影响力的生态监测科学研究平台。

第二章 广东省自然社会环境及森林资源概况

第一节 自然地理概况

一、地理位置

广东省位于我国大陆最南部，东邻福建，北接江西和湖南，西连广西，南临南海，并在珠江口东西两侧分别与香港和澳门特别行政区接壤，西南端隔琼州海峡与海南省相望，北回归线横贯大陆中部（图 2-1），全境位于北纬 20° 13′～25° 31′和东经

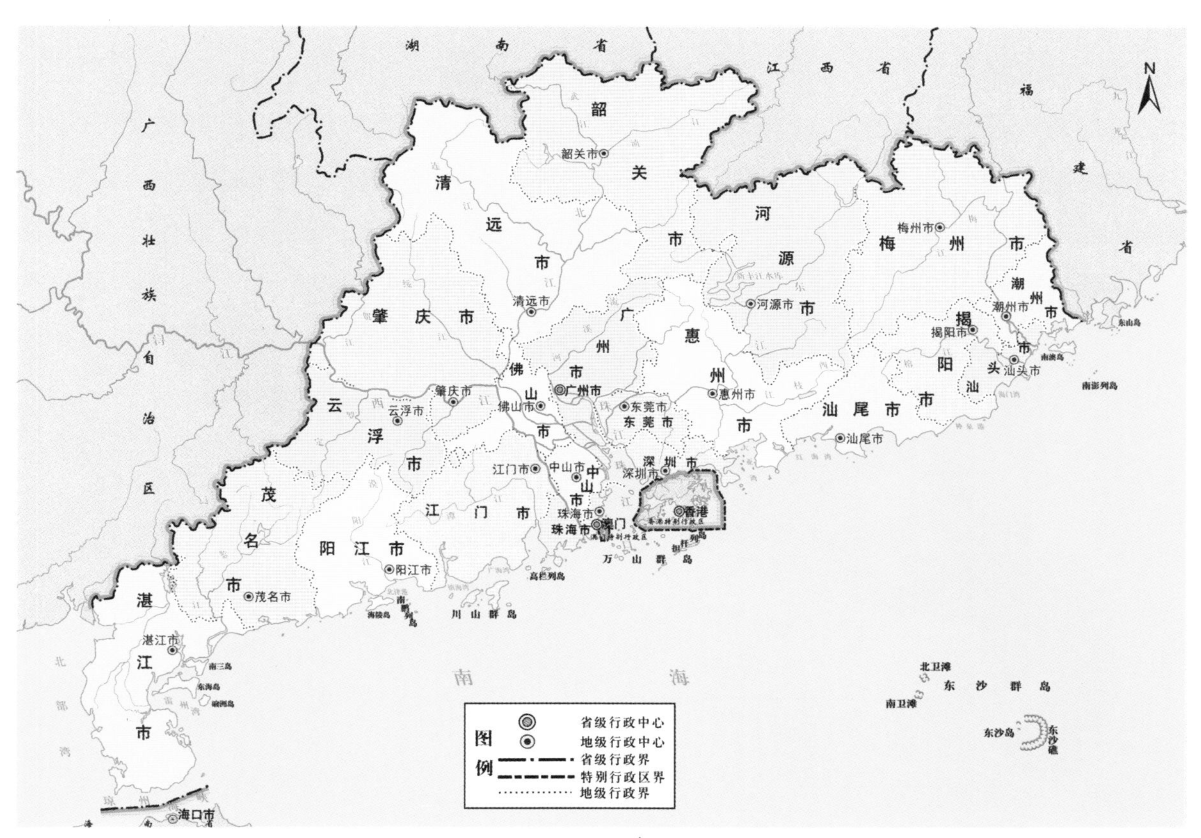

图 2-1　广东省地理位置

109° 39′～117° 19′之间。东起南澳县南澎列岛的赤仔屿，西至雷州市纪家镇的良坡村，东西跨度约800千米；北自乐昌县白石乡上坳村，南至徐闻县角尾乡灯楼角，跨度约600千米。北回归线从南澳—从化—封开一线横贯广东。全省陆地面积为17.97万平方千米，约占全国陆地面积的1.87%；其中岛屿面积1592.7平方千米，约占全国陆地面积的0.89%。广东历来为我国与中南半岛和东南亚群岛交往的一个地区，地理位置十分重要。

二、地形地貌

受地壳运动、岩性、褶 皱和断裂构造以及外力作用的综合影响，广东省地貌类型复杂多样，有山地、丘陵、台地和平原，各占全省总面积的33.7%、24.9%、14.2%和21.7%，河流和湖泊仅占5.5%。地势总体上北高南低，北部多为山地和高丘陵，最高峰石坑崆海拔1902米，位于阳山、乳源与湖南省的交界处；南部则为平原和台地。山地主要分布在粤北、粤东和粤西，丘陵尤以粤东南丘陵最为广阔，台地以雷州半岛—电白—阳江一带和海丰—潮阳一带分布较多，平原以珠江三角洲平原最大，潮汕平原次之，此外还有高要、清远及惠阳等冲积平原（图2-2）。

构成各类地貌的基岩岩石以花岗岩最为普遍，砂岩和变质岩也较多，粤西北还有较大片的石灰岩分布，此外局部还有景色奇特的红色岩系地貌，如著名的丹霞山和金鸡岭等；丹霞山和粤西的湖光岩先后被评为世界地质公园；沿海数量众多的优质沙滩以及雷州半岛西南

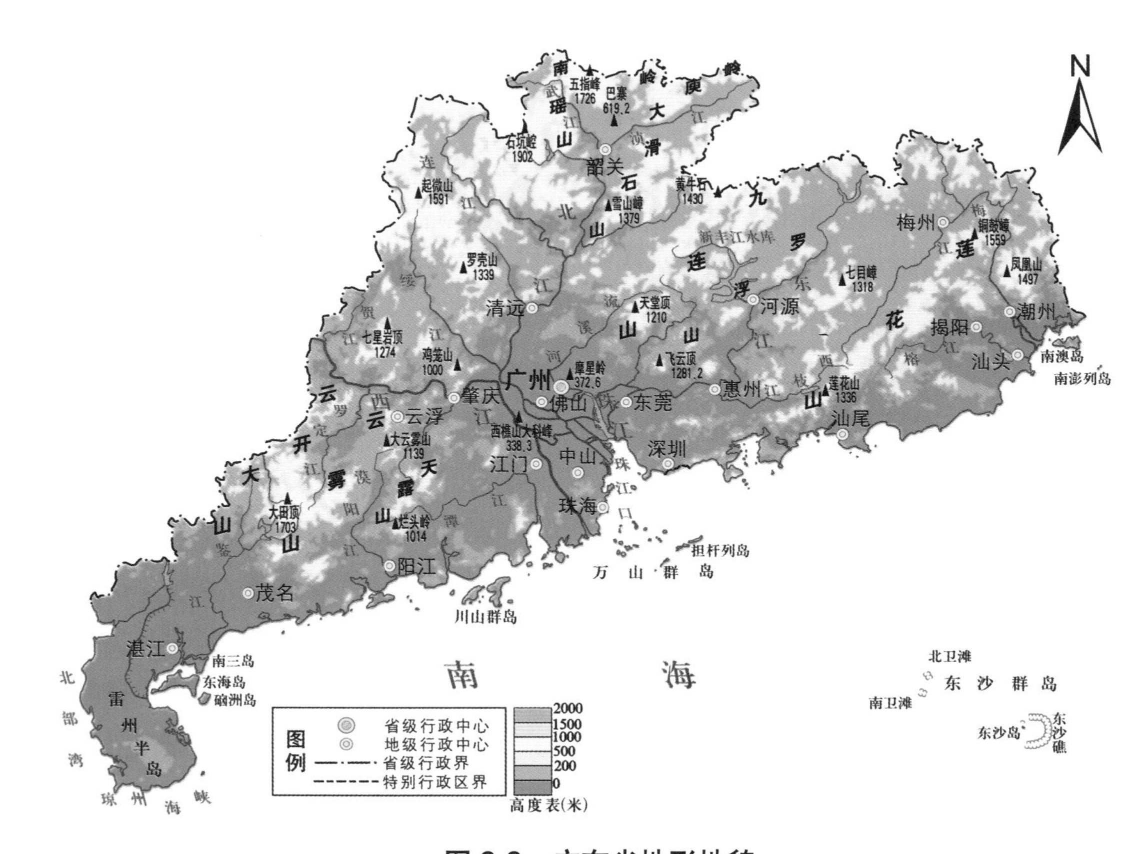

图2-2 广东省地形地貌

岸的珊瑚礁，也是十分重要的地貌旅游资源。沿海沿河地区多为第四纪沉积层，是构成耕地资源的物质基础。

全省大陆海岸线长 4114.3 千米，海岛岸线长 2378.1 千米，沿海有 29 个市、县，是中国海岸线最长的省份（www.gd.gov.cn）。沿海滩涂多，海域辽阔，岛屿星罗棋布，全省沿海有面积 500 平方米以上的岛屿 759 个，数量仅次于浙江、福建两省，居全国第三位。

三、气候条件

广东省属于东亚季风区，从北向南分别为中亚热带、南亚热带和北热带气候，是中国光、热和水资源最丰富的地区之一。其中，以南亚热带的面积最大，中亚热带仅分布于粤北的北部，北热带位于茂名以南。北回归线从南澳—从化—封开一线横贯广东。

广东气候夏长冬暖，雨量充沛，河流众多、流量大、汛期长，光、热、水资源丰富。全省年平均日照时数自北向南增加，由不足 1500 小时增加到 2300 小时以上，年平均日照时数为 1745.8 小时；年平均气温 22.3 ℃，年平均气温分布呈南高北低，日平均气温≥ 10℃的年活动积温在 6500℃以上（图 2-3）。受地形的影响，在有利于水汽抬升形成降水的山地迎风坡有恩平、海丰和清远 3 个多雨中心，年平均降水量均大于 2200 毫米；在背风坡的罗定盆地、兴梅盆地和沿海的雷州半岛、潮汕平原少雨区，年平均降水量小于 1400 毫米，全省年平均降水量为 1777 毫米，降水在年内分配不均，4～9 月的汛期降水占全年的 80% 以上，年际变化也较大，多雨年降水量为少雨年的 2 倍以上，如图 2-4。

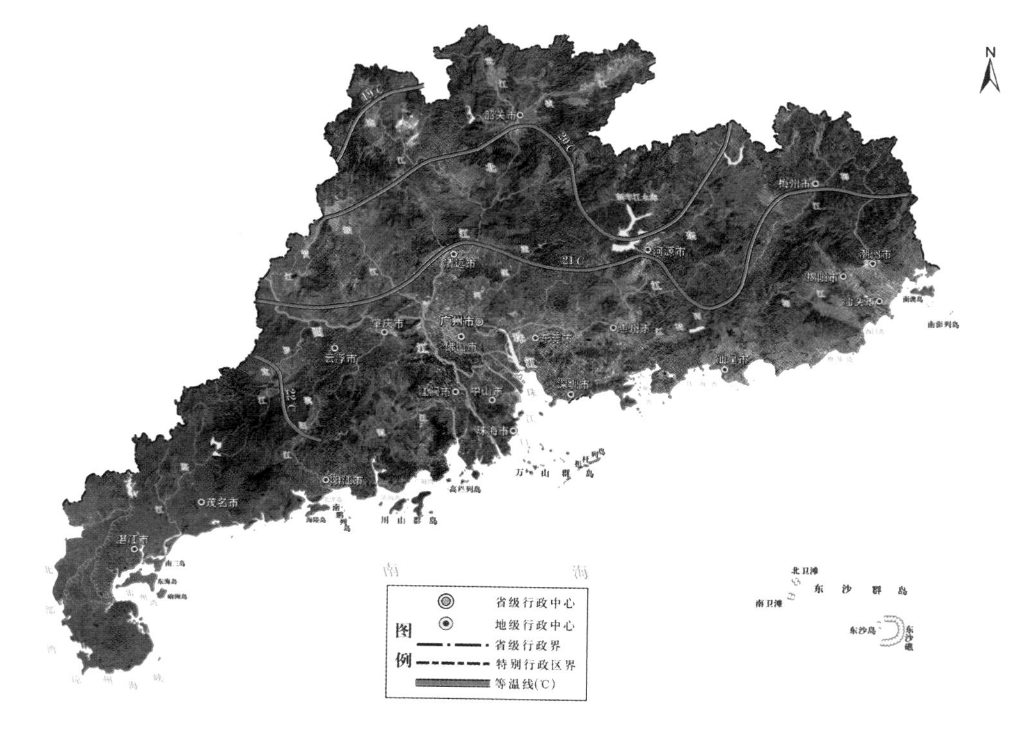

图 2-3　广东省温度梯度

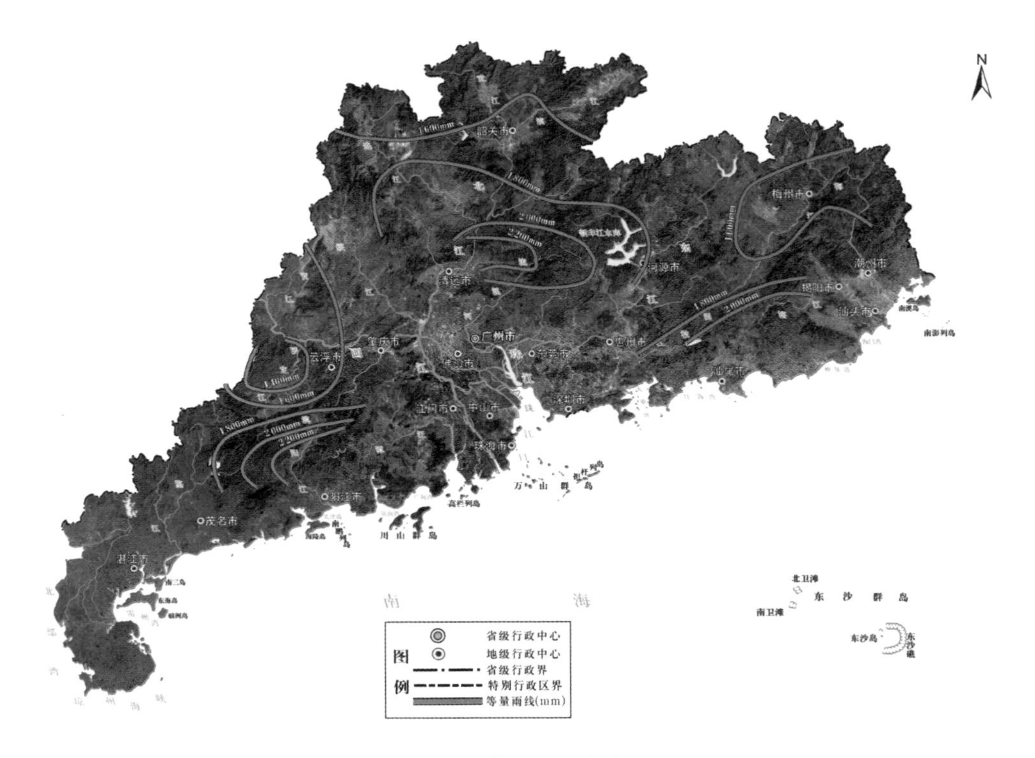

图 2-4　广东省降水梯度

广东省是各种气象灾害多发省份，主要灾害有暴雨洪涝、热带气旋、强对流天气、雷击、高温、干旱及低温阴雨、寒露风、寒潮和冰（霜）冻等低温灾害，灾种多、灾期长、发生频率高、灾害重。

四、森林植被分区（生物资源）

广东省地带性原生森林植被大致按纬度呈带状分布，自北向南分布着 3 个植被带：中亚热带典型常绿阔叶林带、南亚热带季风常绿阔叶林带、北热带季节性林带。广东绝大部分地区已不存在原生植被，次生性是广东植被的主要特征，次生植被类型主要有热带季雨林、红树林、亚热带季风常绿阔叶林、常绿落叶阔叶混交林、针阔混交林、针叶林。马尾松（*Pinus massoniana*）是广东现代植被中最主要的木本植被，其他还有人工植被杉木（*Cunninghamia lanceolata*）林、桉树（*Eucalyptus robusta*）林、湿地松（*Pinus elliottii*）林、阔叶混交林以及经济果木林等。广东省森林植被分布如图 2-5。

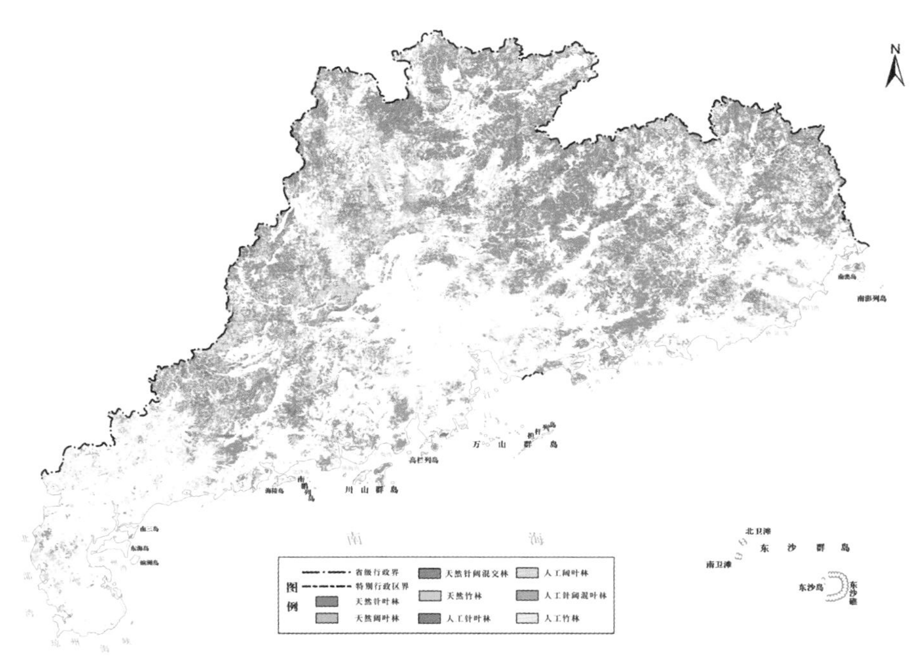

图 2-5　广东森林植被分布

五、主要山脉

广东地区主要山脉有 14 个，分别是莲花山脉、罗浮山脉、九连山脉、青云山脉、大东山脉、九峰山、云雾山脉—云开大山、天露山脉、凤凰山脉、起微山、罗壳山、滑石山脉、罗平山脉和南岭山脉（图 2-6）。其中，南岭山脉、云雾山脉—云开大山、莲花山脉和九连

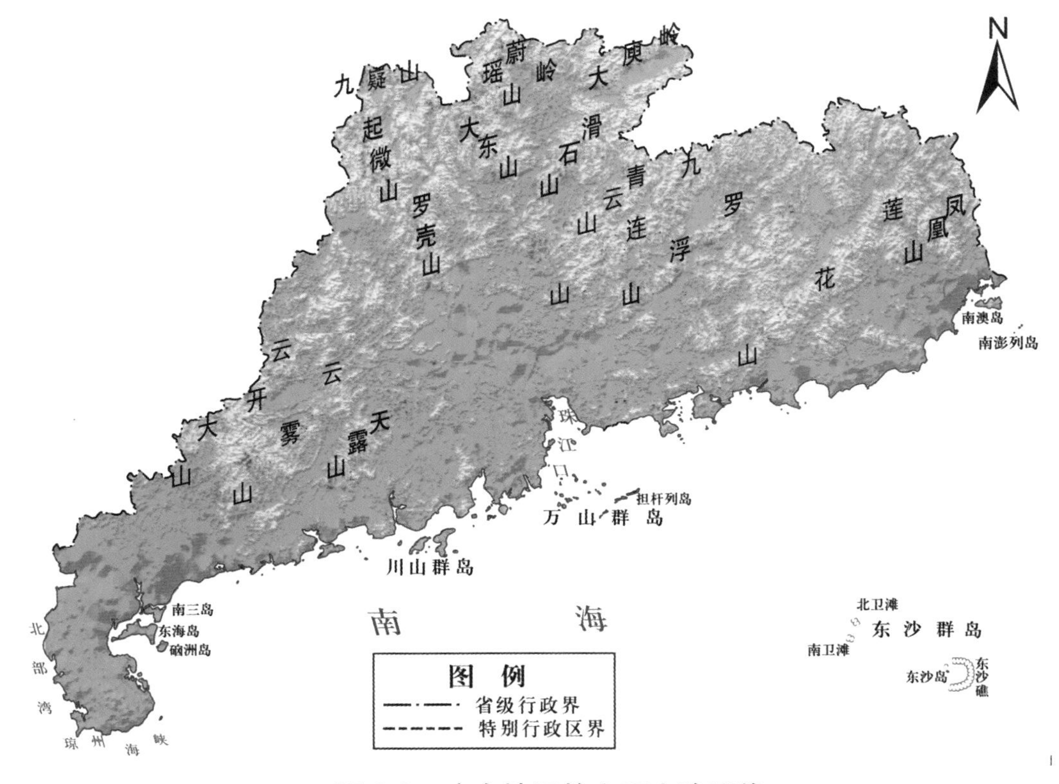

图 2-6　广东地区的主要山脉影像

山脉被称为岭南的四大山脉。它们对广东地区的生物多样性的起源与形成有深远的影响。广东省山脉大多与地质构造的走向一致，以北东—南西走向居多，如斜贯粤西、粤中和粤东北的罗平山脉和粤东的莲花山脉；粤北的山脉则多为向南拱出的弧形山脉。此外，粤东和粤西有少量北西—南东走向的山脉；山脉之间有大小谷底和盆地分布。

六、水系分布

广东省河流众多，以珠江流域（东江、西江、北江和珠江三角洲）及独流入海的韩江流域和粤东沿海、粤西沿海诸河为主，集水面积占全省面积的99.8%，其余属于长江流域的鄱阳湖和洞庭湖水系。集水面积大于100平方千米的河流共有614条，其中大于1000平方千米的河流60条，独流入海河流93条。主要河流有珠江、韩江，粤东沿海黄岗河、榕江、练江、螺河，粤西沿海的漠阳江、鉴江、九洲汇、南渡河等诸河（图2-7）。除榕江、漠阳江和鉴江独立出海外，其余河流都汇入珠江和韩江后出海。大的流域有西江流域、北江流域、东江流域和韩江流域。珠江水系是北江、东江和西江及其合流的总称。广东的水资源时空分布不均。珠江通航能力仅次于长江，居中国的第二位，居中国江河水系的第二位，长江及流域面积均居中国第四位。

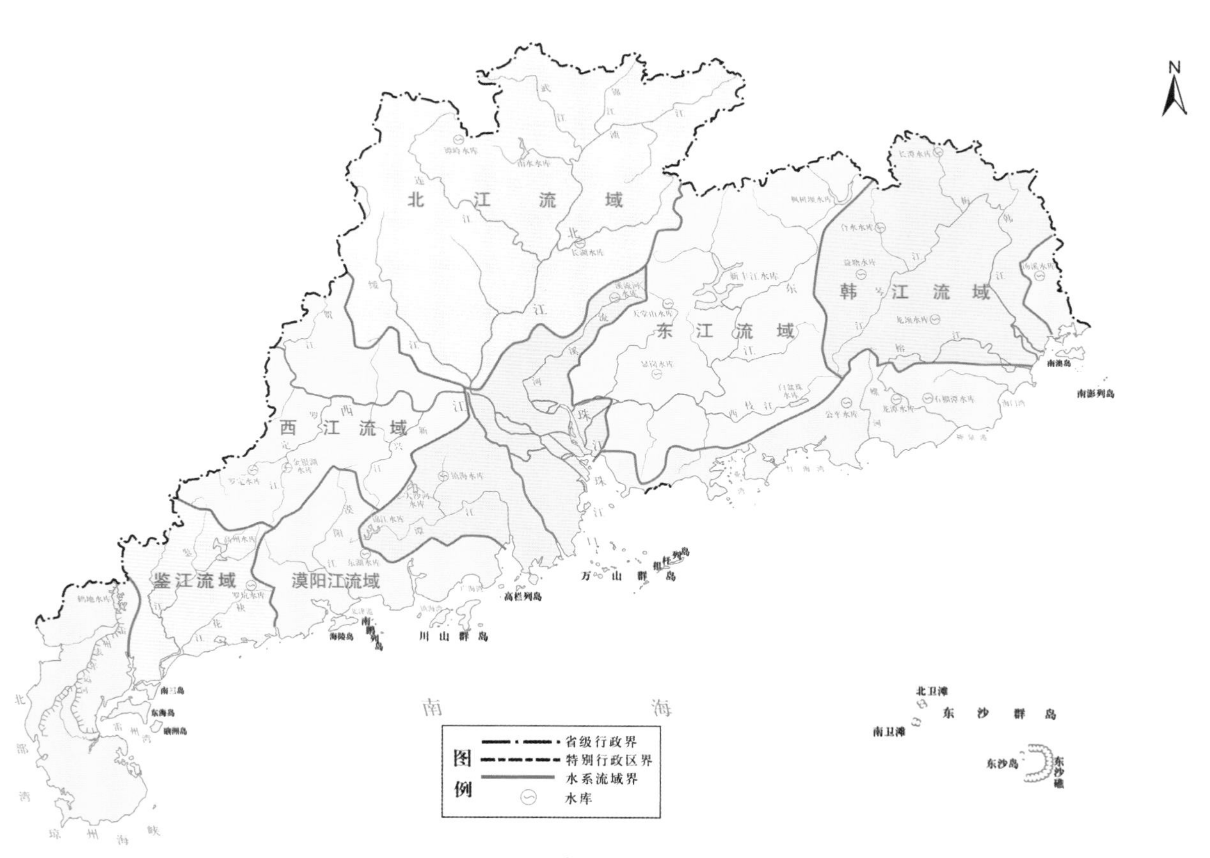

图2-7　广东省主要水系

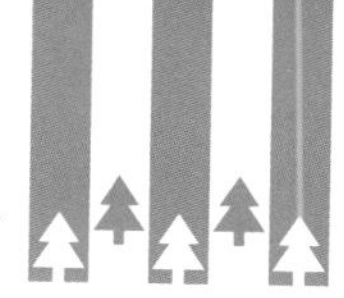

七、土壤条件

广东省气候、地形、成土母岩、植被等自然条件复杂，对土壤的分布规律、发育过程和特性有较大的影响。在《全国土壤分类系统》中，广东占6个土纲15个土类，而且在生化因子的长期作用下，普遍呈酸性，pH值在4.5～6.5之间。土壤成土母岩除雷州半岛为玄武岩类外，大部分地区为酸性岩类。花岗岩分布广泛，此外还有石灰岩、砂页岩、石英岩、紫色页岩和近代河海沉积物等。广东土壤类型有赤红壤、砖红壤、红壤、山地黄壤、燥红土、山地草甸土、石灰土、紫色土、滨海沙土、磷质石灰土及水稻土。全省土壤随纬度由南至北呈现有规律的地带性变化，带状分布明显，可划分为磷质石灰土地带、砖红壤地带、赤红壤地带、红壤地带。磷质石灰土地带分布于南海诸岛，砖红壤分布在北纬22°以南，赤红壤分布在北纬22°～24°，红壤分布在北纬24°～26°。在不同土壤地带内，由于海拔的增加，生物和气候条件的改变，又构成不同的土壤垂直带。砖红壤地带内的垂直结构海拔200米以下为砖红壤，200～500米为山地砖红壤，500～900米为山地赤红壤，900～1400米为山地黄壤，1400米以上为山地草甸土。赤红壤地带内的垂直结构海拔在500米以下为赤红壤，500～800米为山地红壤，800～1200米为山地黄壤，1200米以上为山地草甸土。红壤地带内的垂直结构500米以下为红壤，500～700米为山地红壤，700～1200米为山地黄壤，1200米以上为山地草甸土。

第二节　社会经济状况

一、行政区划

2018年年末，广东省辖21个地级市,20个县级市、65个市辖区、34个县、3个自治县(合计122个县级行政区划单位)，467个街道办事处、1123个镇、4个乡。11个乡（其中7个民族乡）(http://www.gd.gov.cn)。广东省行政区划图如图2-8。根据自然条件和社会经济发展的差异和特征，广东省可划分为珠江三角洲经济区、粤东沿海经济区、粤西沿海经济区、西江经济区、东江经济区、粤北山区经济区、粤东山区经济区7个经济区。

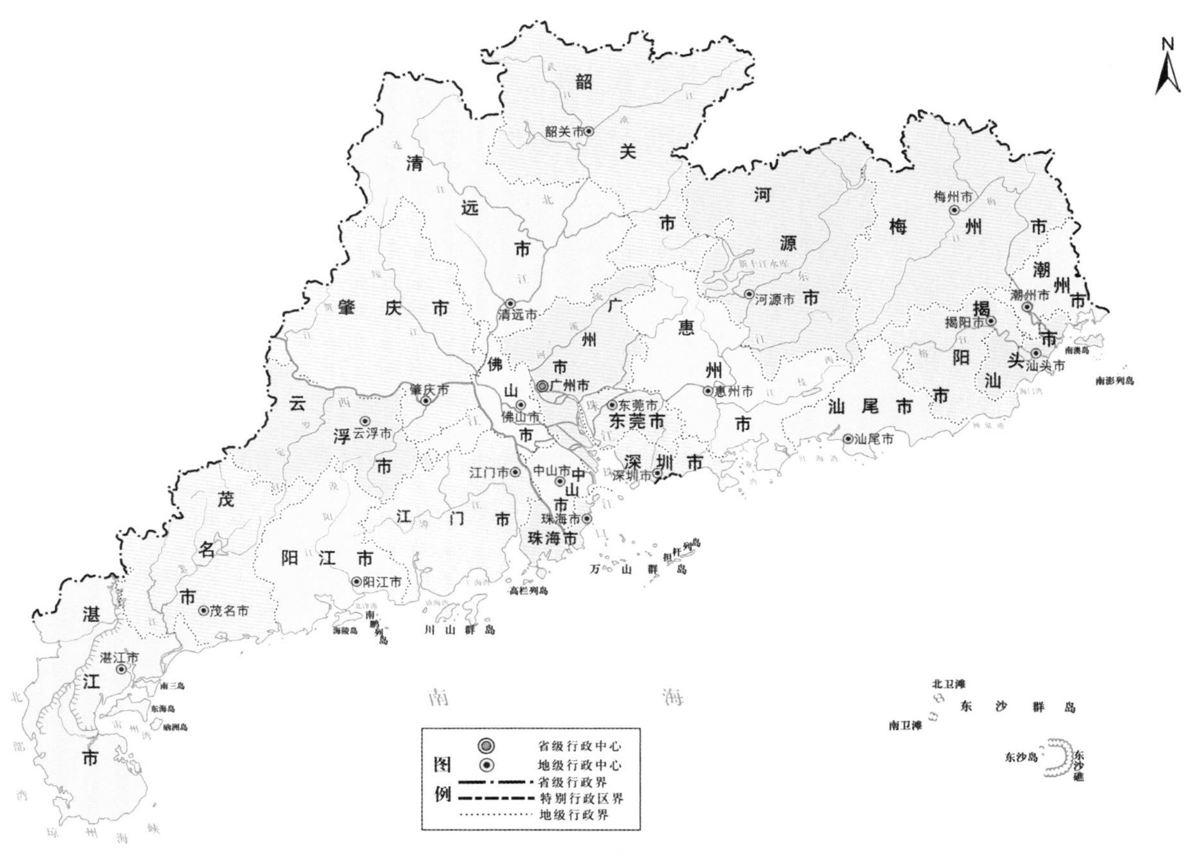

图 2-8　广东省行政区划

二、经济状况

2019 年广东省实现地区生产总值（GDP）107671.07 亿元，比上年增长 6.2%，连续 31 年居中国首位。人均地区生产总值 94172 元(按年平均汇率折算为 13651 美元)，增长 4.5%。虽然广东的经济总量在全国排第一，但省内经济发达仍然不均衡，珠三角地区生产总值占全省比重为 80.7%，粤东、粤西、粤北分别占 6.4%、7.1%、5.8%，对广东省经济的贡献主要来自珠江三角洲地区（图 2-9）(http://www.gd.gov.cn)。

近年来，广东省大力推进的经济结构战略性调整、经济转型升级逐步见到成效，经济发展的内生动力增强，经济发展质量效益提升，企业抵抗市场风险的能力提高。服务业发展势头良好，特别是新产业、新业态、新商业模式发展迅猛，成为经济发展的一大亮点，对经济增长的拉动力逐步增强。以“互联网 +”为代表的新产业、新业态、新商业模式蓬勃发展，经济发展中“新”因素的作用日益增强。

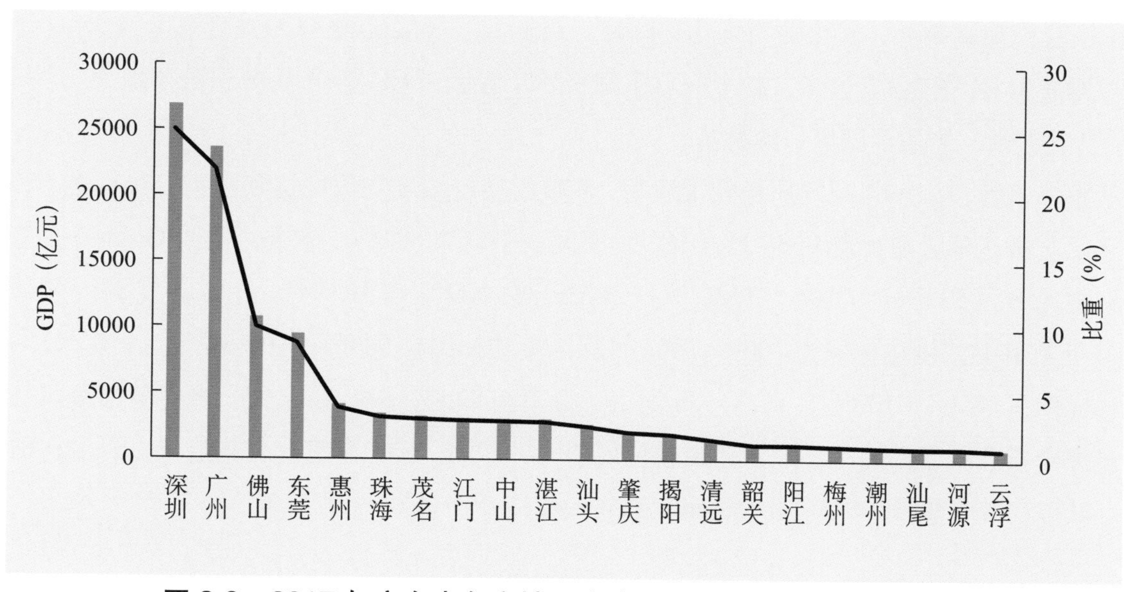

图 2-9 2017 年广东省各市地区生产总值（GDP）及所占比重

三、人口状况

广东省 2018 年年末常住人口 11346 万人，其中城镇人口 8021.62 万，占 70.70%；乡村人口 3324.38 万，占 29.30%。分区域看，珠三角、沿海经济带（东西两翼）和山区的常住人口数量分别为 6300.99 万人、3357.89 万人和 1687.12 万人，分别占人口总量的 55.53%、29.60% 和 14.87%（http://www.gd.gov.cn/）。广东省已经成为全国的人口大省，且常住人口向珠三角超大城市集聚的势头有增无减。

第三节 环境质量状况

一、大气环境质量状况

2018 年，广东省 21 个地级市 SO_2 平均浓度为 10 微克 / 立方米，比上年下降 9.1%；各城市 SO_2 年均值范围为 7～15 微克 / 立方米，均达到国家《环境空气质量标准》（GB 3095—2012）一级标准。NO_2 平均浓度为 28 微克 / 立方米，较上一年下降 3.4%；各城市年均值范围为 12～50 微克 / 立方米，除广州、佛山外，其余城市均达到国家一级标准。可吸入颗粒物（PM_{10}）平均浓度为49微克/立方米，下降3.9%；各市 PM_{10} 年均值范围为39～60微克/立方米，均达到国家二级标准。细颗粒物（$PM_{2.5}$）平均浓度为 31 微克 / 立方米，下降 6.1%；各城市 $PM_{2.5}$ 年均值范围为 23～39 微克 / 立方米，除韶关、东莞、肇庆和清远外，其余城市均达到国家二级标准。臭氧日最大 8 小时均值（O_3-8h）第 90 百分位数平均值为 154 微克 / 立方米，上升 0.7%；各城市平均浓度范围为 123～184 微克 / 立方米，除广州、珠海、佛山、东莞、中山、江门和潮州外，其余城市均达到国家二级标准。一氧化碳（CO）日浓度第 95 百分位数平均值为 1.1 毫克 / 立方米，较上一年下降 8.3%；各城市 CO 第 95 百分位数范围为 0.9～1.4 毫克 / 立方米，均达到国家一级标准。

整体来看，广东省空气质量状况良好，6 项污染物浓度均值均达到国家二级标准；2018 年空气质量达标天数比例在 80.3%～98.9% 之间，平均为 88.9%；首要污染为 O_3-8h（占首要污染物比例为 59.6%），其次为 $PM_{2.5}$（占 21.5%）和 NO_2（占 10.6%）。全省各市 SO_2、CO 第 95 百分数日均浓度达标率为 100%；NO_2 日均浓度达标率在 94.0%～100% 之间；PM_{10} 日均浓度达标率在 98.4%～100% 之间；O_3-8h 均值达标率在 83.8%～99.7% 之间。全省各市按照空气质量综合指数排名，汕尾、湛江和茂名位列前三，广州、佛山和清远位列后三，可见，珠三角各城市空气质量相对较差（http://gdee.gd.gov.cn/）。

二、水环境质量状况

2018 年，广东省主要地表水水质总体良好。168 个控断面中，78.6% 的断面水质优良（I～III 类）。其中，48.2% 的断面为 I～II 类，水质优；30.4% 为 III 类，水质良好；6.5% 为 IV 类，水质轻度污染；2.4% 为 V 类，水质中度污染；12.5% 为劣于 V 类，水质重度污染。北江、西江、东江干流及大部分主要支流、韩江、螺江、漠阳江、袂花江、鉴江、南渡江和珠江三角洲的主要干流等 92 个江段和新丰江水库等 5 个主要湖库水质优良；白坭河、西航道、后航道、石井河、漫水河佛山段、西南涌、茅洲河、龙岗河、坪山河、观澜河、练江汕头段、练江揭阳段、小东江、淡水河、潼湖水、榕江北河揭阳段、石马河、东莞运河、枫江、山塘水等 20 个江段水质量重度污染，主要污染指标为氨氮、总磷和耗氧有机物。

3 个省控湖泊中，湛江湖光岩湖泊水质为 II 类，水质优；惠州西湖为Ⅲ类，水质良好；肇庆星湖水质为 IV 类，属轻度污染；3 个湖泊均是景观用水，水质均达到水环境功能区划目标。湖光岩和西湖营养状态为中营养，星湖营养状态为轻度富营养。

全省 33 个省控水库水质良好。8 个省控大型水库中，新丰江水库、枫树坝水库水质为 I 类，流溪河水库、杨寮水库、白盘珠水库和高州水库水质为 II 类，水质均优；鹤地水库水质为Ⅲ类，水质良好；飞来峡水库水质为Ⅳ类，水质轻度污染。8 个水库营养状态以贫营养和中营养为主。其他 25 个中小型水库水质在 Ⅰ～Ⅲ类之间，水质优良。全省水库营养程度整体较轻，呈贫营养为7个，占21.2%；中营养为25个，占75.8%；轻度富营养为1个，占3.0%。

全省 19 条主要入海河流中，14 条（73.7%）河口水质为Ⅱ～Ⅲ类，水质优良；3 条（15.8%）为Ⅳ类水质，属轻度污染；2 条（10.5%）水质劣于Ⅴ类，属重度污染。磨刀门水道、鸡啼门、横门、崖门、韩江、螺河和乌坎河入海口水质最好，为Ⅱ类水质；深圳河和练江河口水质最差，均劣于Ⅴ类，主要污染指标为氨氮、总磷和五日生化需氧量。与上年相比，蕉门和洪奇沥由Ⅱ类下降为Ⅲ类；黄江河河口由Ⅱ类下降为Ⅳ类；其他入海河流河口水质保持稳定（http://gdee.gd.gov.cn/）。

三、声环境质量状况

2018 年广东省功能区噪声昼间达标率为 88.7%，韶关、梅州、惠州、汕尾、阳江、清远和揭阳等 7 个城市达标率 100%；全省功能区噪声夜间达标率为 64.7%，其中，惠州、阳江和清远等 3 个城市达标率 100%。

全省城市区域环境噪声等效声级平均值为 56.9 分贝。19.1% 的城市（4 个）区域声环境处于较好水平，71.4% 的城市（15 个）处于一般水平。城市区域环境噪声源以生活类声源和交通为主，分别占 50.3% 和 37.1%。

城市道路交通噪音总平均值为 68.3 分贝，47.6% 的城市（10 个）属于好的水平，42.8% 的城市（9 个）属于较好的水平，4.8% 的城市（1 个）属于一般的水平，4.8% 的城市（1 个）属于较差水平，总体属于较好的水平。

与上年相比，全省城市区域环境噪声等效声级上升 0.7 分贝，道路交通噪声等效声级下降 0.1 分贝；功能区噪声昼间点次达标率上升了 0.1%，夜间下降了 2.5%，全省城市声环境质量较为平稳（http://gdee.gd.gov.cn/）。

四、土壤污染状况

广东省土壤污染状况不容乐观。由于自然气候和成土母质的原因，广东省部分地区土壤重金属背景值高、活性强、潜在威胁大，是土壤重金属污染敏感区域。全省土壤总点位超标率高于全国水平，其中耕地点位超标率突出，以轻微污染为主。污染物主要是镉、汞、铅等。污染区域主要分布在珠三角、粤北山区矿山及城市周围区域，以矿区和重污染企业周边污染较为严重。另外，全省工业企业搬迁遗留地块数量较多，多存在环境风险隐患，再开发环境风险管控薄弱。随着经济社会的快速发展，重污染工矿企业及农业污染物排放等造成土壤污染的持续累积，全省土壤污染防治形势更为严峻。

第四节　林业资源概况

一、林业建设情况

广东地势北高南低，北依五岭，南濒南海，东西向腹部倾斜。北回归线从广东省大陆中部横穿而过，南亚热带和热带季风气候类型，使之成为全国光、热、水资源最丰富的地区。境内山地、平原、丘陵纵横交错，北部南岭地区的典型植被为亚热带山地常绿阔叶林，中部为亚热带常绿季雨林，南部为热带常绿季雨林，主要以针叶林、中幼林为主。

广东省内自然资源比较丰富，动植物种类繁多，全省有植物类型 7055 多种，其中木本 4000 多种，占全国木本植物的 80%；陆生野生动物 771 种，其中哺乳类 110 种，鸟类 504 种，

爬行类112种，两栖类45种，列入国家一级保护野生动物19种，国家二级保护陆生野生动物94种；真菌1959种，其中食用菌185种，药用真菌97种。植物种类中，属于国家一级保护植物有苏铁、南方红豆杉等7种，属于国家二级保护植物的有桫椤、广东松、白豆杉、樟、凹叶厚朴、土沉香、丹霞梧桐等48种。

截至2015年年底，广东省已建立各类型、不同级别的林业系统自然保护区270个，其中国家级8个，省级50个，市、县级212个，总面积124.51万公顷，约占全省国土面积的6.93%。基本形成了一个以国家级自然保护区为核心，以省级自然保护区为骨干，以市、县级自然保护区和自然保护区小区为通道的类型较齐全、布局较合理、管理较科学、效益较显著的自然保护区网络体系，能有效保护广东省大部分典型自然生态系统和绝大多数珍稀濒危野生动植物物种，在维护生态平衡、保护生态安全、建设生态文明中发挥日益重要的作用（http://gdee.gd.gov.cn/）。

截至2016年年底，广东省不同级别森林公园共计1351个，其中国家级24个，省级79个，市级569个，镇森林公园679个，总面积为123.05万公顷，占全省国土总面积的6.8%，占林业用地面积的11.2%，森林公园数量跃居全国第一（http://www.rmzxb.com.cn）。保存了广东省重要森林风景资源，是广东省重要保护地类型，基本形成了以国家级森林公园为骨干，省市（县）级不同层次森林公园相互协调发展的建设管理体系，有效地保护广东省多样化的森林风景资源和自然文化遗产，促进生态建设和自然保护事业的发展，充分发挥了森林的社会、经济和生态三大效益，促进了林业全面可持续发展，并成为区域经济发展的动力。

改革开放以来，广东省通过“十年绿化广东”“林业分类经营”“林业第二次创业”“林业生态省建设”等系列举措，在生态构建、农民增收、林业综合改革等方面取得了显著成效，为经济社会持续发展作出了积极贡献。

1985年11月，中共广东省委、省政府发出“五年消灭宜林荒山，十年绿化广东大地”的号令，在南粤大地上迅速掀起了“绿色革命”的浪潮。在省委强有力的推动下，全省上下通力协作，广东的荒山变得郁郁葱葱，创造了造林绿化史上的奇迹，也让广东成为“全国荒山造林绿化第一省”。

1997年，广东省大力推进森林分类经营改革，积极组织林业第二次创业，全省林业持续、健康、稳定发展。近年来，广东省不断扩大生态公益林面积，逐步提高补偿标准，创新启动生态公益林示范区建设，生态公益林建设不断取得新突破。

2011年9月，广东省启动的生态景观林带建设是广东省继20世纪八九十年代“十年绿化广东”率先消灭荒山后前期的又一绿色革命。2013年8月，广东省委、省政府出台了《关于全面推进新一轮绿化广东大行动的决定》，以“生态景观林带、森林碳汇、森林进城围城、乡村绿化美化”四大重点林业生态工程为载体，开启了继“十年绿化广东”之后的新一轮“绿色革命”。

2016 年 6 月，广东省正式启动修复工程，重建雷州半岛热带季雨林体系。同年 8 月，国家林业局批准珠三角地区为全国首个“国家级森林城市群建设示范区”，广东省政府于 9 月正式启动珠三角国家级森林城市群建设工作，这标志着广东省率先建设“国家森林城市群”取得突破性进展，有利于促进粤港澳大湾区建设，对广东省提升城市群综合竞争力、打造世界级城市群、建设全国绿色生态省具有重大的现实意义。

二、森林资源现状

第八次全国森林资源清查广东省森林资源清查结果显示，广东省林业用地面积 1076.44 万公顷，占广东省总面积的 60.90%。森林面积 906.13 万公顷，占林地面积的 84.18%，森林覆盖率 51.26%；林木绿化 53.31%。活立木总蓄积量 37774.59 万立方米，其中森林蓄积量 35682.71 万立方米，占 94.46%。

广东省森林面积中，乔木林面积 714.75 万公顷，经济林 124.24 万公顷，竹林 44.62 万公顷，国家特别规定的灌木林面积 22.52 万公顷，分别占 78.88%、13.71%、4.92% 和 2.49%。全省森林面积以乔木林所占比例最大，其次是经济林。森林各地类面积比例如图 2-10。

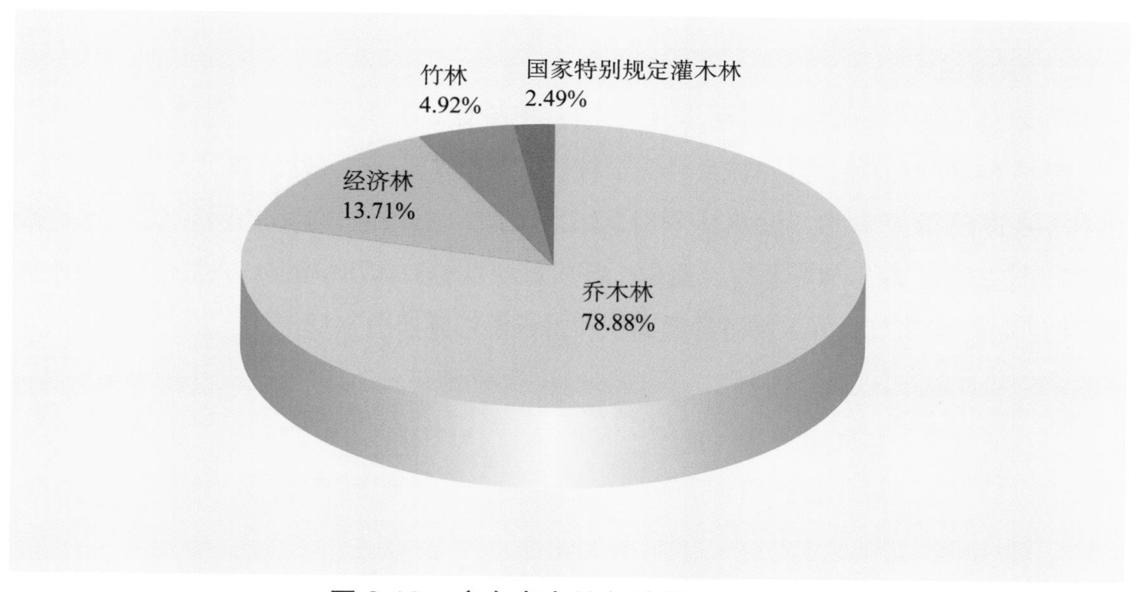

图 2-10 广东省森林各地类面积比例

（一）林种结构

森林面积按林种分，防护林面积 217.30 万公顷，特种用途林 55.62 万公顷，用材林 504.65 万公顷，薪炭林 4.32 万公顷，经济林 124.24 万公顷，分别占 23.98%、6.14%、55.69%、0.48% 和 13.71%。森林面积以用材林所占比例最大，其次是防护林。

乔木林面积中，防护林 189.50 万公顷，特种用途林 51.78 万公顷，用材林 469.15 万公顷，薪炭林 4.32 万公顷；在乔木林蓄积量中，防护林 9813.43 万立方米，特种用途林

4541.62万立方米，用材林21221.97万立方米，薪炭林105.69万立方米。乔木林资源中，面积、蓄积量均以用材林为主，其次是防护林。乔木林各林种面积和蓄积量构成如图2-11。

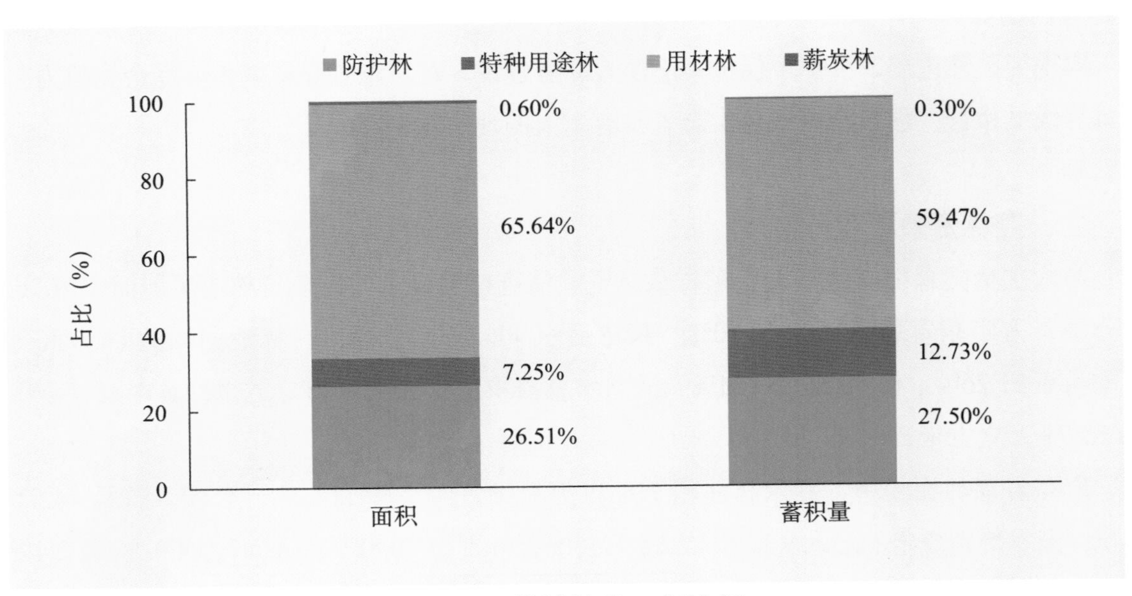

图2-11 林地地类面积比例

（二）龄组结构

在乔木林面积中，幼龄林288.76万公顷，中龄林241.76万公顷，近熟林111.30万公顷，成熟林64.29万公顷，过熟林8.64万公顷；在乔木林蓄积中，幼龄林7031.53万立方米，中龄林14458.63万立方米，近熟林7881.52万立方米，成熟林5126.16万立方米，过熟林1184.87万立方米。乔木林资源中，面积、蓄积量均以幼龄林和中龄林占优，其所占比例分别为74.22%和60.22%。乔木林各龄组面积和蓄积量构成如图2-12。

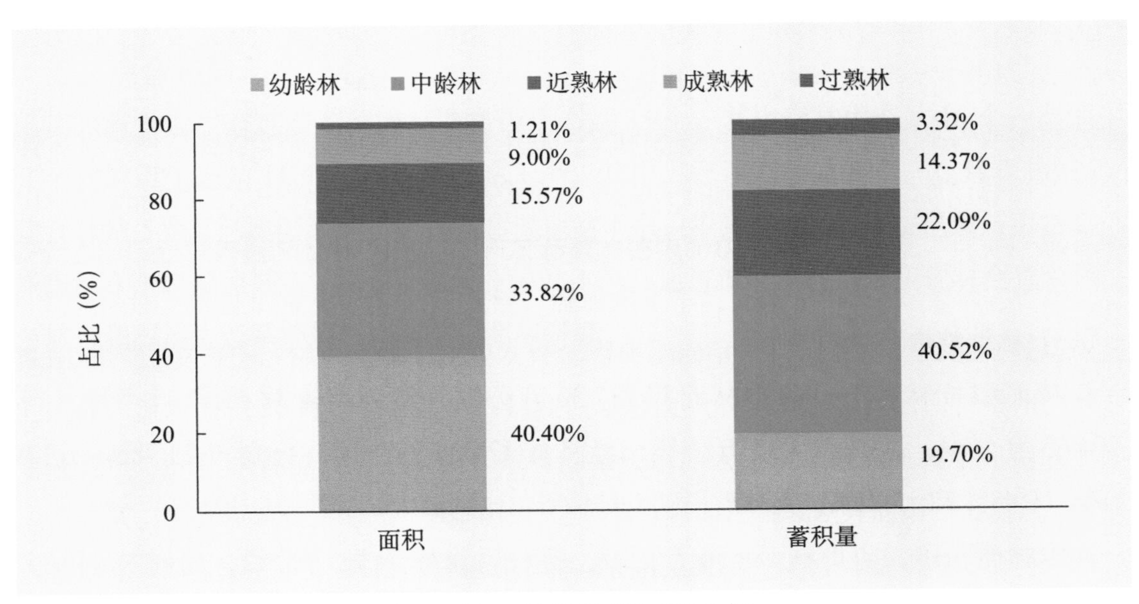

图2-12 林地地类面积比例

（三）优势树种（组）结构

针叶林面积 209.14 万公顷，阔叶林面积 437.97 万公顷，针阔混交林面积 67.64 万公顷，分别占 29.26%、61.28% 和 9.46%；针叶林蓄积量 20164.57 万立方米，阔叶林蓄积量 21799.13 万立方米，针阔混交林蓄积量 3719.01 万立方米，分别占 28.49%、61.09% 和 10.42%。乔木林中阔叶林所占比重最大。

在针叶林中，面积占优势的主要是杉木林和马尾松林，其面积分别占 34.40% 和 31.19%，蓄积量分别占 33.08% 和 31.36%；其次是针叶混交林和湿地松林，面积分别占 17.43% 和 15.14%，蓄积量分别占 22.59% 和 11.45%。

阔叶林涉及的优势树种较多，面积和蓄积量以阔叶混交林占优势，其面积为 182.77 万公顷、蓄积量 12345.98 万立方米，分别占阔叶林面积的 41.73%、蓄积量的 56.64%；其次是桉树林，其面积 171.27 万公顷、蓄积量 5177.83 万立方米，分别占阔叶林面积的 39.11%、蓄积量的 23.75%。乔木林优势树种（组）面积、蓄积量构成情况见表 2-1。

表 2-1　乔木优势种（组）面积、蓄积量统计

优势树种		面积（万公顷）	比例（%）	蓄积量（万立方米）	比例（%）
合计		714.75	100.00	35682.71	100.00
针叶林	小计	209.14	29.26	10164.57	28.49
	杉木	71.49	20.06	3362.47	9.42
	马尾松	65.24	4.43	3187.33	8.93
	湿地松	31.66	4.43	1163.48	3.26
	其他松类	3.36	0.47	17.51	0.05
	柏木	0.48	0.07	137.64	0.39
	针叶混交林	36.46	5.10	2296.14	6.44
阔叶林	小计	437.97	61.28	21799.13	61.09
	栎类	22.06	3.09	1429.06	4.00
	樟楠木荷类	20.62	2.89	796.54	2.23
	枫香	0.96	0.13	28.82	0.08
	其他硬阔类	11.03	1.54	470.56	1.32
	桉树	171.27	23.96	5177.83	14.51
	相思树	10.07	1.41	392.32	1.10
	木麻黄	1.92	0.27	70.83	0.20
	泡桐楝树	1.43	0.20	71.11	0.20
	其他软阔类	15.84	2.22	1016.08	2.85
	阔叶混交林	182.77	25.57	12345.98	34.60
针阔混交林		67.64	9.46	3719.01	10.42

三、湿地资源概况

根据第二次湿地资源调查结果，广东省湿地面积 175.36 万公顷，其中天然湿地面积为 115.42 万公顷，人工湿地面积为 59.94 万公顷。按类型划分，近海及海岸湿地 82.76 万公顷，占广东湿地总面积的 47.20%，其中红树林约 2.00 万公顷，主要分布粤东、粤西及珠三角；河流湿地面积 32.14 万公顷，占广东湿地总面积的 18.33%；人工湿地 59.94 万公顷，占全省湿地面积的 34.18%；湖泊湿地 0.15 万公顷，占全省湿地面积的 0.09%；沼泽湿地 0.36 万公顷，占全省湿地面积的 0.2%。

广东省湿地资源较丰富，湿地类型较多，包含了近海及海岸湿地、河流湿地、湖泊湿地、沼泽湿地、人工湿地等 5 大湿地类 21 个湿地型。其中，近海及海岸湿地、河流湿地、人工湿地等 3 大类湿地数量较大，在全省均有广泛分布；湖泊湿地、沼泽湿地呈零星分布（郭盛才，2011）。

广东沿海红树林分布全国面积最大，沿海从北到南均有红树林分布。广东省拥有两个国家级红树林自然保护区——湛江红树林国家级自然保护区和深圳福田红树林自然保护区。湛江红树林国家级自然保护区保护着中国最大的红树林，天然红树林面积 9000 余公顷，其红树林生态系统具有代表性和典型性；深圳福田红树林自然保护区是中国唯一处在城市腹地、面积最小的国家级森林和野生动物类型的自然保护区。

广东省有湿地植物 135 科 249 属 440 种，分为水生植物、湿生植物、沙水植物和红树植物类型。其中，湿生植物 124 科 273 属 353 种，分别占全省湿地植物的 91.85%、92.86% 和 80.23%。红树植物 17 科 21 属 29 种，其中真红树植物 11 科 14 属 21 种；半红树植物 6 科 7 属 8 种。有湿地鸟类 129 种另 2 个亚种，分属 11 个目 21 个科。海岸浅鱼类 54 科 122 属 211 种；河口海湾有鱼类 16 科 37 属 51 种；河流鱼类 45 科 156 属 239 种。此外，还有爬行动物 60 种、两栖动物 31 种、兽类 32 种。珍稀濒危植物 10 种；保护动物近 40 种（何克军等，2005）。

四、石漠化分布概况

广东省岩溶地区主要分布在北部和西部，潜在石漠化与石漠化总面积 48.61 万公顷，占岩溶区土地总面积的 45.6%。其中，潜在石漠化面积为 40.48 万公顷，占岩溶区土地总面积的 38.0%；石漠化面积为 8.13 万公顷，占岩溶区土地总面积的 7.6%（图 2-13）。非石漠化面积 57.85 万公顷，占岩溶区土地总面积的 54.4%。在石漠化土地中，轻度石漠化面积 1.41 万公顷，占石漠化总面积的 17.35%；中度石漠化面积 3.03 万公顷，占 37.30%；重度石漠化面积 3.64 万公顷，占 44.75%；极重度石漠化面积 491.1 公顷，占 0.60%（图 2-14）。

从行政区看，广东省石漠化地区主要分布在粤北的韶关和清远两市，其潜在石漠化与石漠化总面积高达 45.96 万公顷，占全省的 94.6%，地理分布上较为集中连片，且重度石漠

化面积居多，主要分布在乐昌市、阳山县、乳源县和英德市等地。从各县（市、区）石漠化区域面积与行政区域面积比较情况看，其比例在30%以上的县有2个，分别为阳山县、乐昌市；在10%～30%的县有5个，小于10%的县有14个（冯汉华和熊育久，2011）。

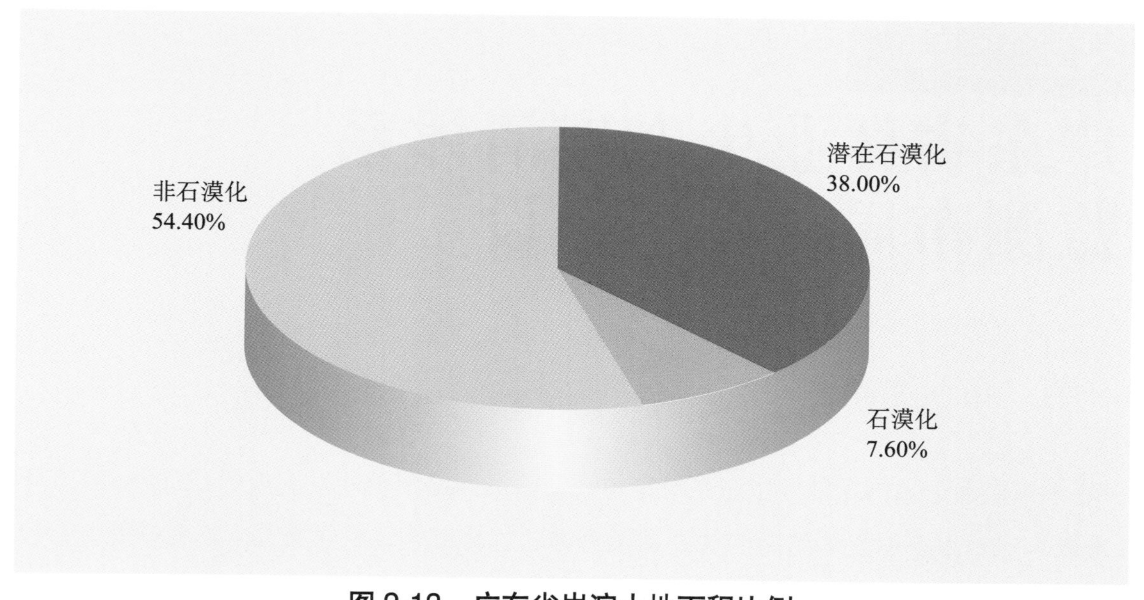

图2-13 广东省岩溶土地面积比例

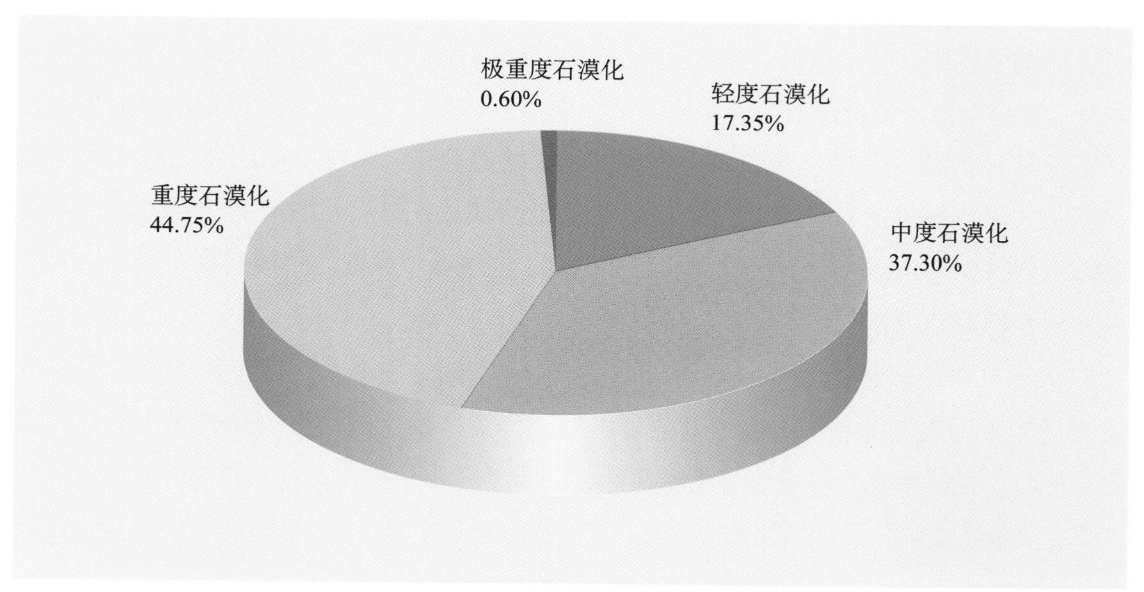

图2-14 广东省石漠化土地面积比例

第三章
广东省林业生态连清体系监测布局与网络建设

第一节　布局原则

在国家层面上，《国家陆地生态系统定位观测研究网络中长期发展规划（2008—2020 年）》（修编版）中指出国家生态站网的规划建设遵循“优化结构，科学布局；整合资源，开放共享；统一标准，规范运行；创新驱动，以用促建”的原则。在省级尺度上，《湖北省陆地生态系统定位观测研究网络建设发展规划（2011—2020 年）》中指明湖北省生态站网的规划建设遵循“统筹规划，科学布局；突出重点，分步实施；整合资源，开放共享；统一标准，高效运行；依托项目，带动建设”的原则。上海城市森林生态连清体系监测布局根据上海自然地理特征和社会经济条件，以及城市森林生态系统的分布、结构、功能和生态系统服务转化等因素，考虑植被的典型性、生态站点的稳定性以及各站点间的协调性和可比性，确定上海城市森林生态连清体系监测站点的布局原则：生境类型原则、植被典型原则、生态空间原则、城乡梯度原则和长期稳定原则。

广东省林业生态连清体系监测网络布局，以国家陆地生态系统定位观测研究网络中长期发展规划布局原则为指导，参考其他省份生态连清体系监测网络布局原则，结合广东省自然、社会、经济状况及林业生态资源实际，制定了“优化结构，科学布局；整合资源，开放共享；前瞻性原则”三项网络布局原则。

一、优化结构，科学布局

根据全省地形地貌、森林资源分布、区域社会经济发展方向的差异性特征，盘活“山水林田湖草”生命共同体，构建“四区多核一网”的林业建设发展格局，按照生态系统类型科学性、典型性、代表性，立足现有，围绕数据积累、监测评估、科学研究等任务，兼顾珠三角国家森林城市群建设工程、雷州半岛生态修复工程、森林可持续经营工程、湿地保护与恢复工程、重点区域生态治理工程及天然林保护工程等生态工程效益监测需求，优

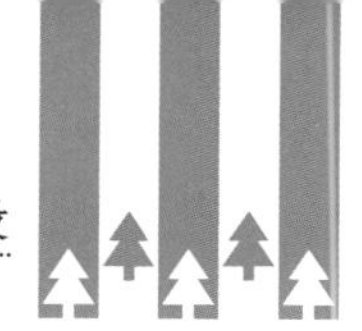

化站网结构，科学布局站点；优化资源配置，优先重点区域建设，避免低水平重复建设，逐步形成层次清晰、功能完善，覆盖广东主要生态区域的生态观测体系。

二、整合资源，开放共享

生态站网建设与林业科研基地、林业工程效益监测点、重大项目研究相结合，构建一站多点的监测体系；以国家财政支持为主，鼓励地方和依托单位投入，多渠道筹集资金，不断提高生态站建设水平；整合地方生态站网的优势和资源，加强与国内外专家学者的交流合作，建立开放式客座研究机制；整合网络资源，促进生态观测数据联网和共享，实现生态观测立体化、自动化、智能化。

三、前瞻性原则

着眼于广东省森林、湿地、石漠和城市生态系统科学化保护管理的长期需求，站网布局、设施建设、能力建设既考虑当前的迫切需求，在已有的生态站点的基础上，补充与完善野外基础设施与仪器设备，开展常规生态监测工作，同时考虑提升监测水平的远期需求，生态监测中心、台站仪器设备的配置、人才队伍的构建、监测科研的开展应具备国内领先水平，监测工作的系统化、标准化、科学化、规范化逐步完善，特色生态站争取进入国家生态系统定位观测网络体系。

第二节　布局依据

生态地理区划通常是在掌握了比较丰富的生态地理现象和事实，大致了解了区域生态地理过程、全面地认识了地表自然界的地域分异规律、在恰当的原则和方法论的基础上完成生态地理区划划分。因此，国家或地区生态地理区划研究发展情况，是该国家或地区对自然环境及其地域分异的认识深度和研究水平的体现（高翔伟等，2016）。生态地理区域系统的建立和研究，不断促进、完善有关生态地理过程和类型的综合研究，该研究与气候、地貌、生态过程、全球环境变化、水热平衡、化学地理、生物地理群落、土壤侵蚀和坡地利用等都有密切的联系（杨勤业和郑度，2002）。

广东省相关自然地理区划、植被区划以及生态规划对广东省林业生态连清体系监测布局具有很高的指导价值。1976 年出版的由广东省植物研究所编著《广东植被》对广东省植被进行了区划，植被的分区原则：各级分区应有不同的标准和着眼点；植被分区的高级单位应与自然地理带相适应也就是应反映地带性的自然条件特点，中级和低级分区单位则应与所处的地区性自然条件相适应，着重在反映地区性自然条件的特点。“植被带”是分区中的地带性高级分区单位，通常与纬度自然带的概念相应。采用植被带（或植被亚带）、植被地带、植被段、植被分段分级系统将广东省分为热带植被带和亚热带植被带两个植被带，三个植被地带和四个植被段。

1981 年，徐祥浩在《广东植物生态及地理》一书中以如下的一些原则作为依据：植物地理区划主要以植被分布的异同为出发点；个别植物种地理分布的参考意义的大小，视该种的生物学特性来决定；不应以某种栽培植物的分布区的边界作为植物地理区划的边界；不单以有无此种植物的分布来作为区划的绝对界限，同时还要考虑生长在不同地点的同种植物的生活型是否相同，以此来作为分区或分小区的参考；在进行区划时，应注意是地带性植被还是非地带性植被，是原生植被还是次生植被；地形因素虽属间接因素，但它往往成为主导因素。因此，区划时应加以注意；植物和植被的地带性或地区性的分布界限都不是一条几何上的线，而是有若干宽广度的过渡地带，这条过渡地带又随地形的不同而成波纹状弯曲。依据以上原则将广东植被划分为热带植被带和亚热带植被带，南海诸岛珊瑚岛热带植被区、海南南部丘陵山地热带雨林季雨林区、琼雷台地热带季雨林热带草原区、粤西滨海台地热带植被区、华南南亚热带常绿季雨林亚带、粤西丘陵山地亚热带植被区、珠江下游丘陵平原亚热带植被区、莲花山丘陵山地亚热带植被区、潮汕沿海丘陵平原亚热带植被区、粤东铜鼓嶂山地丘陵亚热带植被区、粤北山地亚热带常绿阔叶林区、南岭东段丘陵山地亚热带常绿阔叶林区。

《广东林业生态省建设规划（2005—2020）》中指出，进入 21 世纪，广东林业已进入由木材生产为主向生态建设为主的历史性转变，这是经济社会快速发展和人民生活不断改善对新世纪广东林业提出的新的更高要求。随着国民经济的发展，国家可持续发展战略的实施，国民生态意识的增强，生态安全需求已成为社会对广东林业的第一需求，生态建设是新世纪广东林业可持续发展道路的主旋律。广东林业生态省建设，以“生态优先”为主导思想，确立以生态建设为主的林业可持续发展道路，建立起适应新时期林业生产力发展要求的新型林业管理体制、运行机制和发展模式。

《广东林业生态省建设规划（2005—2020）》提出广东海、路、江、城的林业生态网架布局：①“海”：依托海岸线，结合沿海防护林体系建设，构建维护沿海生态安全的沿海防护林带；②“路”：依托广东省境内的铁路和公路网络，结合绿色通道工程建设，构建起沿路绿色森林网络；③“江”：依托广东省境内的西江、北江、东江和韩江形成的水系网络，构建起沿江（水系）森林网络；④“城”：通过城市林业建设，建设城市绿色森林体系。

组团式林业生态圈布局：①“一圈”：珠江三角洲城市林业生态圈；②“两翼”：东、西两翼沿海防护型林业生态圈；③“四江”：粤北山地、丘陵（四江流域）生态公益型林业生态圈。

《广东省林业发展“十三五”规划》根据全省地形地貌、森林资源分布、区域社会经济

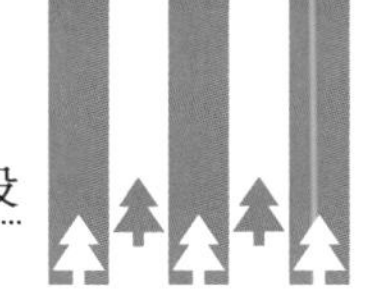

发展方向的差异性特征，盘活“山水林田湖”生命共同体，构建“四区多核一网”的林业建设发展格局：“四区”分别为珠三角国家森林城市群建设区、粤北生态屏障建设区、东西两翼防护林建设区和雷州半岛生态修复区；“多核”保护全省丰富的森林风景资源，建设一大批森林公园、湿地公园、自然保护区、森林小镇和乡村绿化美化示范点等，在广东大地形成一颗颗璀璨的绿色明珠，营造和谐、绿化、美化、生态化的城乡环境；“一网”将生态景观林带、沿海防护林带、农田防护林带、沿江沿河防护林带、绿道等有机连接，形成覆盖全省的生态绿网，为广东经济社会可持续发展提供生态保障。

《珠江三角洲地区改革发展规划纲要（2008—2020年）》基于珠三角的自然生态本底特征，以山、水、林、田、城、海为空间元素，以自然山水脉络和自然地形地貌为框架，以满足区域可持续发展的生态需求及引导城镇进入良性有序开发为目的，着力构建“一屏、一带、两廊、多核”的珠三角生态安全格局：一屏：环珠三角外围生态屏障；一带：南部沿海生态防护带；两廊：珠江水系蓝网生态廊道和道路绿网生态廊道；多核：五大区域性生态绿核。

广东省主体功能区规划中提出构建“两屏、一带、一网”为主体的生态安全战略格局。“两屏”：① 广东北部环形生态屏障：由粤北南岭山区、粤东凤凰—莲花山区、粤西云雾山区构成，具有重要的水源涵养功能，是保障全省生态安全的重要屏障。② 珠三角外围生态屏障：由珠三角东北部、北部和西北部连绵山地森林构成，对于涵养水源、保护区域生态环境具有重要作用。“一带”：蓝色海岸带。是指广东省东南部广阔的近海水域和海岸带，包括大亚湾—稔平半岛区、珠江口河口区、红海湾、广海湾— 镇海湾、北津港—英罗港、韩江出海口—南澳岛区等区域，是重要的“蓝色国土”。“一网”：以西江、北江、东江、韩江、鉴江以及区域绿道网为主体的生态廊道网络体系。

除广东省域尺度的自然地理区划、植被区划与生态功能区区划与规划外，全国尺度的生态地理区划、植被区划、森林区划及生态功能区划对广东省林业生态连清监测网络布局亦具有重要指导价值。从中华人民共和国成立初期到现在，在不同的历史时期，根据不同的研究目的，产生了多种不同的区划方案，其中比较典型的区划方案主要有黄秉维的中国综合自然区划、吴征镒的中国植被区划（吴征镒，1980）和张新时的中国植被区划（中国科学院中国植被图编辑委员会，2007）、吴中伦的中国森林区划（吴中伦，1997）、蒋有绪的中国森林区划（蒋有绪，1998）、郑度等的中国生态地理区域系统（郑度，2008）、国务院制定的国家重点生态功能区（中华人民共和国国务院，2010）、环境保护部制定的生物多样性热点及关键地区（中华人民共和国环境保护部，2010）等。见表3-1。

表 3-1　中国典型生态区划方案的区划原则对比

<table>
<tr><th>典型区划</th><th>差异原则</th><th>共性原则</th></tr>
<tr><td>中国综合自然区划（1959）</td><td>补充说明了较高级别与较低级别单元的具体区划</td><td rowspan="5">Ⅰ.逐级分区原则
Ⅱ.主导因素原则
Ⅲ.地带性规律（较高级别单元）
Ⅳ.非地带性因素（较低级别单元）
Ⅴ.空间连续性原则</td></tr>
<tr><td>中国植被区划（1980，2007）</td><td>将各种自然与社会因素的影响融入植被类型中，根据植被的三向地带性，结合非地带性作为区划的根本原则</td></tr>
<tr><td>中国森林区划（1997）</td><td>在处理三维（纬度、经度和海拔高度）的水热关系对地带性森林类型的影响关系上，采用了基带地带性原则；对于大的岛屿，则视其具体情况而定</td></tr>
<tr><td>中国生态地理区域系统（2008）</td><td>用历史的态度对待生态地域系统的区划与合并问题，遵循生态地理区发生的同一性与区内特征相对一致性原则；生态地理区与行政区界线相结合</td></tr>
<tr><td>中国森林区划（1998）</td><td>重视与森林生产力密切相关的自然地理因子及其组合，系统层次不要求过细，必要时候设置辅助等级（亚级）</td></tr>
<tr><td>国家重点生态功能区</td><td colspan="2">强调生态功能性，隶属“国家主体功能区规划”，为空间非连续性区划；重点采用保护环境和协调发展的原则</td></tr>
<tr><td>生物多样性保护优先区</td><td colspan="2">强调生物多样性，隶属“中国生物多样性保护战略与行动计划”，为空间非连续性区划；重点采用保护优先、持续利用、公众参与和惠益共享的原则</td></tr>
</table>

综合分析中国典型生态区划方案，除国家重点生态功能区和生物多样性保护优先区外，其他是以自然地域分异规律为主导进行划分。虽然区划的目的、原则和指标不同，但基本上都是在中国三大自然地理区域（东部季风气候湿润区、西部大陆性干旱半干旱区和青藏高原高寒区）进行划分的（表 3-2）。

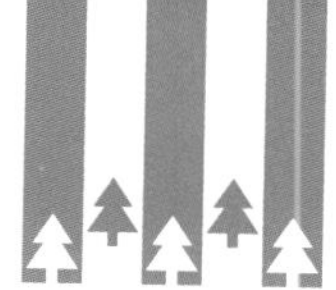

表 3-2 中国典型生态区划方案的区划指标和结果对比

典型区划	等级	区划指标	区划结果（个）
中国综合自然区划（1959）	温度带	地表积温和最冷月气温的地域差异	6
	自然地带和亚地带	土壤、植被条件	25
	自然区	地形的大体差异	64
中国植被区划（1980）	植被区域	年平均气温、最冷月平均气温、最暖月平均气温、≥10℃积温值数、无霜期、年降水和干燥度	8
	植被亚区域	植被区域内的降水季节分配、干湿程度	16
	植被地带（亚地带）	南北向光热变化，或地势高低引起的热量分异	18（8）
	植被区	植被地带中的水热及地貌条件	85
中国植被区划（2007）	植被区域	水平地带性的热量—水分综合因素	8
	植被亚区域	植被区域内水分条件差异及植被差异	12
	植被地带	南北向光热变化或地势引起的热量	28
	植被亚地带	植被地带内根据优势植被类型中与热量水分有关的伴生植物的差异	15
	植被区	局部水热状况和中等地貌单元造成的差异	119
	植被小区	植被区内植被差异和植被利用与经营方向不同	453
中国森林区划（1997）	地区	以大地貌单元为单位，大地貌的自然分界为主	9
	林区	以自然流域或山系山体为单位，以流域和山系山体的边界为界	48
中国森林区划（1998）	森林立地区域	根据我国综合自然条件	3
	森林立地带	气候（≥10℃积温，≥10℃日数，地貌、植被、土壤等）	10
	森林立地区（亚区）	大地貌构造、干湿状况、土壤类型、水文状况等	121
中国生态地理区域系统（2008）	温度带	日平均气温≥10℃期间的日数和积温。1月平均气温、7月平均气温和平均年极端最低气温	11
	干湿地区	年干燥指数	21
	自然区	地形因素、土壤、植被等	49
国家重点生态功能区（2010）	重点生态功能区	土地资源、水资源、环境容量、生态系统重要性、自然灾害危险性、人口集聚度以及经济发展水平和交通优势等方面	25
生物多样性保护优先区（2010）	自然区域	自然条件、社会经济状况、自然资源及主要保护对象分布特点等因素	8
	生物多样性保护优先区域	生态系统类型的代表性、特有程度、特殊生态功能，以及物种的丰富程度、珍稀濒危程度、受威胁因素、地区代表性、经济用途、科学研究价值、分布数据的可获得性等因素	35

注：广东省林业生态连清监测网络布局充分借鉴和参考了上述省域尺度与国家尺度的相关区划和规划。

第三节　总体布局

一、森林生态站布局

森林生态系统长期定位观测台站布局体系是森林生态系统长期定位研究的基础，森林生态站之间客观存在的内在联系，体现了森林生态站之间相互补充、相互依存、相互衔接的关系和构建网络的必要性。合理布局的多个森林生态系统长期定位观测台站构成森林生态系统长期定位观测网络。

（一）布局原则

广东省森林生态连清体系监测网络充分借鉴已有自然区划原则的优势，遵循国家尺度森林生态站布局的基础原则，结合广东省自然地理条件和林业发展概况制定了“分区布局原则、完整性原则、网络化原则、工程导向原则、政策管理与数据共享原则”五项网络布局规划的基本原则。

1. 分区布局原则

在充分分析广东省自然生态条件的基础上，从生态建设的整体出发，根据温度、流域、植被、重点生态功能区和生物多样性保护优先区进行森林生态站网络规划布局。根据区域内地带性观测的需求，建设具有典型性和代表性的森林生态站。在北热带、南亚热带和中亚热带，兼顾不同水热气候区森林植被类型，全面反映广东森林林分格局、特点和异质性；森林生态站应以国家森林公园、国有林场或自然保护区等国有土地为首要选择，保障土地可以长时间使用。

2. 网络化原则

采用多站点联合、多系统组合、多尺度拟合、多目标融合，实现多个站点协同监测与研究，研究涵盖个体、种群、群落、生态系统、景观及区域多个尺度，实现生态站多目标监测，充分发挥一站多能，综合监测的特点。

3. 工程导向原则

森林生态站网布局应与广东省重大林业生态建设工程相结合，如珠三角国家森林城市群建设工程、雷州半岛生态修复工程、森林可持续经营工程及重点区域生态治理工程等。

4. 政策管理与数据共享原则

森林生态站的建设、运行、管理和数据收集等工作应严格遵循森林生态站相关标准。网络成果实行资源和数据共享，满足各个部门和单位管理及科研需要。

（二）布局方法

森林生态系统长期定位观测台站布局在典型抽样思想指导下完成。根据待布局区域的气候和森林生态系统特点，结合台站布局特点和布局体系原则，根据台站观测要求，选择典型的、具有代表性的区域完成台站布局，构建森林生态系统长期定位观测网络。以典型抽样思想为指导，采用分层抽样方法，选取适宜指标，利用空间分析技术实现广东省生态地理区划。在广东省生态地理区划的基础上，提取相对均质区域作为森林生态站网络规划的目标靶区，并对森林生态站的监测范围进行空间分析，确定森林生态站网络规划的有效分区。在有效分区的基础上，综合分析广东省林业发展的需求，布设森林生态台站。对森林生态站的站点密度进行空间分析后确定森林生态站站点位置，从而完成广东省森林生态系统定位观测研究网络构建。

1. 抽样方法

抽样是进行台站布局的基本方法。简单随机抽样、系统抽样和分层抽样是目前最常用的经典抽样模型。由于简单随机抽样不考虑样本关联，系统和分层抽样主要对抽样框进行改进，一般情况下抽样精度优于简单随机抽样。

（1）简单随机抽样是经典抽样方法中的基础模型。该方法适合当样本在区域 D 上随机分布，且样本值的空间分异不大的情况下，可通过简单随机抽样得到较好的估计值。

（2）系统抽样是经典抽样中较为常用的方法。该种方法较简单随机抽样更加简单易行，不需要通过随机方法布置样点，适用于抽样总体没有系统性特征，或者其特征与抽样间隔不符合的情况。反之，当整体含有周期性变化，而抽样间隔又恰好与这种周期性相符，则会获得偏倚严重的样本。因此，该方法不适合用于具有周期性特点的情况。

（3）分层抽样又称为分类抽样或类型抽样。该种抽样方法是将总体单位按照其属性特征划分为若干同质类型或层，然后在类型或层中随机抽取样本单位。通过划类分层，获得共性较大的单位，更容易抽选出具有代表性的调查样本。该方法适用于总体情况复杂、各单位之间差异较大和单位较多的情况。层内变差较小而层间变差较大时，分层抽样可较好地提高抽样精度。该种方法需要用户可以更好地把握总体分异情况，从而较好地确定分层的层数和每个层的抽样情况（高翔伟等，2016）。

根据 Cochran 分层标准，分层属性值相对近似的分到同一层。传统的分层抽样中，样本无空间信息，但是在空间分层抽样中，这种标准会使分层结果在空间上呈现离散分布，无法进行下一步工作。因此，空间分层抽样除了要达到普通分层抽样的要求，还应具有空间连续性。该思路符合 Tobler 第一定律：在进行空间分层抽样时，距离越近的对象，其相似度越高（Miller，2004）。

森林生态系统结构复杂，符合分层抽样的要求。国家或者省域尺度森林生态系统长期定位观测台站布局可通过分层抽样的方法来实现。生态地理区划是根据不同的目的，采用不同的指标将研究区域划为相对均质的分区，即为分层。通过将研究区划分相对均质的区域，选择典型的具有代表性的完成区域台站布局。分层后可采用随机抽样的方式选择站点。

2. 空间分析

空间分析是图形与属性的交互查询，是从个体目标的空间关系中获取派生信息和知识的重要方法，可用于提取和传输空间信息，是地理信息系统与一般信息系统的主要区别。目前，空间分析主要包括空间信息量算、信息分类、缓冲区分析、叠置分析、网络分析、空间统计分析，主要研究内容包括空间位置、空间分布、空间形态、空间距离和空间关系。本研究使用空间分析功能主要为了实现分层抽样，对已有的主要采用了空间叠置分析和地统计学方法（郭慧，2015；高翔伟等，2016）。

（1）空间叠置分析。空间叠置分析是 GIS 的基本空间分析功能，是基于地理对象的位置和形态的空间数据分析技术，可用于提取空间隐含信息。该种分析方式包括逻辑交、逻辑差、逻辑并等运算。由于森林生态系统的复杂性，单一的生态地理区划较难满足分层抽样的需求。因此需对比分析典型生态地理区划的特点，筛选适合指标进行森林生态系统长期定位观测台站布局的指标，通过空间叠置分析可提取具有较大共性的相对均质区域。本文中主要叠置分析对象为多边形，采用操作为交集操作（Intersect），见公式（3-1）。

$$x \in A \cap B \tag{3-1}$$

式中：A，B——进行交集的两个图层；

x——结果图层。

（2）空间插值方法。为了解各种自然现象的空间连续变化，采用若干空间插值的方法，将离散的数据转化为连续的曲面。主要分为两种：空间确定性插值和地统计学方法。其中间确定性插值主要是通过周围观测点的值内插或者通过特定的数学公式内插，较少考虑观测点的空间分布情况。选择地统计学方法进行广东省森林生态系统定位研究网络布局。地统计学主要用于研究空间分布数据的结构性和随机性，空间相关性和依赖性，空间格局与变异等。该方法以区域化变量理论为基础，利用半变异函数，对区域化变量的位置采样点进行无偏最优估计。空间估值是其主要研究内容，估值方法统称为 Kriging 方法。Kriging 方法是一种广义的最小二乘回归算法。半变异函数公式如下：

$$\gamma\ (h)=\frac{1}{2N\ (k)}\sum_{a=1}^{N(k)}[Z\ (u_a)-Z\ (u_a+k)\ ] \tag{3-2}$$

式中：$z\ (u_a)$ ——位置在 a 的变量值；

$N\ (k)$ ——距离为 k 的点对数量。

Kriging 方法在气象方面的使用最为常见，主要可对降水、温度等要素进行最优内插，可使用该方法对土壤环境数据进行分析。由于球状模型用于普通克里格插值精度最高，且优于常规插值方法（何亚群等，2008），因此本文采用球状模型进行变异函数拟合，获得广东省森林分布要素的最优内插。球状模型见公式（3-3）。

$$\gamma(h)=\begin{cases}0 & h=0\\ C_0+C\left(\dfrac{3}{2}\times\dfrac{h}{a}-\dfrac{1}{2}\times\dfrac{h^3}{a^3}\right) & 0<h\leqslant a\\ C_0+C & h>a\end{cases} \tag{3-3}$$

式中：C_0——块金效应值，表示 h 很小时两点间变量值的变化；

C——基台值，反映变量在研究范围内的变异程度；

a——变程；

h——滞后距离。

（3）合并标准指数。在进行空间选择合适的生态区划指标经过空间叠置分析后，各区划指标相互切割获得许多破碎斑块，如何确定被切割的斑块是否可作为监测区域，是完成台站布局区划必须解决的问题。本文采用合并标准指数（Merging Criteria Index，MCI），以量化的方式判断该区域是被切割，还是通过长边合并原则合并至相邻最长边的区域中，公式见公式（3-4）：

$$\mathrm{MCI}=\frac{\min(S,\ S_i)}{\max(S,\ S_i)}\times 100\% \tag{3-4}$$

式中：S_i——待评估生态分区中被切割的第 i 个多边形的面积，$i=1$，2，3，…，n；

n——该生态分区被地貌和土壤指标切割的多边形个数；

S——该生态分区总面积减去 S_i 后剩余面积。

如果 MCI $\geqslant$ 70%，则该区域被切割出作为独立的台站布局区域；如 MCI $<$ 70%，则该区域根据长边合并原则合并至相邻最长边的区域中；假如 MCI $<$ 70%，但面积很大（该标准根据台站布局研究区域尺度决定），则也考虑将该区域切割出作为独立台站布局区域。

（4）复杂区域均值模型。由于在大区域范围内空间采样不仅有空间相关性，还有极大的空间异质性。因此，传统的抽样理论和方法较难保证采样结果的最优无偏估计。王劲峰等（2009）提出“复杂区域均值模型（Mean of Surface with Non-homogeneity，MSN）”，将分层统计分析方法与 Kriging 方法结合，根据指定指标的平均估计精度确定增加点的数量和位置（Wang et al.，2009）。该模型是将非均质的研究区域根据空间自相关性划分为较小的均质区域，在较小的均质区域满足平稳假设，然后计算在估计方差最小条件下各个样点的权重，最后根据样点权重估计总体的均值和方差（Hu et al.，2011）。模型结合蒙特卡洛和粒子群优化方法对新布局采样点进行优化，加速完成期望估计方差的计算。该方法可用于对台站布局数量的合理性进行评估，主要思路是结合已存在样点，分层抽样的分层区划和期望的估计方差，根据蒙特卡洛和粒子群优化方法逐渐增加样点数量，直到达到期望估计方差的需求。

MSN 空间采样优化方案结构体系流程见图 3-1，具体公式如下：

$$n=\frac{(\sum W_nS_n\sqrt{C_n})\sum(W_nS_n/\sqrt{C_n})}{V+(1+N)\ \sum W_nS^2_n} \tag{3-5}$$

式中：W_n——层的权；

S^2_n——层真实的方差；

N——样本总数；

V——用户给定的方差；

C_n——每个样本的数值；

n——达到期望方差后所获得的样本个数。

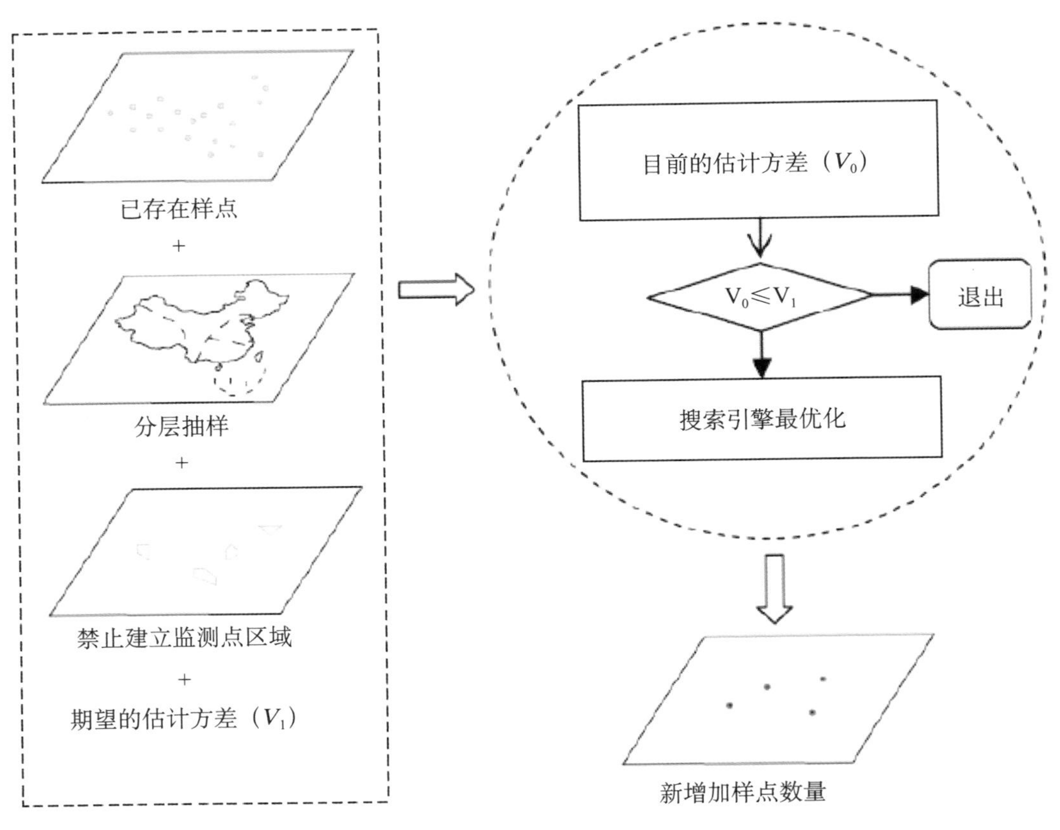

图 3-1 MSN 空间采样优化方案体系结构（Hu et al.，2010）

（三）广东省森林区划

广东省森林分布受自然因子影响较大。广东省横跨北热带、南亚热带和中亚热带三个温度带，温度是影响森林分布及其生态功能的关键因子。但广东主要为沿海丘陵地貌，全省均处于湿润地区，因此降水条件与地形因素对森林空间分布表现出综合作用效应。广东省水系发达，河流密布，不同流域综合体现了区域地形和降水特征，流域对森林分布与生态功能具有一定影响。同时，遵照国家森林生态长期定位监测网络布局原则和指标选取，在进行广东省林业生态连清体系监测布局与网络建设森林生态站布局时，主要考虑的指标有气候指标、流域指标、植被指标、土壤指标、地形地貌指标和生态功能区划指标。其中，气候指标、流域指标和植被指标是进行森林区划的基础指标，土壤指标、地形地貌指标和生态功能区划指标是进行生态站定位提供森林区划基础信息的辅助指标（图 3-2）。

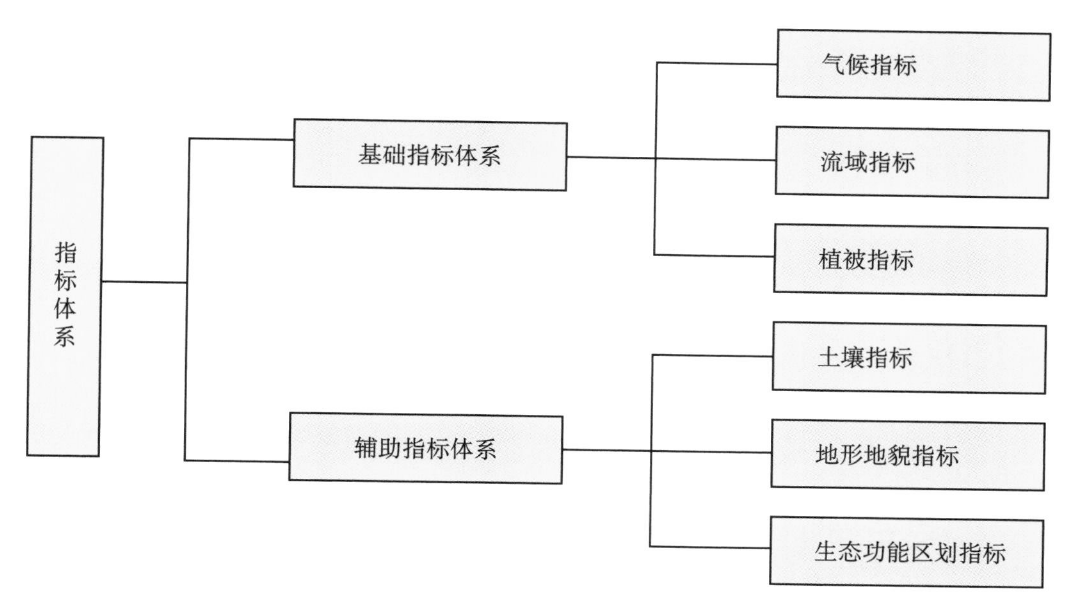

图 3-2 广东省森林生态连清体系监测森林生态站布局与网络建设指标

1. 气候指标

气候指标主要选择温度指标。国家尺度森林生态站布局温度指标是以≥ 10℃的积温和积温天数为主要指标，以 1 月平均气温，7 月平均气温和平均年极端最低气温为辅助指标完成（表 3-3）。广东省温度区划与国家指标相同。通过该温度指标的划分，广东省可划分为三个温度带（图 3-3）。

表 3-3 温度指标

温度带	主要指标		辅助指标		
	≥积温日数（天）	≥积温数值（℃）	1 月平均气温（℃）	7 月平均气温（℃）	平均年极端最低气温（℃）
中亚热带	240～285	5100（5300）～6400（6500） 4000～5000	4～10 5（6）～9（10）	28～30 20～22	−5～0 −4～0
南亚热带	285～365	6400（6500）～8000 5000～7500	10～15 9（10）～13（15）	28～29 22～24	0～5 0～2
北热带	365	8000～9000 7500～8000	15～18 13～15	28～29 >24	5～8 >2

图 3-3　广东省温度区划

2. 流域指标

广东省河流众多，以珠江流域（东江、西江、北江和珠江三角洲）及独流入海的韩江流域和粤东沿海、粤西沿海诸河为主，集水面积占全省面积的 99.8%，其余属于长江流域的鄱阳湖和洞庭湖水系（图 3-4）。东江发源于江西省寻乌县桠髻钵山，在广东省境内流经河源市、惠州市、东莞市、深圳市等；东江流域地处亚热带季风气候区，气温高，雨量充沛；流域多年平均气温约 21℃，年均降水量 1600～2200 毫米；流域地势东北高，西南低，上游以山地、丘陵为主，中游以丘陵、平原为主，下游以平原为主。北江源于南岭山系，全长 582 千米，广东境内流域面积约 4.3 万平方千米，是珠江水系第二大支流，贯穿广东省中北部；该流域属于典型的亚热带季风性气候，流域多年平均降水量约 1736 毫米；北江流域地形以山地、丘陵为主，岩溶、红层地貌发育，为典型的喀斯特地貌区。西江流域是珠江流域的主体，流域面积 36 万平方千米，占珠江流域总面积的 79%，流经云南、贵州、广西和广东 4 省份，在广东省境内主要流经广东省的肇庆市、云浮市，该流域属于典型的亚热带季风性气候。韩江流域位于粤东、闽西南，是广东省除珠江流域以外的第二大流域；流域范围包括广东、福建、江西三省份部分区域，流域面积 30112 平方千米，其中，广东省 17851 平方千米（占 59.3%），流域地处亚热带东南亚季风区。

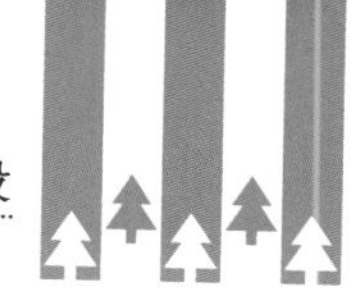

珠江三角洲地区由西江、北江、东江在下游入海汇聚而成，约占珠江总流域面积的1/45。三角洲的干流从思贤滘至磨刀门口，长141千米，天然落差近1.8米。三角洲属于亚热带季风气候。年均气温21～22℃，年均降水量为1730毫米，年径流总量为3456亿立方米。根据三角洲内的河流流势可以把该区的河网分为几个水系：① 西江水系，主干道为马口至磨刀门，向右分汊为崖门、虎跳峡和鸡啼门，向左侧先分汊为思贤滘汇入北江下游，继而分叉为蕉门、洪奇沥和横门水道，分别汇入伶仃洋；② 北江水系，主干是三水至沙湾水道，向左侧分汊为西南冲、佛山冲和平洲水道，分别汇入流溪河下游和狮子洋；③ 东江水系主干是石龙至大盛的北干流，左汊为石龙—洲仔围的东莞水道，自称一个独立系统，汇入狮子洋。此外，流溪河流经广州汇入狮子洋，谭江汇入崖门水道。全部汊流分别汇成八大分流水道归南海。

粤东沿海地区主要有螺河、龙江、练江、榕江和黄江五大水系组成，分别经碣石湾、神泉湾、海门湾、牛田洋和柘林湾注入南海，地形以丘陵、平原为主。属亚热带海洋性季风气候，气候温和，日照充足，雨量充沛。年平均气温为21.4℃，日照为1986.1小时，雨量为1685.8毫米。其中，螺河发源于陆河市与紫金县交界的三神凸山，从北部山区向南经中部丘陵、河口平原注入南海，全长102千米，流域面积1356平方千米，年均径流量18.45亿立方米。练江发源于广东省普宁市大南山五峰尖西南麓杨梅坪的白水磜，干流全长71千米，流域面积1346.6平方千米，年平均径流量5.874亿立方米。榕江发源于广东省陆丰市凤凰山，干流长185千米，流域面积46282平方千米。

粤西沿海地区主要由漠阳江、鉴江、袂花江、九洲江、雷州青年运河五大水系组成。其中，漠阳江发源于阳春市云雾山脉，干流长199千米，流域总面积6091平方千米，主干长在阳东区北津港注入南海，年均径流量为82.1亿立方米。鉴江发源于广东省信宜市里五大山的良安塘，由吴川黄坡镇沙角旋注入南海，干流长231千米，流域总面积9464平方千米，年均径流量85.7亿立方米。袂花江发源于电白县西北部那霍镇青鹅岭，经小良镇流入吴川县兰石镇，汇合鉴江入海，流域面积2516平方千米，年均径流量7.8亿立方米。九洲江发源于广西陆川县龙文径分水坳，经廉江市注入北部湾，干流全长162千米，流域面积2137平方千米，年均径流量28亿立方米。雷州青年运河源于广东廉江市鹤地水库，流经遂溪、海康、廉江等县市，包括主河和四联河、东海河、西海河、东运河、西运河等五大干河，全长271千米。贺江是珠江流域西江水系的一级支流，其上游富川江发源于富川瑶族自治县麦岭乡的茗山，向南流经富川县钟山县贺州市广东省封开县，于封开县江口镇注入西江干流，全长352千米，集水面积11536平方千米，整个流域地处北回归线以北，属亚热带季风气候。贺江是珠江流域西江水系的一级支流，其上游富川江发源于富川瑶族自治县麦岭乡的茗山，向南流经富川县钟山县贺州市广东省封开县，于封开县江口镇注入西江干流，全长352千米，集水面积11536平方千米，整个流域地处北回归线以北，属亚热带季风气候。

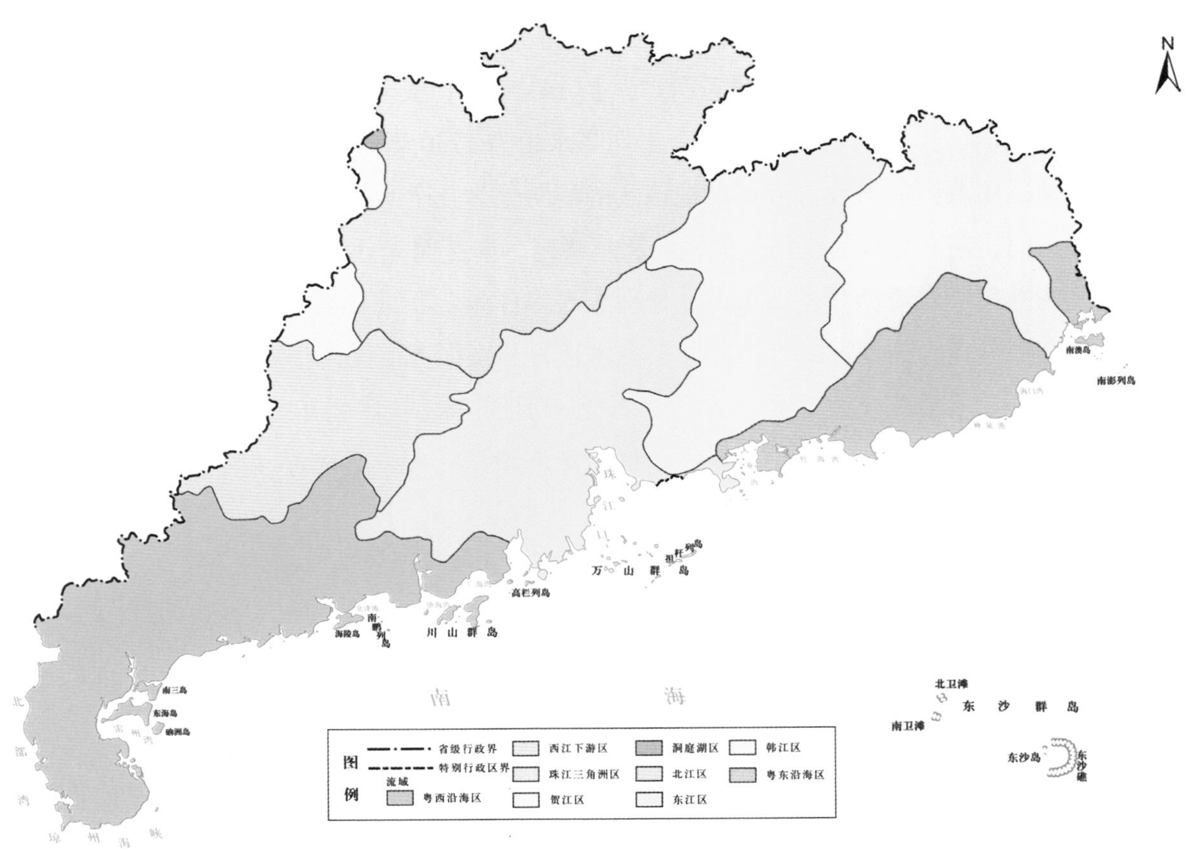

图 3-4 广东省流域区划

3. 植被指标

参考国家森林区划，依照张新时《中国植被》(中国科学院中国植被图编辑委员会，2007a）的植被图部分。将广东省森林植被类型区划为以下分区（图 3-5)。

(1) Ⅳ Aiib-2 南岭山地栲类、蕈树林区。本植被区包括广西北端、湖南南端、广东北部及江西南部。地貌以南岭山地丘陵为主，是长江和珠江的分水岭，共有五条北东—南西走向的山脉断断续续贯穿本区中央，海拔一般为 500～1000 米，其间的丘陵盆地为 200～500 米。南岭阻挡了北来寒流，其南部与北部气温有差异，为华中与华南气候上的过渡地带，使岭南的常绿阔叶林更为发达。且热带区系成分更为丰富。土壤以红壤和黄壤为主，西部有中性石灰土。本区植被在 1200 米以下分布有以罗浮栲、南岭栲、鹿角栲、钩栲、栲树、米槠、甜槠、蕈树、红楠、木荷等为主的常绿阔叶林。其中，含有较多樟科成分，如厚壳桂属、琼楠属、樟属、楠木属、润楠属、柬埔寨新木姜子等。其次，有山茶科的茶梨、大头茶、石笔木等，木兰科的木莲、垂果木莲、光叶木兰、深山含笑等，构成具有热带成分的常绿阔叶林。沟谷中有金毛狗、莲座蕨菜，在南部局部地方还有桫椤、黑桫椤、野芭蕉等分布。层外植物更是发达。次生林以马尾松林、毛竹林及杉木林为主。

(2) Ⅳ Aiii 2 闽粤沿海丘陵栽培植被，刺栲、厚栲桂林区。本区植被包括广东汕头、梅

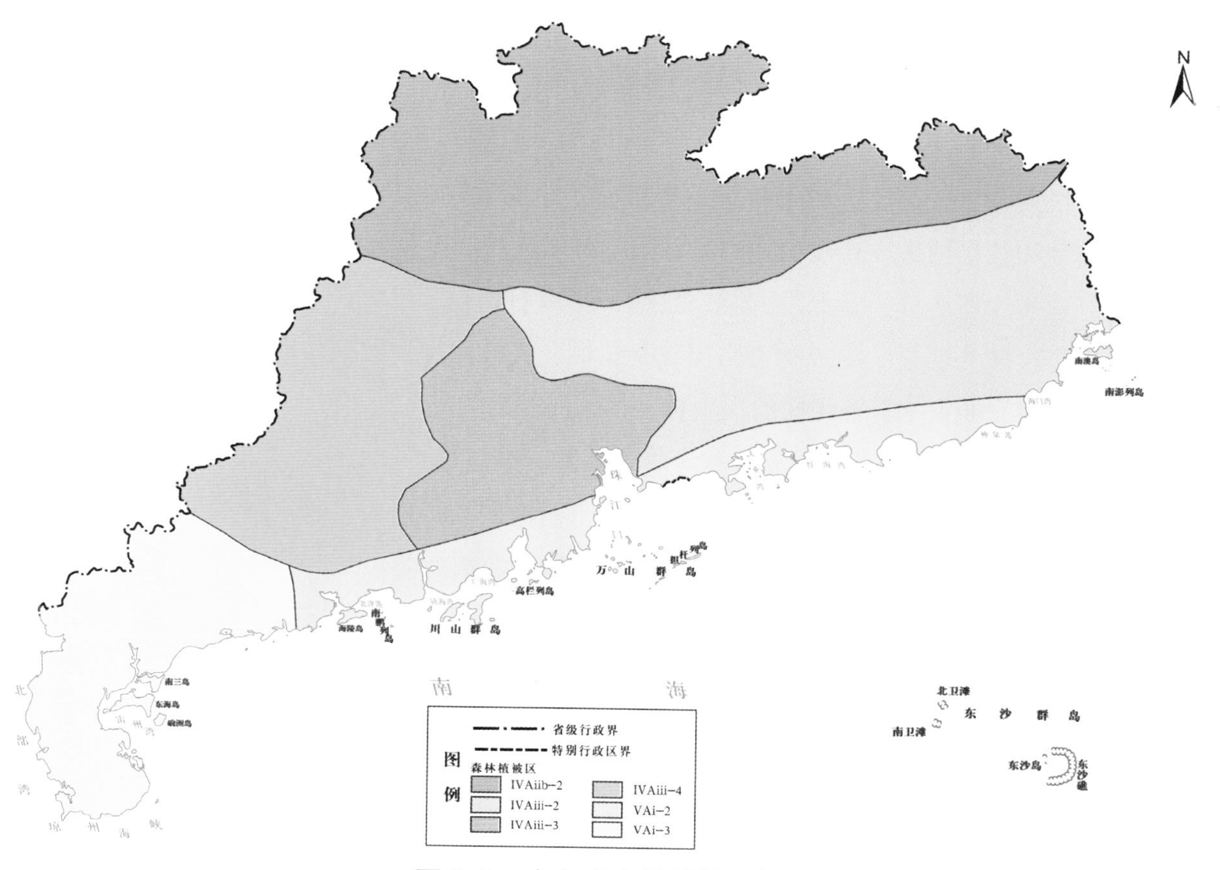

图 3-5　广东省森林植被区划

州和惠州等地区。土壤类型主要有赤红壤、山地红壤和黄壤，局部的红色岩系发育为紫色土，平原河谷为冲击土。沿海丘陵水土流失较重，土壤较为贫瘠和干旱。地带性植被的季风常绿阔叶林主要分布于少数的山谷地，组成种类主要有刺栲、乌来栲、厚壳桂、山杜英、黄樟及白桂木等。在河谷中常出现由黄桐、山龙眼、鱼尾葵及林下的莲座蕨、野芭蕉等组成的“沟谷雨林”层片。林内富含藤本和附生植物。在 500～700 米以上的山腰带常见栲树、米槠、木荷、蕈树、华润楠和山杜英等组成的山地常绿阔叶林。

（3）Ⅳ Aiii 3 珠江三角洲栽培植被、蒲桃、黄桐林区。本植被区位处广东省的中南部，由东、北、西三江下游构成的珠江三角洲冲击平原为主，主要包括广州、佛山、三水、番禺、东莞、新会、顺德、南海和江门等，地势平坦，水系发达，是广东作物生产的主要基地。区内主要的土壤类型在丘陵、台地，为赤红壤，平原为冲击土，有机质含量较丰富。区内自然植被的典型类型，主要残存在低丘平底的村落地段。它的组成种类富于热带性，具有热带季雨林的一般特征，其中常见的优势种为各种榕树、黄桐、阴香、土沉香、假苹婆及锥栗等。丘陵台地的次生植被亦为地带性灌草丛类型。果树以热带性种类为多，常见的有荔枝、龙眼、杧果、番石榴、黄皮、阳桃、番木瓜及香蕉等。

（4）Ⅳ Aiii 4 粤桂丘陵山地越南栲、黄果厚壳桂林区。本植被区位处于广东中段的西部，

包括广宁、怀集、高要、封开、云浮、罗定、信宜、郁南等地。地形以由花岗岩、变质岩及少数紫色砂页岩构成的丘陵山地为主。丘陵地一般海拔300～500米，山地700～1400米。其间有众多的河谷平原。土壤类型在低丘台地为赤红壤，700米以下为红壤，以上为山地黄壤，有机质含量较高，宜林条件好。本植被区的地带性典型植被保存面积不多，大面积为次生类型和栽培植被，丘陵山地的常绿阔叶林组成种类丰富，优势种类常为木荷、米槠、蕈树、红苞木、厚壳桂、黄果厚壳桂、红楠、华南石柯等；在300～500米以下的沟谷地段季雨林的特征较为明显，组成种类常出现有黄桐、红鳞蒲桃、榕树、锥栗、黄杞、橄榄等。次生植被有由青冈、木荷等组成的次生林，但大面积的为马尾松林。

（5）V Ai-2 粤东南滨海丘陵半常绿季雨林区。本植被区位处广东省的东南部滨海和珠海、深圳、海丰、陆丰、惠东、潮阳等地的南部及南澳岛等沿海岛屿。地形主要为花岗岩、沙页岩构成的丘陵台地，海拔一般为150～300米，个别孤峰可达海拔700～900米，海岸曲折、港湾多，滩涂面积大，丘陵地因侵蚀严重，岩石裸露。土壤类型主要为砖红壤及赤红壤、滨海沙土和盐渍土等。植被的代表类型为热带季雨林，但森林保存率较低。组成群落的优势种类有黄桐、榕树、土沉香、假苹婆、蒲桃等，林中的热带林特征明显。由于人为经济活动干扰大，广大的丘陵台地主要为由岗松、桃金娘、纤毛鸭嘴草等组成的灌草丛。海岸植被发达。

（6）V Ai-3 琼雷台地半常绿季雨林、热带灌丛草丛区。本植被区位处于广东省西南部，包括廉江、雷州半岛、湛江、高州、电白、吴川及阳江的部分地区。地形主要为由玄武岩、流纹岩、花岗岩和第四纪浅海沉积物构成的丘陵台地，一般海拔50～150米，起伏平缓。主要土壤类型为砖红壤、赤红壤及红壤等，沿海地区有沙土和盐渍土分布。典型植被类型为热带季雨林，因人类经济活动干扰大，林地面积保存很小，大都是星散分布于村边或沟谷中，多为次生类型，主要组成种类有：高山榕、榕树、见血封喉、杜英和橄榄等。广大丘陵、台地的现状植被则为由桃金娘、银柴、打铁树、坡柳、刺葵及白茅、清香茅等组成的热性灌木草丛等，分布很广。

4. 森林生态区划

利用广东省温度区划与流域区划进行叠置分析，获得广东省温度流域区划。该区划将广东省分为14个温度流域区（图3-6）。其中，中亚热带有中亚热带东江区、中亚热带北江区、中亚热带洞庭湖区、中亚热带贺江区、中亚热带韩江区五个区；南亚热带有南亚热带东江区、南亚热带北江区、南亚热带珠江三角洲区、南亚热带粤东沿海区、南亚热带粤西沿海区、南亚热带西江下游区、南亚热带贺江区、南亚热带韩江区；北热带有北热带粤西沿海区。

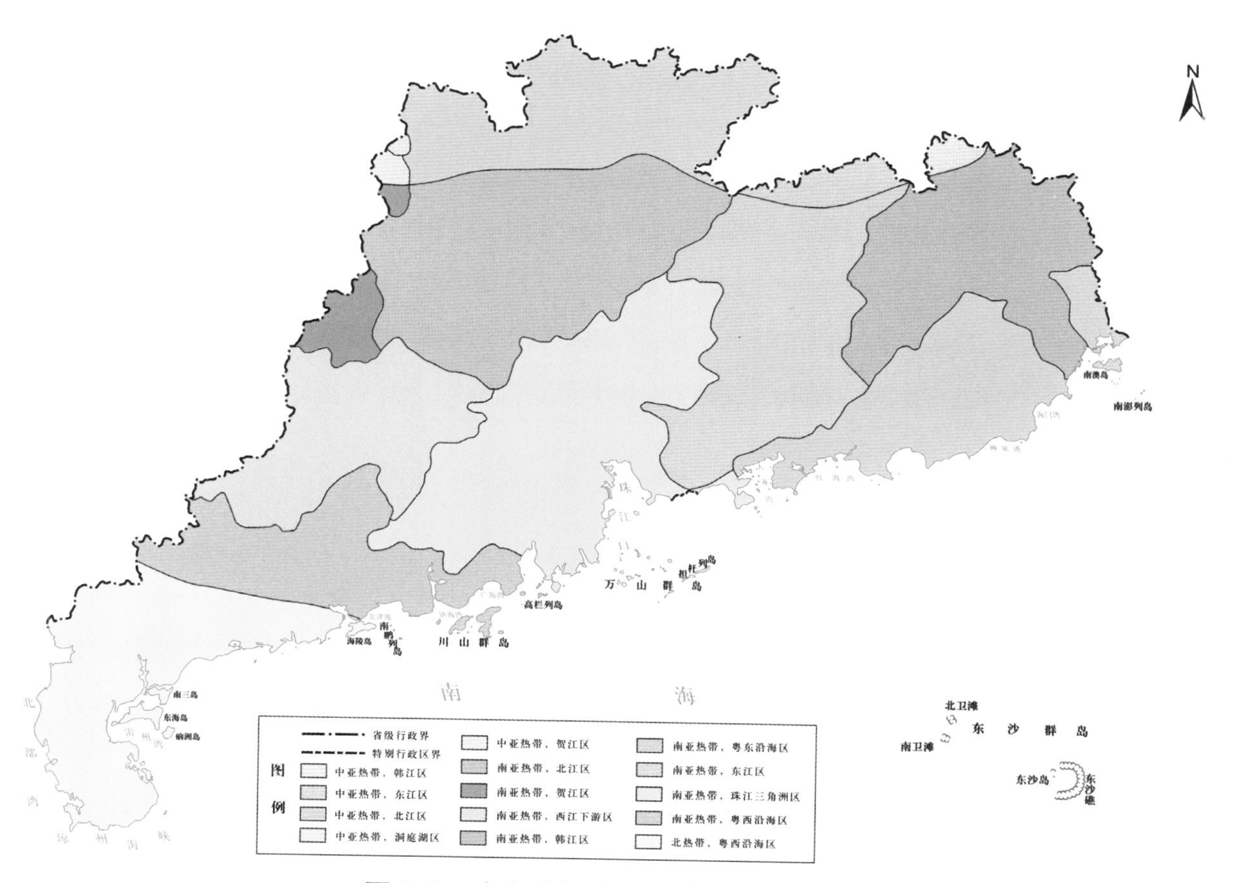

图 3-6　广东省温度流域空间分析过程

将温度流域区与植被区划进行叠置分析，获得广东省森林生态区划，为加强沿海防护林的统一监测管理，将沿海区域化为一个海岸带沿海防护林区。除海岸带沿海防护林区以海岸缩写 HA 命名外，其余各区区划结果按照“温度带 + 流域 + 植被类型”进行命名。将广东省划分为 15 个森林生态区。分区结果见表 3-4 和图 3-7。

表 3-4　广东省森林生态区划

编号	广东省森林生态区
IA1	中亚热带，北江区，南岭山地栲类、蕈树林区
ⅡA1	南亚热带，北江区，南岭山地栲类、蕈树林区
ⅡB1	南亚热带，东江区，南岭山地栲类、蕈树林区
ⅡB2	南亚热带，东江区，闽粤沿海丘陵栽培植被，刺栲、厚栲桂林区
ⅡC1	南亚热带，韩江区，南岭山地栲类、蕈树林区
ⅡC2	南亚热带，韩江区，闽粤沿海丘陵栽培植被，刺栲、厚栲桂林区
ⅡD6	南亚热带，西江下游区，粤桂丘陵山地越南栲、黄果厚壳桂林区
ⅡE5	南亚热带，粤东南沿海区，珠江三角洲栽培植被，蒲桃、黄桐林区

（续）

编号	广东省森林生态区
ⅡE6	南亚热带，粤东南沿海区，粤桂丘陵山地越南榜、黄果厚壳桂林区
ⅡF2	南亚热带，粤东南沿海区，闽粤沿海丘陵栽培植被，刺栲、厚栲桂林区
ⅡH2	南亚热带，珠江三角洲区，闽粤沿海丘陵栽培植被，刺栲、厚栲桂林区
ⅡH3	南亚热带，珠江三角洲区，粤东南滨海丘陵半常绿季雨林区
ⅡG4	南亚热带，粤西沿海区，琼雷台地半常绿季雨林、热带灌丛草丛区
ⅢG4	北热带，粤西沿海区，琼雷台地半常绿季雨林，热带灌丛草丛区

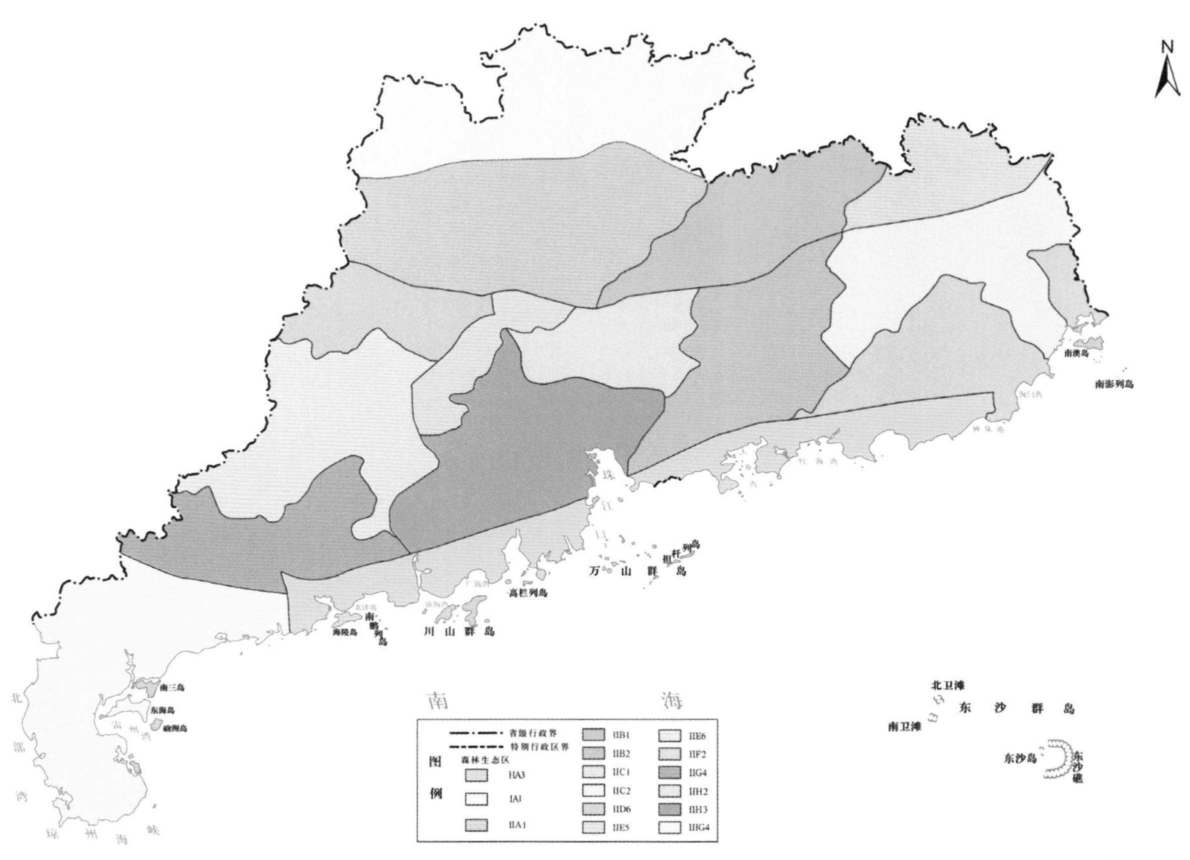

图 3-7 广东省森林生态区划

（四）森林生态站布局

每个森林生态区应该至少布设 1 个森林生态站。根据区域重要性及生态站建设水平将各生态站分为重点站和基本站两个级别。在生态站位置选择时，优先选择在《广东省主体功能区规划》中广东省重点生态功能区范围内布设生态站，见表 3-5、图 3-8 至图 3-11。

表 3-5　森林生态站布局

温度带	流域	功能区编号	生态站	生态站级别	地带性植被	土壤	地形地貌
中亚热带	北江区	IA1	广东南岭森林生态站（已建）	重点森林站	南岭山地栲类、藫树林区	红壤、黄壤	山地丘陵
南亚热带	东江区	ⅡB1	广东东江源森林生态站（已建）	重点森林站	南岭山地栲类、藫树林区	红壤、黄壤	山地丘陵
		ⅡB2	广东象头山森林生态站（在建）	基本森林站	闽粤沿海丘陵栽培植被，刺栲、厚栲桂林区	赤红壤、山地红壤和黄壤	沿海丘陵
	北江区	ⅡA1	广东石门台森林生态站（在建）	基本森林站	南岭山地栲类、藫树林区	红壤、黄壤	山地丘陵
	珠江三角洲区	ⅡH2	广东珠三角森林生态站（已建）	重点森林站	闽粤沿海丘陵栽培植被，刺栲、厚栲桂林区	赤红壤、山地红壤和黄壤	沿海丘陵
		ⅡH3	广东鹤山森林生态站（已建）	重点森林站	粤东南滨海丘陵半常绿季雨林区	砖红壤、赤红壤	丘陵台地
	粤东南沿海区	ⅡF2	广东凤凰山森林生态站（拟建）	基本森林站	闽粤沿海丘陵栽培植被，刺栲、厚栲桂林区	赤红壤、山地红壤和黄壤	沿海丘陵
	粤西沿海区	ⅡG4	广东鹅凰嶂森林生态站（拟建）	基本森林站	琼雷台地半常绿季雨林、热带灌丛草丛区	砖红壤、赤红壤及红壤	丘陵台地
	西江下游区	ⅡE5	广东鼎湖山森林生态站（已建）	重点森林站	珠江三角洲栽培植被，蒲桃、黄桐林区	赤红壤、冲击土	冲击平原、丘陵
		ⅡE6	广东大雾山森林生态站（拟建）	基本森林站	粤桂丘陵山地越南栲、黄果厚壳桂林区	赤红壤、红壤、山地黄壤	丘陵山地
	贺江区	ⅡD6	广东黑石顶森林生态站（拟建）	基本森林站	粤桂丘陵山地越南栲、黄果厚壳桂林区	赤红壤、红壤、山地黄壤	丘陵山地
	韩江区	ⅡC1	广东蕉岭森林生态站（已建）	基本森林站	南岭山地栲类、蕈树林区	红壤、黄壤	山地丘陵
		ⅡC2	广东韩山森林生态站（拟建）	基本森林站	闽粤沿海丘陵栽培植被，刺栲、厚栲桂林区	赤红壤、山地红壤和黄壤	沿海丘陵
北热带	粤西沿海区	ⅢG4	广东湛江桉树林生态站（已建）	重点森林站	琼雷台地半常绿季雨林，热带灌丛草丛区	砖红壤、赤红壤及红壤	丘陵台地
南亚热带—北热带	海岸带	HA3	广东汕尾沿海防护林生态站（已建）	重点森林站	粤东南滨海丘陵半常绿季雨林区	滨海沙土、盐渍土	丘陵台地
			广东内伶仃岛岛屿森林生态站（扩建）	基本森林站	粤东南滨海丘陵半常绿季雨林区	滨海沙土、盐渍土	岛屿

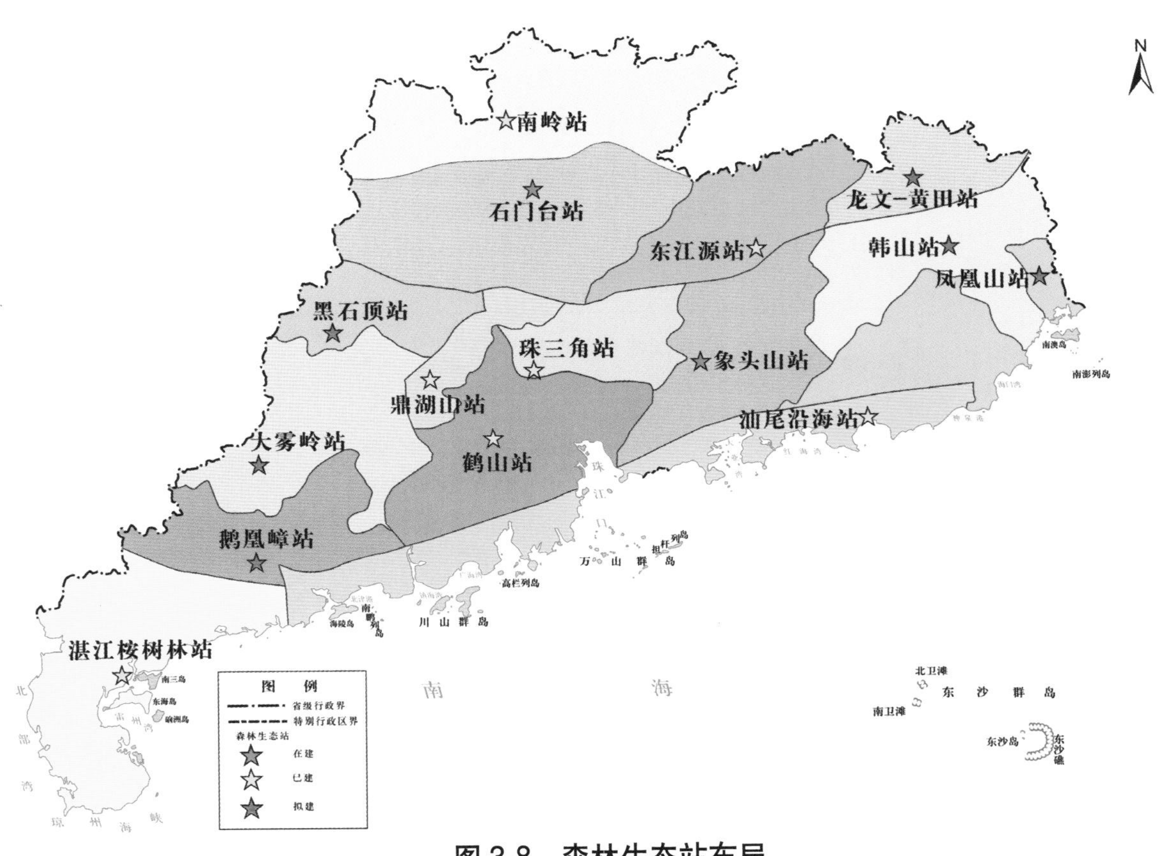

图 3-8　森林生态站布局

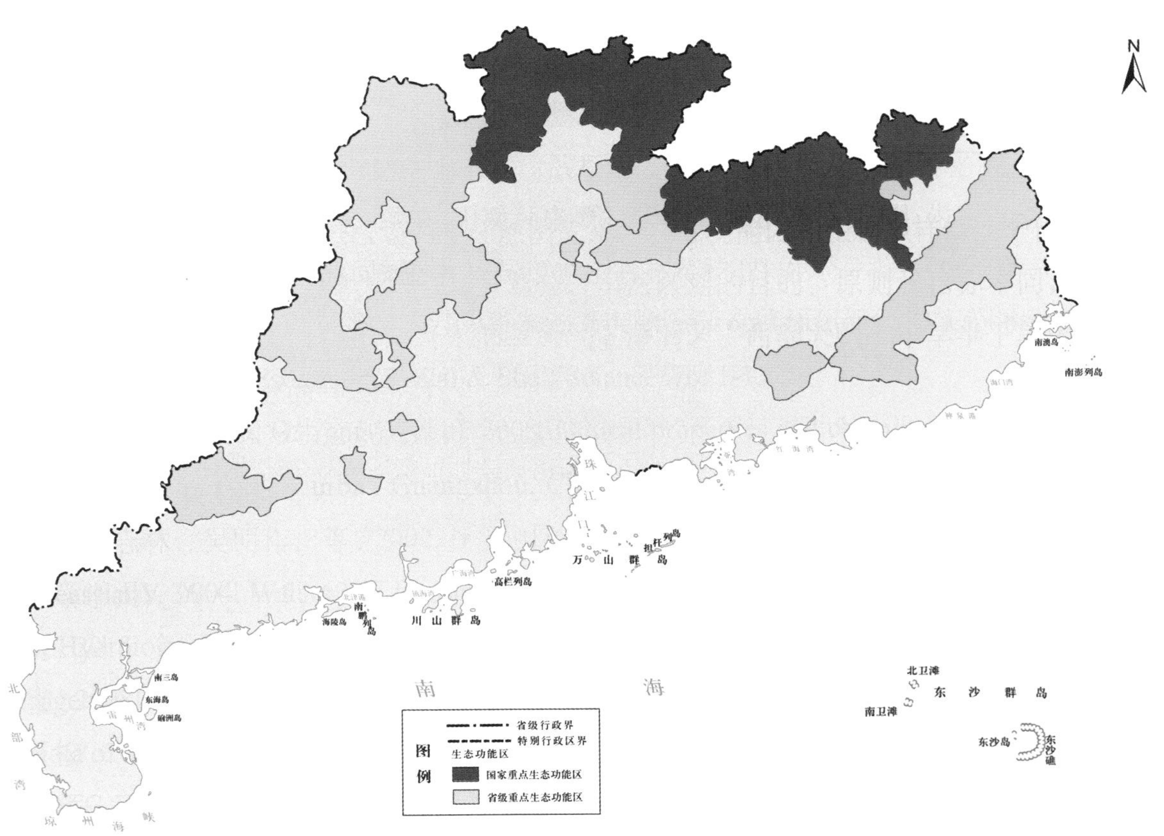

图 3-9　广东省重点生态功能区分布

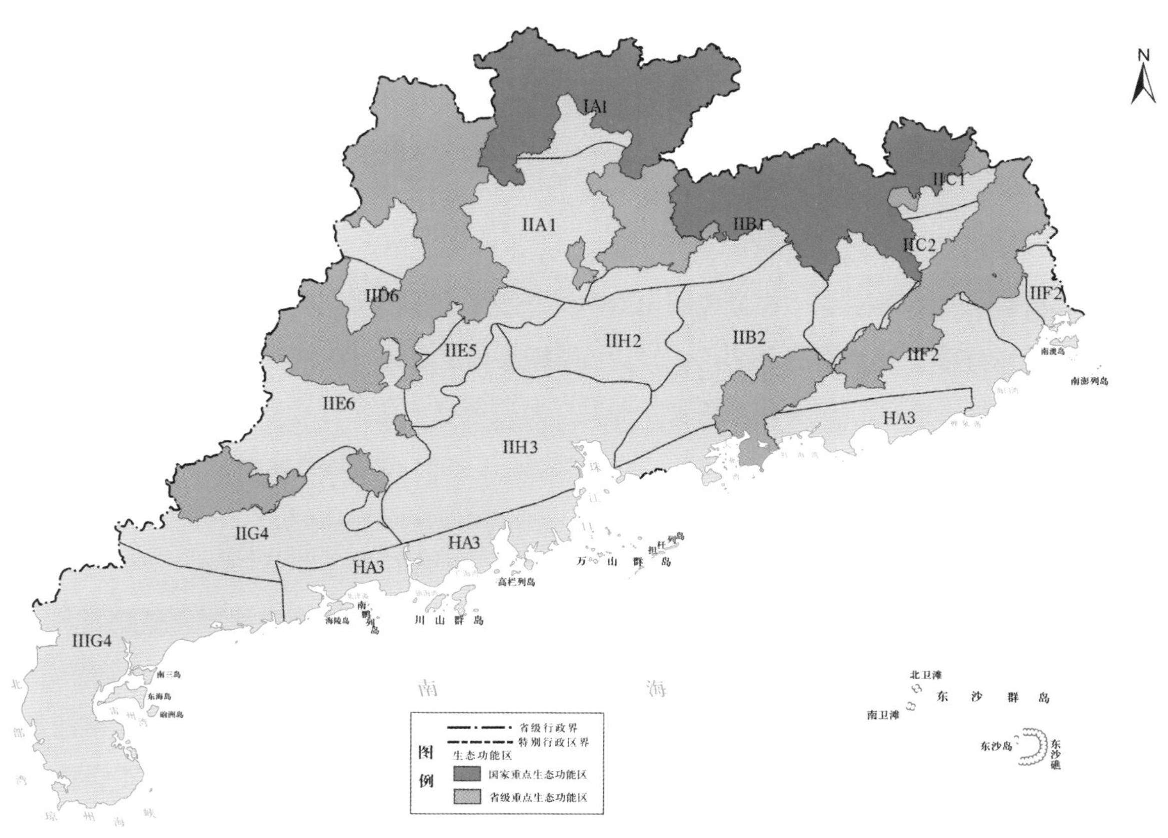

图 3-10　广东省森林生态区划重点生态功能区

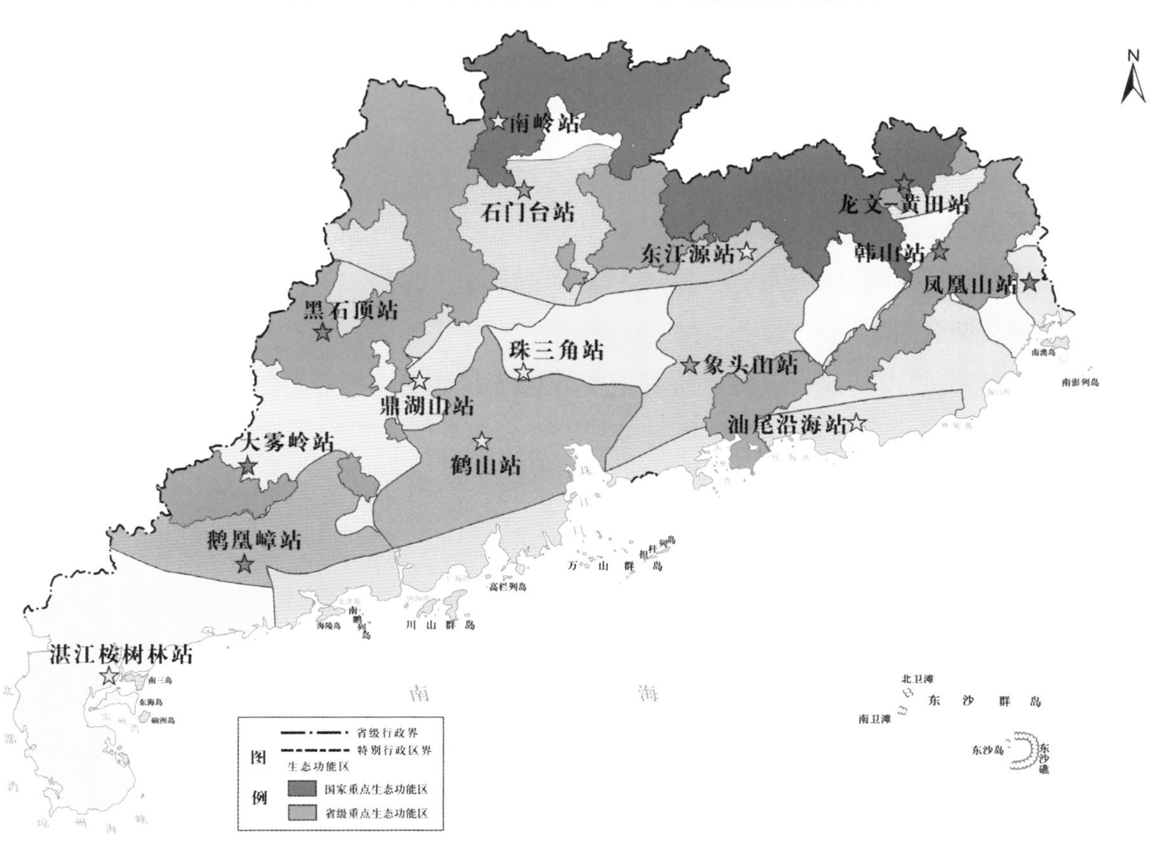

图 3-11　森林生态站布局与重点生态功能区

Ⅱ A1 南亚热带，北江区，南岭山地栲类、蕈树林区：布设广东石门台森林生态站；Ⅱ B1 南亚热带，东江区，南岭山地栲类、蕈树林区：在广东重要水源保护区新丰江水库，布设广东东江源森林生态站；Ⅱ B2 南亚热带，东江区，闽粤沿海丘陵栽培植被，刺栲、厚栲桂林区：广东象头山森林生态站；Ⅱ H3 南亚热带，珠江三角洲区，粤东南滨海丘陵半常绿季雨林区：布设广东鹤山森林生态站；Ⅱ F2 南亚热带，粤东南沿海区，闽粤沿海丘陵栽培植被，刺栲、厚栲桂林区：布设凤凰山森林生态站；Ⅱ G4 南亚热带，粤西沿海区，琼雷台地半常绿季雨林、热带灌丛草丛区：布设鹅凰嶂森林生态站（山地季雨林）；Ⅱ E5 南亚热带，西江下游区，珠江三角洲栽培植被，蒲桃、黄桐林区：在充分考虑地带性植被丘陵季风常绿阔叶林、杉木林及马尾松林基础上，结合粤西、粤中及粤东行政区域，布设广东鼎湖山森林生态站；Ⅱ E6 南亚热带，西江下游区，粤桂丘陵山地越南栲、黄果厚壳桂林区：布设广东大雾山森林生态站；Ⅱ D6 南亚热带，北江区，粤桂丘陵山地越南栲、黄果厚壳桂林区：布设广东黑石顶森林生态站。Ⅱ C1 南亚热带，韩江区，南岭山地栲类、蕈树林区：布设广东平远龙文—黄田森林生态站。Ⅱ C2 南亚热带，韩江区，闽粤沿海丘陵栽培植被，刺栲、厚栲桂林区：布设韩山森林生态站。Ⅲ G4 北热带，粤西沿海区，琼雷台地半常绿季雨林，热带灌丛草丛区：布设广东湛江桉树林生态站。HA3 海岸带沿海防护林区布设汕尾沿海防护林生态站和阳江沿海防护林生态站。同时考虑广东省海岛较多，布设 1 个岛屿森林生态站内伶仃岛岛屿森林生态站。共布设森林生态站 16 个，其中重点森林站 7 个，基本森林站 9 个。结合广东省地形地貌（图 2-2）及土壤状况获取各生态站区位土壤及地形地貌基础信息。

二、湿地生态站布局

（一）湿地生态站布局原则

1. 湿地类型全面原则

湿地生态站的布局建设应覆盖所有主要的自然湿地类型和重要人工湿地。根据广东省湿地资源的特点，湿地生态站需包括近海与海岸带湿地、河流湿地和人工湿地等比较典型的湿地类型，作为建站区域进行布局。

2. 地带性分布原则

湿地生态站的布局需综合考虑广东省湿地分布的地带性和广东温度、流域自然分区，充分考虑气候和地域等方面的差异性，在中亚热带、南亚热带和北热带分别布设湿地站。

3. 重要湿地优先布设原则

依据《中国湿地保护行动计划》，在国家重要湿地特别是国际重要湿地、重要的国家级自然保护区、国家湿地公园、国家重大工程区和重要城市群优先布设湿地生态站，形成能够满足广东生态建设和生态安全等宏观需求的湿地监测和科研网络。

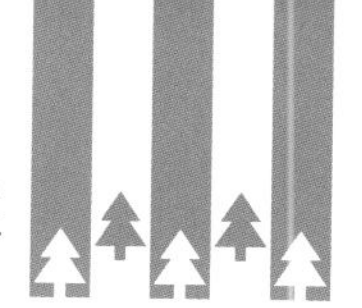

（二）湿地生态站布局

湿地生态站点布局建设应覆盖广东省主要自然湿地类型和重要人工湿地类型。据统计，2016 年广东省近海与海岸湿地、河流湿地和人工湿地是广东省湿地的三大主要组成部分，分别占全省湿地面积的 46.6%、18.7% 和 34.4%。因此，优先选择广东省近海与海岸湿地、河流湿地、人工湿地等作为建站对象。同时，坚持重要湿地优先布设原则、湿地生境类型典型性原则、湿地系统的长期稳定性及监管的便利性等原则，依据《中国湿地保护行动计划》，在国家重要湿地特别是国际重要湿地、重要的国家级自然保护区、国家湿地公园、国家重大工程区和重要城市群优先布设湿地生态站，形成能够满足广东生态建设和生态安全等宏观需求的湿地观测和科研网络。因此，基于上述原则，选择典型抽样的方法，同时参照广东省湿地资源特点和广东省已有湿地站点布局，选择其中的近海与海岸湿地、河流湿地和人工湿地等典型的湿地类型作为建站区域，共布设湿地站 7 个，布局 4 个湿地重点生态站和 3 个湿地基本生态站，形成湿地生态系统监测网络，见图 3-12、表 3-6。

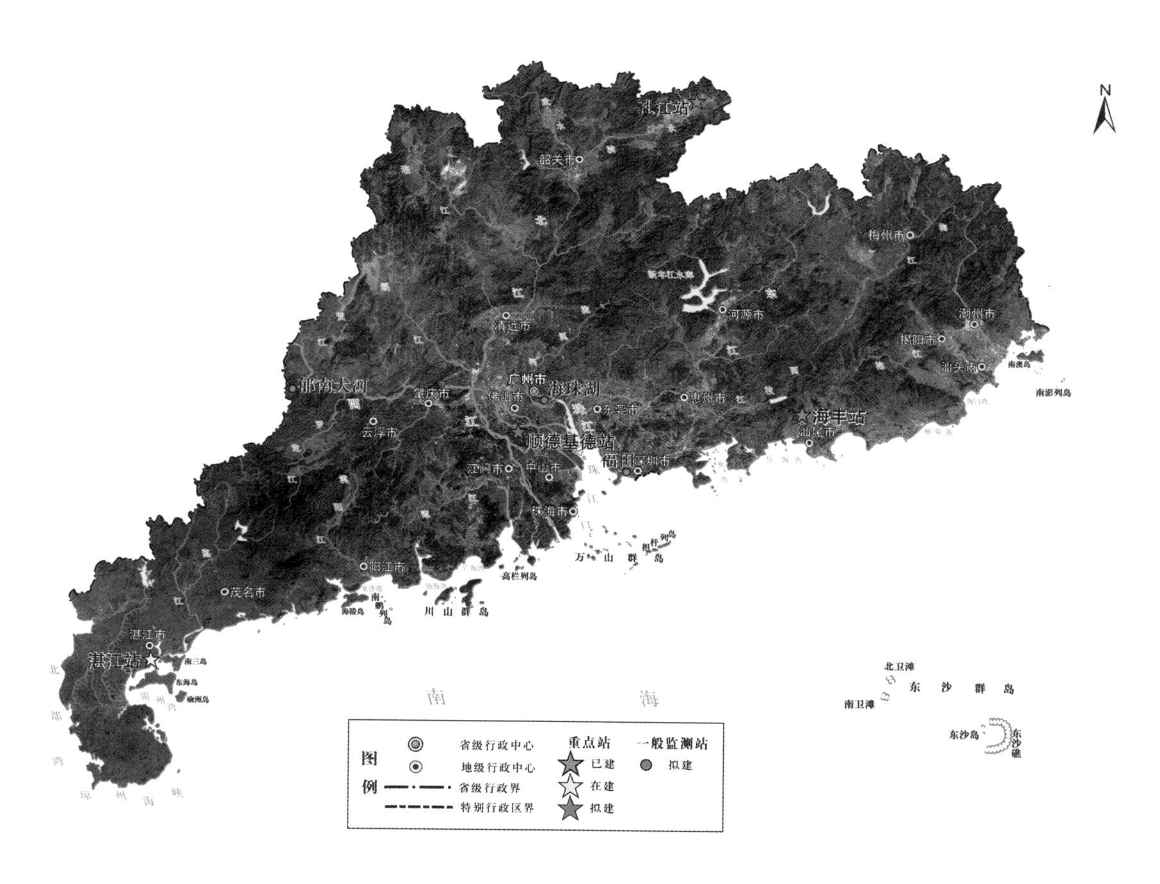

图 3-12　广东省湿地生态站布局

表 3-6　湿地生态站规划布局

湿地类型	监测对象	湿地台站		建站依据
近海与海岸带湿地	潮间带淤泥滩涂对水鸟影响	重点湿地生态站	广东海丰湿地站（已建）	省级自然保护区/国际重要湿地
	红树林健康状况及演替过程		广东湛江湿地生态站（在建）	国家级自然保护区/国际重要湿地
	红树林健康状况及其对水鸟的影响	基本湿地站	福田湿地生态站（拟建）	国家湿地自然保护区
河流湿地	雨旱季交替河滨带湿地植被对河流水量/水质影响	重点湿地站	广东孔江湿地生态站（拟建）	国家湿地公园
	河滨带湿地植被对河流水量/水质影响	基本湿地站	郁南大河湿地生态站（拟建）	国家湿地公园
人工湿地	三角洲基塘湿地生物地球化学循环过程	基本湿地站	顺德基塘湿地生态站（拟建）	岭南基塘文化
	河涌、城市内湖与半自然果林镶嵌交混复合湿地对水鸟的影响	基本湿地站	海珠湖湿地生态站（拟建）	国家湿地公园

三、珠三角国家森林城市群生态站布局

（一）珠三角城市群生态站布局原则

1. 服务森林城市群与落实国家战略原则

珠三角国家森林城市群生态站布局应遵循珠三角森林城市群建设战略，贯彻落实《珠三角国家森林城市群建设规划（2016—2025 年）》，围绕珠三角森林城市群建设需要规划布局珠三角城市群生态站，使其更好地服务于珠三角地区的城市发展。

2. 区域整体性与代表性原则

珠三角国家森林城市群生态站布局应涵盖所有城市，突出重点城市原则。珠三角城市群由广州、深圳、珠海、佛山、江门、东莞、惠州、中山、肇庆九个城市构成。作为一个城市群生态站网络应涵盖各主要城市。但城市之间在经济发展、城市化程度、人居环境和生态质量方面存在差异，布局应凸显广州、深圳和珠海重点城市。

3. 生态梯度完整性与典型性原则

珠三角国家森林城市群生态站布局应体现梯度变化，涵盖核心城区、缓冲区和生态屏障区。核心城区城市化程度高而自然生态系统服务功能低，生态屏障区城市化程度低但自然生态系统服务功能高，缓冲区的城市化程度与自然生态系统服务功能处于前两者之间。核心区、缓冲区、生态屏障区既有城市化水平的梯度变化也有生态服务功能的梯度变化。三个区域既有区别也存在联系。城区群生态站布局应涵盖三个区域。

（二）珠三角城市群生态站布局

珠三角城市群是我国经济发达、高度城市化的典型代表区域。快速城市化进程对该区域的生态承载力与人居环境提出更高要求。2016年，广东省林业厅发布实施了《珠三角国家森林城市群建设规划（2016—2025年）》，在珠三角区域将建成我国第一个国家森林城市群。城市生态站的宗旨是研究城市森林、湿地等自然生态系统对城市环境的影响与响应，为科学建设和使用城市森林、湿地等自然生态系统提供理论依据和技术支撑。通过城市生态站网可以为珠三角国家森林城市群的科学建设与高效管理提供强有力的科技支撑。城市群生态站网布局与单个城市生态站的布局有所不同，既需要考虑各个城市特点及代表性也需要综合考虑城市群整个区域的生态环境构成。采样典型抽样的方法按照城市的区域代表性来设置，研究内容重点是城市森林、湿地等自然生态系统为城市和市民提供的服务功能。

目前，珠三角已建站点主要为城市群外围山地远郊森林生态站，而在建珠三角城市生态站（广东珠江口城市群森林生态站、广东广州城市生态站、广东深圳城市森林生态站）主要位于珠三角城市群东部，在空间上既没有涵盖珠三角西部主要城市，也没有实现对城市群生态屏障区、城市群生态缓冲区及核心城区的全面监测，在城市类型上缺少工业少、环境好，人均可支配收入高类型的城市生态站。因此，现有城市生态站无法满足创建珠三角国家森林城市群建设的需求。本次规划布局从珠三角城市群生态建设的总体需求出发，按照建设布局合理科学高效森林城市群生态网络思路，依托珠三角国家森林城市群生态功能区划分（城市群生态屏障区、城市群生态缓冲区及核心城区），综合考虑各主要城市的空间方位与城市类型，进行城市生态站的总体布设，形成空间均衡涵盖珠三角主要城市的多区域综合、多类型集合、多站点联合的森林城市群生态监测网络布局。城市生态监测网络共含5个城市重点生态站和7个城市基本生态站，见表3-7、图3-13。

广东珠江口城市群森林生态站位于深圳龙岗区横岗园山城市森林生态文化绿色建筑创新驱动基地示范园，所在区域为珠三角绿色生态防护屏障区，主要监测类型为珠江口城市森林与公园绿地；广东广州城市生态站位于广州市白云山风景名胜区、海珠国家湿地公园及越秀公园，主要监测类型为公园绿地与湿地；广东深圳城市森林生态站位于深圳市中国科学院仙湖植物园，主要监测类型为公园绿地与生态廊道。广东珠海位于珠江口西部，在空间上可以与广州城市重点站和深圳城市生态站构成涵盖珠三角区域的均衡结构，在城市类型上，珠海在总GDP、规模以上工业、城市环境方面与深圳、广州也存在差异（表3-8）。广东珠海城市生态站位于香洲区板樟山森林公园，该森林公园位于珠海市核心城区，主要监测类型为公园绿地。广东佛山城市生态站位于佛山西樵山国家森林公园，主要监测类型为公园绿地；广东江门城市生态站位于白水带森林公园，该森林公园为江门市城区唯一的森林公园，为江门市城区最大绿心，主要监测类型为公园绿地；广东中山城市生态站位于中山市石岐区逸仙湖公园，主要监测类型为公园湿地；广东肇庆城市生态站位于星湖国家湿地公园，该湿地公园位于肇庆市城区，为肇庆市城区最大湿地，主要监测类型为公园湿地；广东惠州城市生态站位于西湖风景区，该风景区主要由绿地与湿地组成，生态系统多样，主要监测类型为公园绿地与湿地；广东东莞城市生态站位于华阳湖国家湿地公园，主要监测类型为公园湿地。

表 3-7　城市生态站规划布局

生态区划	生态站布局	生态站级别	生态系统类型	主要监测内容
城市群生态屏障区	广东珠江口城市群森林生态站（在建）	重点城市站	珠江口城市森林	森林固碳释氧、涵养水源、物种多样性等
	广东珠三角森林生态站（已建）		广州城市森林	
城市群生态缓冲区	广东佛山城市森林生态站（拟建）	基本城市站	佛山城市森林	森林固碳释氧、森林吸污减霾、森林负氧离子及物种多样性等
	广东樟木头森林生态站（已建）		东莞城市森林	
核心城区	广东广州城市生态站（在建）	重点城市站	广州中心城区公园绿地与湿地	公园绿地吸污减霾、森林精气与负氧离子及消噪等
	广东深圳城市森林生态站（在建）		深圳中心城区公园绿地与生态廊道	
	广东江门城市森林生态站（拟建）	基本城市站	江门中心城区公园绿地	
	广东珠海城市森林生态站（拟建）	重点城市森林站	香洲区板樟山公园绿地	
	广东惠州城市生态站（拟建）	基本城市站	惠州中心城区公园湿地	公园湿地物种多样性与净化水质等
	广东东莞城市生态站（拟建）		东莞中心城区公园湿地	
	广东中山城市生态站（拟建）		中山中心城区公园湿地	
	广东肇庆城市生态站（拟建）		肇庆中心城区公园湿地	

图 3-13　珠三角城市群生态站布局

表 3-8　广州深圳珠海城市发展指标

城市	GDP（亿元）	人口密度（人/平方千米）	全体常住居民人均可支配收入（元）	城市污水处理率（%）	城市生活垃圾无害化处理率（%）	规模以上工业增加值（亿元）	空气质量达到及好于二级的天数（天）
广州	19547.44	1937	46667.0	94.3	96.1	4387.90	312
深圳	19492.60	5962	48695.0	97.6	100.0	7108.87	340
珠海	2226.37	967	40154.1	96.3	100.0	1022.86	323

四、石漠生态站布局

石漠化是指在脆弱的喀斯特环境之下，人类不合理的活动造成了森林破坏，最终出现大面积裸露的岩石的土地退化现象。广东省石灰岩面积 1.06 万平方千米，其中，石漠化面积 0.06 万平方千米，潜在石漠化面积 0.42 万平方千米，非石漠化面积 0.58 万平方千米，分布范围主要集中在粤西北片局部，共涉及 6 个市 21 个县的 102 个乡镇，占广东 101 个县的 20.8%。按照《广东省林业发展“十三五”规划》布局，围绕石漠化防治需求，石漠化生态站需提供服务于石漠化治理，尤其是石漠化重点区域的治理。由于广东省石漠化地区较为集中，因此石漠化生态站采取集中布局。在石漠化核心区域布设石漠生态站，如图 3-14 和表 3-9。

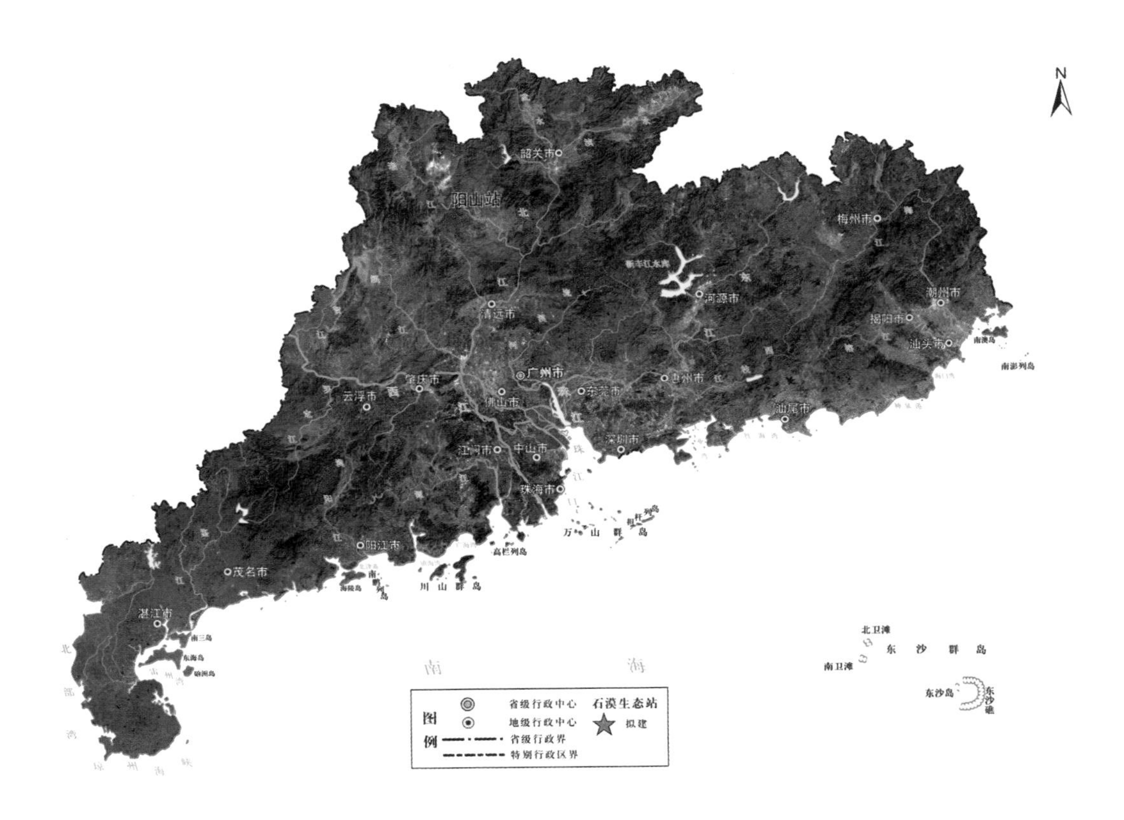

图 3-14　广东省石漠生态监测网络布局

表 3-9　石漠生态站点规划布局

类型	生态建设区	拟建站	主要监测类型
岩溶石漠化	粤北生态屏障建设区	广东阳山石漠生态站	潜在、极重度、重度、中度及轻度石漠化

五、综合布局

广东省林业生态连清监测网络共布设生态站 35 个，其中森林生态站 16 个，湿地生态站 7 个，城市生态站 11 个，石漠生态站 1 个。其中，已建森林站 8 个，在建森林站 2 个，拟建森林站 5 个；已建湿地站 1 个，在建湿地站 1 个，拟建湿地站 5 个；已建城市站 2 个在建城市站 3 个，拟建城市站 7 个；拟建石漠站 1 个。通过该监测网络可实现对全省森林、湿地、城市和石漠生态系统的长期定位观测与研究。

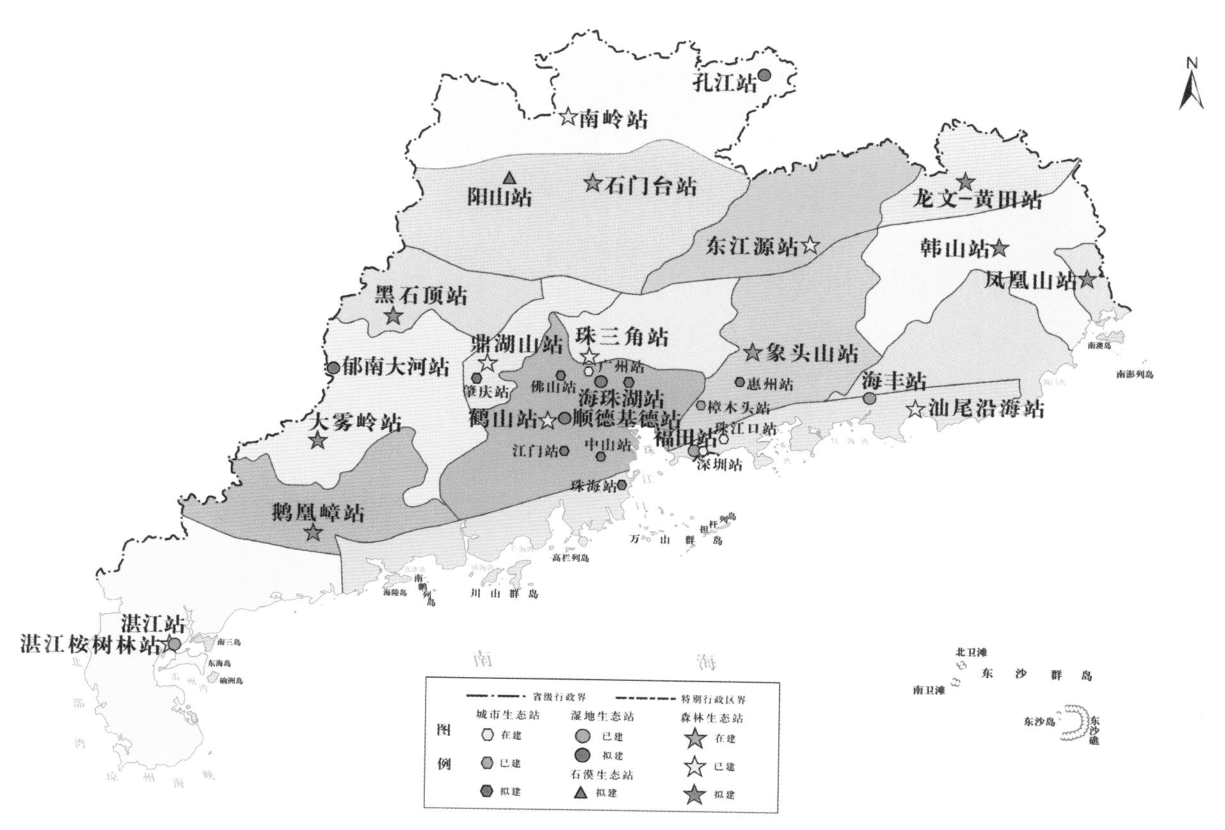

图 3-15 广东省林业生态连清监测网络总体布局

第四节 广东省林业生态连清技术体系的构建

一、广东省林业生态连清野外观测技术体系

（一）生态连清监测的主要目标

通过科学布局，逐步建立起层次清晰、功能完善，覆盖全省主要生态区域的生态连清监测网络并开展规范的生态监测。通过监测网络的建立和完善，在以下几个方面满足政府、社会、公众需求。

1. 开展全省生态环境状况定期评估

依托生态连清监测网络，逐步开展森林、湿地、城市和荒漠化地区的$PM_{2.5}$、氮氧化物、二氧化硫、空气负氧离子、空气湿度、舒适度等公众关注的空气污染和空气质量指标的监测，定期发布监测数据，保障公众知情权。定期开展全省自然和人居生态环境质量状况专项调查，对水、土壤、大气和生物等方面进行量化评估，分析区域自然和人居环境质量及变化趋势，为生态环境保护及地区社会经济发展提供科学数据。

2. 开展生态系统服务功能定期评估

基于长期观测与监测数据，建立完善的指标体系与计量方法，科学评估广东省陆地生态系统服务功能，定期或不定期发布生态系统服务价值评估报告，向社会及公众宣传森林、湿地的生态、经济和社会功能，为各级政府制定相关政策以及生态文明建设提供技术支撑。

3. 开展重大生态工程的生态效益评估

通过生态监测网络的建设，在典型地区进行长期定位观测研究，为评价珠三角国家森林城市群、沿海防护林工程、天然林保护、碳汇林工程等重大生态工程的生态效益提供科学可靠的参数，为区域生态环境建设、维护生态安全和社会经济的可持续发展提供科技支撑，为地方各级政府科学决策提供依据。

4. 提供全省自然资源审计所需数据

发挥生态连清对森林、湿地、城市和石漠化地区环境监测的数据在自然资源审计和生态环境目标考核中的作用，为地方政府落实分类分级开展生态补偿、环境保护目标考核、自然资源审计等提供量化科学数据。

5. 建立开放的重大科学研究平台

通过全省森林、湿地、城市和石漠化地区等自然资源的生态连清监测网络平台，整合各方力量和资源，以“开放、联合、科学、服务”的精神，积极开展广泛的国内外合作，参与国际重要生态学观测计划和全球性生态问题研究，在长期监测的基础上，围绕重大科学问题或生态环境问题进行联网研究和专项监测，开展多尺度、跨区域综合研究，引导和推动广东省生态系统领域的科学研究、提高广东省长期生态学研究成果的水平，同时为政府的宏观决策提供坚实的科学依据，服务于生态文明建设和美丽中国的建设。

（二）生态连清监测站点的观测内容

1. 基本观测内容

森林、湿地、城市生态站的监测和数据汇交为两级，即基本指标数据和自选指标数据监测。重点生态站按照国家级生态站数据汇交的要求指标及格式开展全要素监测，目标是完成国家级生态站基本指标清单和自选指标监测数据的全面监测和汇总提交。基本生态站建设的目标是完成国家级生态站要求中基本指标数据的全面监测和汇总提交。

（1）森林生态站监测内容。森林生态站按照《森林生态系统定位观测指标体系》（GB/T 35377—2017）规定，开展气象常规指标、森林土壤理化指标、森林生态系统的健康与可持续发展指标、森林水文指标及森林的群落学特征指标的监测。

（2）湿地生态站监测内容。湿地生态站、监测点按照《湿地生态系统定位观测指标体系》（LY/T 1707—2007）和《重要湿地监测指标体系》（GB/T 27648—2011）等技术规

范的要求，开展湿地资源综合指标、湿地气象常规与梯度监测指标、湿地大气沉降指标、湿地土壤理化指标、湿地生态系统健康指标、湿地水文指标、湿地群落学特征指标的监测。

（3）城市生态站监测指标清单。城市生态站、监测点的观测标准在制定过程中尚未发布，广东城市生态站的监测指标参考中国陆地生态系统定位观测研究站网中城市站的指标体系，监测评估城市森林、湿地等自然生态系统的污染净化、休闲游憩、生物多样性、科普教育等服务功能，满足城市发展和居民对城市森林、湿地等自然生态系统的环境改善和游憩等多种需求，主要开展森林资源、气象、大气环境、康养环境、游憩景观、水文与水质、土壤、植物群落等方面的监测。

（4）石漠生态站监测指标清单。石漠生态站的监测任务根据《西南岩溶石漠生态系统定位观测指标体系》（LY/T 2191—2013）规定的内容开展石漠化发展程度、气象、水文、土壤、生物等五个方面的监测。

2. 生态灾害应急监测

各生态区域内森林火灾、台风、雨雪冰冻、入侵物种爆发、富营养化藻类爆发、森林病虫害爆发、工矿污染事件、洪水泥石流等发生时，由所在区域生态站和监测点承担生态灾害的特殊应急性质的生态监测，内容主要是开展短期的资源和生态功能受损状况的监测及灾后评估，必要时省级生态网络中心给予技术支撑，为政府灾后生态恢复和重建提供科学依据。

生态应急监测是对常规监测的补充，结合灾害应急方案，按照相应的生态系统生态站和监测点主要监测指标，加大监测频度开展。

3. 专项研究内容

围绕南亚热带和热带北缘区域典型生态系统重大问题，省级生态站网全网联动，进行长期定位协同观测与集成研究，旨在为广东省生态建设与环境保护提供决策依据和科学技术支持。

为解决当前全省生态建设中重要的科学问题开展专项研究，根据森林站、湿地站、城市站、石漠化站分类，依据各生态站和监测点各自规划建设的目标和特色分工，见表 3-10 至表 3-13。生态站专项研究中，依据《森林生态系统服务功能评估规范》（LY/T 1721—2008）、《湿地生态系统服务评估规范》（LY/T 2899—2017）等标准，《岩溶石漠生态系统服务评估规范》（LY/T 2902—2017）等标准，分类开展相应的生态系统供给服务、调节服务、文化服务、支持服务等主导服务功能的专项观测。

表 3-10　森林专项研究内容

名称	重点站与基本站名称	研究内容
森林涵养水源专项	东江源重点站、象头山基本站、罗坑基本站、石门台基本站、蕉岭基本站及韩山基本站	以流域为依托，研究植被影响水量及水质的动态过程及发生发展规律，揭示植被调节水量、净化水质的机理与途径，推广景观水平和区域水平森林植被定向调控面源污染与水量、水质模型的应用推广
森林碳汇专项	鼎湖山重点站、鹤山重点站、南岭重点站、湛江桉树林重点站及凤凰山基本站	基于森林生态站网已有的碳储量与碳通量观测研究设施，采用材积源生物量法（BEF）、生物量和生产力样地实测法（NPP）、涡度相关通量观测法（NEE），系统研究典型森林生态系统碳储量及年际动态变化；对典型森林生态系统土壤碳固持潜力进行精确、系统地评价，森林生态系统土壤各分室碳通量及贡献；经营干扰对森林土壤有机碳格局动态的影响；获取典型森林生态系统的碳平衡与碳汇数据，创新性地开展森林生态系统固碳效益的集成监测与评价技术研究
森林生物多样性保育专项	南岭重点站、鼎湖山重点站、黑石顶基本站、象头山基本站、鹅凰嶂基本站	结合物种功能性状数据，分析与生态系统功能相关的植物功能性状在不同尺度下的变化规律，了解植物功能多样性与生态系统主要过程和功能的相关性及其主要影响因素和调控因子，识别影响特定生态系统功能的主要功能性状，掌握主要森林类型生物多样性空间分布和动态变化规律，基于植物功能多样性评价生态系统功能
森林防护专项	汕尾沿海重点站	针对特殊环境区强度风沙侵蚀、海岸潮水侵蚀等所面临的防灾减灾生态问题，开展土壤—植被系统水量平衡和变化环境条件下植被恢复技术研究，提出适用于区域自然资源和生态系统的评估与恢复及生态安全保障技术

表 3-11　湿地专项研究内容及站点

名称	站点名称	研究内容
湿地调节和文化服务专项	湛江湿地重点站、福田湿地基本站、海珠湖湿地基本站	研究典型湿地区的湿地景观面积变化、湿地景观类型转化，分析动态的水文过程、生物过程、气候过程，以及人为驱动对湿地景观、多样性的影响，探究湿地景观结构变化在湿地生物多样性、区域小气候和水文变化等方面的调节效应及其社会价值
湿地供给和支持服务专项	海丰湿地重点站、孔江湿地重点站、郁南大河湿地基本站、顺德基塘湿地重点站	根据长期观测和历史调查数据，生态系统的形成、发育及演替规律，采用生物—水力分析法、栖息地判断法、生物响应模拟法等，分析湿地生态环境的基本特征，开发基于不同保护和管理目标的湿地生态环境调控技术

表 3-12 城市专项研究内容及站点

名称	站点名称	研究内容
空气质量调控专项	珠三角森林生态重点站、广州城市生态重点站、佛山城市生态基本站、东莞城市生态生态基本站	开展森林植被调控城市大气中颗粒物污染的效能、植物源污染物的产生和预防机制研究，开展森林、湿地调节环境舒适度等方面的研究，探索城市绿地的规划理论，开发城市环境植被调控技术
康养宜居环境专项	深圳城市森林生态重点站、珠海城市生态重点站、惠州城市生态基本站、中山城市生态基本站	结合对不同经济发展区、不同规模的城市生态系统服务功能的长期观测，研究不同规模城市多种生态系统构建与健康经营技术；研究极端环境条件下的自然资源合理利用方式，优化土地利用结构与利用方式，探索宜居环境安全保障技术；研究宜居环境质量综合评价及优化技术，建立相应的评价标准和指标体系
城市森林、湿地景观专项	珠江口城市群森林生态重点站、樟木头森林生态基本站、江门城市生态基本站、肇庆城市生态基本站	运用“3S”技术并结合地面观测数据，开展城乡一体、人文与自然景观相结合的城乡宜居生态林优化布局技术研究，确定城市绿量需求；根据森林景观美学原理，研究城郊宜居生态风景林构建和优化配置技术

表 3-13 石漠专项研究内容及站点

名称	站点名称	研究内容
生态系统恢复专项	阳山站	开展土地利用变化对生物地球化学循环的响应和动态研究，针对强度水土流失区等所面临的最突出的生态问题，开展提高生态系统营养物质积累、土壤肥力等的植被恢复技术研究，提出适用于区域自然资源和生态系统的评估和生态补偿的理论体系

（三）生态连清的监测评估标准体系

1. 生态连清依据的现有监测评估标准

广东省生态连清监测依据的国家标准及林业行业标准规范见表 3-14。

表 3-14 广东省生态连清监测依据标准

序号	研究内容
1	《森林生态系统长期定位观测方法》（GB/T 33027—2016）
2	《重要湿地监测指标体系》（GB/T27648—2011）
3	《森林生态系统定位观测指标体系》（GB/T 35377—2017）
4	《森林生态系统服务功能评估规范》（LY/T 1721—2008）
5	《森林生态系统长期定位观测方法体系》（GB/T 33027—2016）
6	《森林生态系统生物多样性监测与评估规范》（LY/T 2241—2014）
7	《湿地生态系统定位观测指标体系》（LY/T 2090—2013）
8	《湿地生态系统服务评估规范》（LY/T 2899—2017）
9	《荒漠生态系统定位观测技术规范》（LY/T 1752—2008）
10	《荒漠生态系统服务评估规范》（LY/T 2006—2012）
11	《西南岩溶石漠生态系统定位观测指标体系》（LY/T 2191—2013）

（续）

序号	研究内容
12	《岩溶石漠生态系统服务评估规范》（LY/T 2902—2017）
13	《亚湿润干旱区沙地生态系统定位观测指标体系》（LY/T 2254—2014）
14	《沿江（河）、滨海（湖）沙地生态系统定位观测指标体系》（LY/T 2508—2015）

2. 生态连清拟制定的标准及规则

规范化、标准化建设是生态站网实现联网观测、比较研究和数据共享的前提，是保障生态监测网络规范有序运行的必要条件。加强生态监测站网标准体系建设，统一制定监测站点建设和观测数据共享过程所必需的标准和技术规范，是广东省自然生态监测网络建设的重要任务之一。在遵循现有的国家、行业标准的基础上，拟制（修）定一批广东省地方标准和规范，形成全省通用性技术标准，以保证监测质量，实现数据互联共享。

拟重点制定以下系列标准：① 广东省生态连清监测指标体系；② 生态监测站点专项观测方法规范；③ 广东省生态监测数据管理规范。

二、广东省林业生态连清和分布式测算评估体系

生态系统服务的全指标体系连续观测与清查技术包括野外观测连清体系和分布式测算评估 2 个分体系（王兵，2015），生态连清体系框架结构图如图 3-16。

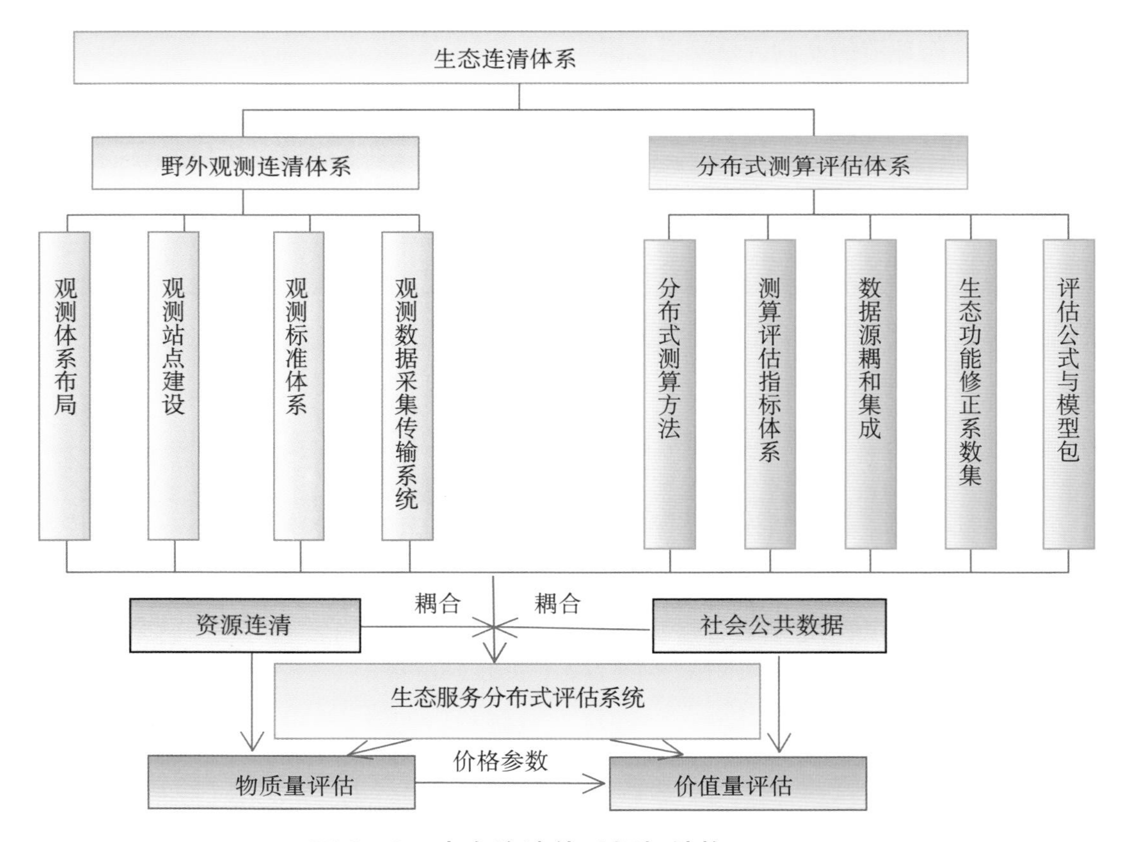

图 3-16 生态连清体系框架结构

广东省生态观测连清体系依据中国林业科学研究院王兵研究员2015年首先提出的森林生态连清体系的构建理论，通过规定观测体系布局原则，形成区域生态站网，并对设施及仪器设备进行统一建设，同时用标准规范数据的采集与传输。在分布式测算评估体系构建中，将资源数据和相关统计数据进行集成与耦合，提出生态系统生态功能修正系数，集成一整套评估公式与模型包，构建生态连清技术体系。该技术体系可以与森林、湿地和荒漠资源连清体系相耦合，成为生态系统服务、自然资源生态状况观测与清查的关键技术。

生态系统服务的测算评估是一项非常庞大、复杂的系统工程，生态连清体系引入分布式测算方法，森林生态系统服务指标体系按照涵养水源、保育土壤等功能分为8大类一级指标，然后再分二级指标评估。而湿地和石漠等生态系统服务评估中，首先将生态系统服务分为供给服务、调解服务、文化服务和支持服务4大类型，每一类又包含多项二级指标开展评估。

分布式测算虽然已经将测算单元尽量分隔均质化，但在实际野外观测中，为得到无法实地观测到的生态学参数，森林生态功能引入修正系数，通过计算林分生物量和实测林分生物量的比值，评估森林的生态质量状况及生态功能的变化。评估指标计算方面也在逐渐进步和完善：如通过增加濒危指数、特有种指数以及古树年龄指数对生物多样性保护价值评估进行修正，客观地体现出某些特定物种在特定环境中的特殊价值；又如碳汇价值评估中要求采用初级净生产力实测（NPP）法，这种方法不仅技术简单，而且避免系统误差和人为误差，实现精确测算；同时还克服材积源生物量（BEF）法由于模型影响因子考虑过于简单且样本数量较少，净生态系统碳交换（NEE）法受限于地形和数据处理技术、遥感法对森林的垂直结构难以估计而无法精确测算的弊端。针对物质量向价值量转化又提出“等效替代法则”和“权重当量平衡”两条原则，认为森林生态系统服务价值转换不仅仅从经济学和商品市场角度入手，更要等效于生态系统服务产生原理和过程，根据不同评价对象的特点，权衡各项服务之间的比例关系，反映森林生态系统实际情况，这又将生态系统服务价值评估工作向前推进一大步（王兵，2016）。

生态连清以森林、湿地、城市绿地和石漠资源连续清查为基础，结合生态系统长期定位观测，在以往查清资源面积、蓄积量、生长消耗及其动态变化的基础上将森林、湿地、城市绿地资源连续清查的系统抽样体系与生态系统长期定位观测的典型抽样体系相结合，可以逐步构建不断完善的森林、湿地、城市绿地资源和生态状况综合监测体系，全面评估森林、湿地、城市绿地质量、健康、生物多样性等。

第五节　建设内容

一、建设目标

构建布局科学、功能完备、运行高效的林业生态系统监测网络，为准确评价森林、湿地、城市及石漠生态工程建设成效、广东生态文明与美丽中国建设等提供基础数据和技术支撑。构建森林生态监测网络，森林生态站（重点站与基本站）达到16个；构建多类型湿地生态监测网络，湿地生态站达到7个；构建珠三角国家森林城市群生态监测网络，城市生态站（城市重点站与基本站）达到11个；石漠生态站为1个。建立高效的生态监测网络管理运行机制，打造一个具有国际影响力的科学研究平台。

二、野外台站建设

广东省生态监测网络野外台站根据区域代表性、植被典型性和观测研究辐射范围大小分为重点生态站和基本生态站。重点生态站建设涵盖野外台站科研实验用房改造、野外基础设施建设、仪器设备购置和数据管理配套设施等，基本生态站建设仅包含野外基础设施建设、仪器设备购置与数据管理配套设施等。

围绕广东省对陆地生态系统长期定位观测与研究的迫切需求，以全面提高生态站网能力为原则，综合考虑“区域布局、地域特色、投资能力、台站业务水平”实际情况，建设一批具有代表性的森林、湿地、石漠、城市生态站。其中，生态监测站建设原则上开展全指标观测，需配齐全部基础设施，一般生态监测点建设只需根据定位站的重点监测对象进行相关基础设施建设。

（一）森林生态站建设

1. 重点森林生态站

重点森林生态站根据国家标准《森林生态系统定位观测指标体系》（LY/T 1606—2003）、国家林业行业标准《森林生态站建设技术要求》（LY/T 1626—2005）、“中国生态系统研究网络（CERN）长期观测规范”丛书、《森林生态系统服务功能评估规范》（LY/T 1721—2008）、《森林生态站数字化建设技术规范》（LY/T 1873—2010）、《森林生态系统定位研究站数据管理规范》（LY/T 1872—2010）的规定进行建设，具体要求参照表3-15。

表 3-15　重点森林生态站建设基本要求

主要建设项目	主要建设内容
水文观测设施	森林集水区：建设面积为至少10000平方米的自然闭合小区
	水量平衡场：选择至少1个有代表性的封闭小区，与周围没有水平的水分交换
	对比集水区或水量平衡场：建设林地和无林地至少 2个相似的场，其自然地质地貌、植被与试验区类似，其距离相隔不远
	集水区及径流场测流堰建筑：三角形、矩形、梯形和巴歇尔测流堰必须由水利科学研究部门设计、施工而成；对枯水流量极小、丰水流量极大径流的测流堰，可设置多级测流堰或镶嵌组合堰
	水土资源的保持观测设施：设置林地观测样地300米×900米，在样地内分成30米×30米样方
土壤观测设施	选择具有代表性和典型性地段设置土壤剖面，剖面分别在坡脊、坡中、坡底设置
气象观测设施	地面标准气象站：观测场规格为25米×25米或16米（东西向）×20米（南北向）（高山、海岛不受此限制），场地应平整，有均匀草层（草高<20厘米）
	森林小气候观测设施：观测场规格为 16米×20米，设置自动化系统装置
	观测塔：类型为开敞式，高度为林分冠层高度的1.5～2倍，观测塔应安装有避雷设施
生物观测设施	森林群落观测布设：标准样地、固定样地、样方的建立
	森林生产力观测设施设置：径阶等比标准木法实验设施设置、森林草本层生物量测定设施设置、森林灌木层生物量测定设施设置
	生物多样性研究设施设置：森林昆虫种类的调查试验设置、大型兽类种类和数量的调查试验设置、两栖类动物种类和数量的调查试验设置、植物种类和数量的调查试验设置
数据管理配套设施	数据管理软硬件设施设置：配备数据采集、传输、接收、贮存、分析处理以及数据共享所需的软硬件；可视化森林生态软件包等数据库处理软件；网络相关设施等
基础配套设施	为生态站必需的短距离道路、管线建设、野外观测用交通工具等

2. 基本森林生态站

基本森林生态站同样需按照重点森林生态站的建站要求、观测指标体系与数据管理规范等进行建设，但基本森林生态站在建设过程中，无需全指标观测，只需根据监测对象有侧重地进行仪器设备及相关基础设施建设。基本森林生态站建设内容详见表 3-16。

表 3-16 基本森林生态站建设内容

序号	站名	建设内容						
		森林水文观测设施	森林土壤观测设施	森林小气候观测设施	综合观测塔	森林生物观测设施	数据管理配套设施	基础配套设施
1	广东象头山森林生态站	✓		✓		✓	✓	✓
2	广东石门台森林生态站		✓	✓		✓	✓	✓
3	广东焦岭森林生态站	✓		✓		✓	✓	✓
4	广东凤凰山森林生态站	✓		✓		✓	✓	✓
5	广东鹅凰嶂森林生态站	✓		✓		✓	✓	✓
5	广东大雾山森林生态站	✓		✓		✓	✓	✓
6	广东黑石顶森林生态站		✓	✓		✓	✓	✓
7	广东韩山森林生态站		✓	✓		✓	✓	✓

（二）湿地生态站建设

1. 重点湿地生态站

重点湿地生态站建设根据国家林业行业标准《湿地生态系统定位观测研究站建设规程》（LY/T 2900—2017）、《湿地生态系统定位观测指标体系》（LY/T 2090—2013）、《湿地生态系统定位观测技术规范》（LY/T 2898—2017）和《湿地生态系统服务评估规范》（LY/T 2899—2017）等规定，重点湿地生态站建设基本要求见表 3-17。

表 3-17 重点湿地生态站主要建设基本要求

主要建设项目	主要建设内容
湿地水文观测设施	湿地水文动力要素测定设施：地表水位、流速、地下水位、潮汐自动观测点的建设
	根据沼泽、湖泊、河流、近海与海岸等湿地的水动力条件和污染物扩散情况进行布设，并配备相关设备。对湿地水文特征、水体物理化学指标及水体污染的观测，能达到湿地水文水质长期有效、不间断观测的需要
湿地土壤观测设施	应选择湿地土壤类型特征明显，地形相对平坦、稳定，植被良好的区域。采样点以剖面发育完整、层次清晰、无侵入体为准，可以结合植被观测点进行布设。土壤采样点的数量应根据观测区内土壤分布的变异性来确定。湿地底泥采样要根据湿地类型和大小，以及研究目的选设采样点
湿地气象观测设施	湿地气象观测场地建设：观测场规格为为25米×25米；场内铺设0.3～0.5米宽的小路
	综合观测塔建设、自动小气候梯度观测场

（续）

主要建设项目	主要建设内容
湿地生物观测设施	水生植物观测场（固定样地）及围栏、湿生植物观测场（固定样地）及围栏、沿水分梯度设置样线/样方、湿地水鸟观鸟点/屋/塔
数据管理配套设施	野外数据采集设施：用于野外数据采集的移动电脑、数据线、移动存储、GSM卡等。野外“3S”集成系统、野外数据采集平台等野外作业设备
	数据管理软硬件设置：配备数据采集、传输、接收、贮存、分析处理以及数据共享所需的软硬件；遥感及地理信息系统等软件系统；网络相关设施等
基础配套设施	为生态站必需的短距离道路、管线建设、野外观测用交通工具等

2. 基本湿地生态站

基本湿地生态站亦需根据重点湿地生态定位站建设规程、观测指标体系与观测技术规范等进行建设，但基本湿地生态站在建设过程中，无需全指标观测，只需根据监测对象有侧重地进行仪器设备及相关基础设施建设。湿地生态监测点的建设内容请参照表 3-18。

表 3-18　基本湿地生态站建设内容

序号	站名	建设内容							
		水文观测设施	湿地土壤观测设施	湿地小气候观测设施	湿地空气环境设施	湿地植物观测设施	湿地水鸟观测设施	数据管理配套设施	基础配套设施
1	福田湿地生态站				✓	✓	✓	✓	✓
2	郁南大河湿地生态站	✓				✓		✓	✓
3	海珠湖湿地生态站	✓			✓	✓	✓	✓	✓

（三）城市生态站建设

1. 重点城市生态站

重点城市生态站建设基本要求见表 3-19。

表 3-19　重点城市生态站主要建设基本要求

主要建设项目	主要建设内容
水文水质观测设施	设置不同类型城市森林观测样地，拥有完备的水土资源保持的观测设施，定点观测设备为主，满足水质、水量等指标的连续在线观测
土壤污染及健康状况观测设施	选择具有代表性和典型性地段设置土壤观测样地。配备土壤污染物、土壤理化性质等观测设备
森林净化空气和改善小气候观测设施	地面标准气象站：观测场规格为 25米×25米或16米（东西向）×20米（南北向），场地应平整，有均匀草层（草高<20厘米）
	小气候观测设施：观测场规格为16米×20米，设置自动化装置
	观测塔：类型为开敞式，高度为林分冠层高度的 1.5～2倍，观测塔应安装有避雷设施

（续）

主要建设项目	主要建设内容
森林净化空气和改善小气候观测设施	森林与湿地环境空气质量监测系统：主要包括SO_2、NO_X、O_3、CO、TSP、PM_{10}、$PM_{2.5}$和负离子观测设备
森林群落景观与生物多样性观测设施	森林群落观测布设：标准样地、固定样地、样方的建立，常规固定标准地面积不宜低于20米×20米
	森林与湿地景观观测设施：不同尺度森林与湿地景观观测设施，包括色彩、物候等景观要素的变化
	生物多样性研究设施设置：鸟类调查、昆虫种类的调查试验设置、小型兽类种类和数量的调查试验设置、两栖类动物种类和数量的调查试验设置、植物种类和数量的调查试验设置
数据管理配套设施	数据管理软硬件设施设置：配备数据采集、传输、接收、贮存、分析处理以及数据共享所需的软硬件；可视化森林生态软件包等数据库处理软件；网络相关设施等
基础配套设施	为生态站必需网络、管线建设、野外观测用交通工具等

2. 基本城市生态站

基本城市生态站同样需按照重点城市生态站要求、观测指标体系与数据管理规范等进行建设，但城基本市生态站在建设过程中，无需全指标观测，只需根据监测对象有侧重地进行仪器设备及相关基础设施建设。基本城市生态站的建设内容请参照表3-20。

表3-20 基本城市生态站建设内容

序号	站名	建设内容						
		水文观测设施	土壤污染观测设施	森林空气质量观测设施	森林小气候	森林生物观测设施	数据管理配套设施	基础配套设施
1	佛山城市森林生态站		√	√		√	√	√
2	樟木头城市森林生态站	√		√	√	√	√	√
3	江门城市森林生态站		√	√		√	√	√
4	惠州城市湿地生态站	√	√	√		√	√	√
5	东莞城市湿地生态站	√	√	√		√	√	√
6	中山城市湿地生态站		√	√		√	√	√
7	肇庆城市湿地生态站	√	√	√		√	√	√

（四）石漠生态站建设

根据国家林业行业标准《荒漠生态系统研究站建设规范》（LY/T 1753—2008）、《荒漠生态系统定位观测指标体系》（LY/T 1698—2007）和《荒漠生态系统定位观测技术规范》（LY/T 1752—2008）的规定，石漠化生态站主要建设基本要求见表3-21。

表 3-21　石漠化生态站主要建设基本要求

主要建设项目	主要建设内容
石漠化水文观测设施	设立至少1 处简易或称量式石漠化植物水分平衡场
石漠化土壤观测设施	选择具有代表性和典型性地段设置土壤剖面
石漠化气象观测设施	地面标准气象站：观测场规格为 25米×25米，场地应开阔平整、地表覆盖均匀
	小气候观测设施：观测场规格为16米×20米，设置自动化观测装置
石漠化生物观测设施	植物群落观测样地：标准样地、固定样地、临时样方的建立
	生产力观测样地：草本层生物量测定设施设置、灌木层生物量测定设施设置、乔木层生物量测定设施设置
	生物多样性研究样地：植物种类和数量的调查设置，昆虫调查试验设置、大型兽类种类和数量调查设置、两栖类动物种类和数量调查设置
数据管理配套设施	数据管理软硬件设施设置：数据远程采集、传输、接收设备及数据贮存、分析处理及数据共享软硬件；数据库处理软件；网络相关设备等
基础配套设施	为生态站必需的短距离道路、管线建设、野外观测用交通工具等

三、数据管理中心建设

广东省生态监测网络数据管理工作由生态监测网络数据管理中心负责。广东省生态监测网络数据管理中心建设含网络中心用房改造，生态监测设备购置与生态监测网络设施建设，并为科技人员提供良好的办公、会议、机房、资料及室内测试分析场所。充分利用物联网与大数据技术加强数据采集、传输、管理和分析，实现生态数据管理的科学性、高效性和前沿性。

（一）网络中心用房改造

广东省生态监测网络中心利用广东省森林培育与保护利用重点实验室开展相关业务，不规划新建。生态网络监测中心用房包括办公用房、生态大数据平台机房、生态大数据平台展示室和数据库设备管理用房等。

（二）生态监测设备

根据广东省生态监测网络中心监测工作需要，配置必要生态监测仪器设备、数据分析、软件、办公用品等（表 3-22）。

表 3-22　广东省生态网络监测中心设备规划

序号	设备名称		备注
1	野外生态监测仪器设备	1 套	植被或土地遥感监测系统（含固定翼遥感无人机、多旋翼遥感无人机、多光谱/高光谱成像仪、激光成像仪、数据处理软件等）；动植物野外调查（红外望远镜、摄像机）；水文（智能无人监测船）、土壤、大气环境野外调查（移动式大气监测车）等设备
2	分析化验仪器设备	1 套	动植物、土壤、水分和大气环境分析化验等设备
3	实验室通用设备	1 项	卫星基站、网络、通讯改造等通用设备
4	数据库建设	1 项	基础地理信息数据库、各站点资源与环境数据库等
5	信息管理系统开发	1 项	生态监测大数据系统平台开发，涵盖广东网络监测站点信息管理（概况类、行政类、实物类和生态指标类）等
6	传输系统	1 套	所有站点仪器设备传输系统升级改造
7	信息系统设备	1 套	工作站、服务器、遥感影像及软件等

（三）生态监测网络设施建设

生态监测网络以数据实时传输与统一管理为核心，通过生态监测网络中心硬件改造、生态大数据系统开发、网络仪器设备数据传输系统升级改造，实现监测网络的信息化管理。

1. 硬件设施

网络中心数据接收系统、数据存储系统等硬件设施和配套设备。增强物联网与大数据基础硬件设施建设。

2. 数据传输系统

对生态监测站点原有或新建仪器设备进行数据传输设备进行升级改造，监测数据通过无线网络直接传输至生态监测网络管理中心，充分发挥物联网和大数据技术的先进性，实现数据自动化实时传输和统一存储。

3. 系统平台

生态监测大数据系统平台建设包括以下内容：数据库专用服务器建设（硬件设施）、数据库开发平台安装、数据库应用软件研制、基础数据库建立、历史数据录入、实时数据自动入库链接、数据展示平台研制、分析研究应用软件研制。前端平台功能主要包括监测站点信息、实时数据显示、数据分析与提取、报表管理、数据管理、系统管理等方面。

四、组织机构建设

生态监测网络实行在广东省林业局领导下的多级管理体制，由林业局设立广东省生态监测网络管理中心，下设生态监测网络数据中心及生态监测网络学术委员会，连同各监测站联盟单位、生态监测站共同组成生态监测网络（图 3-17）。

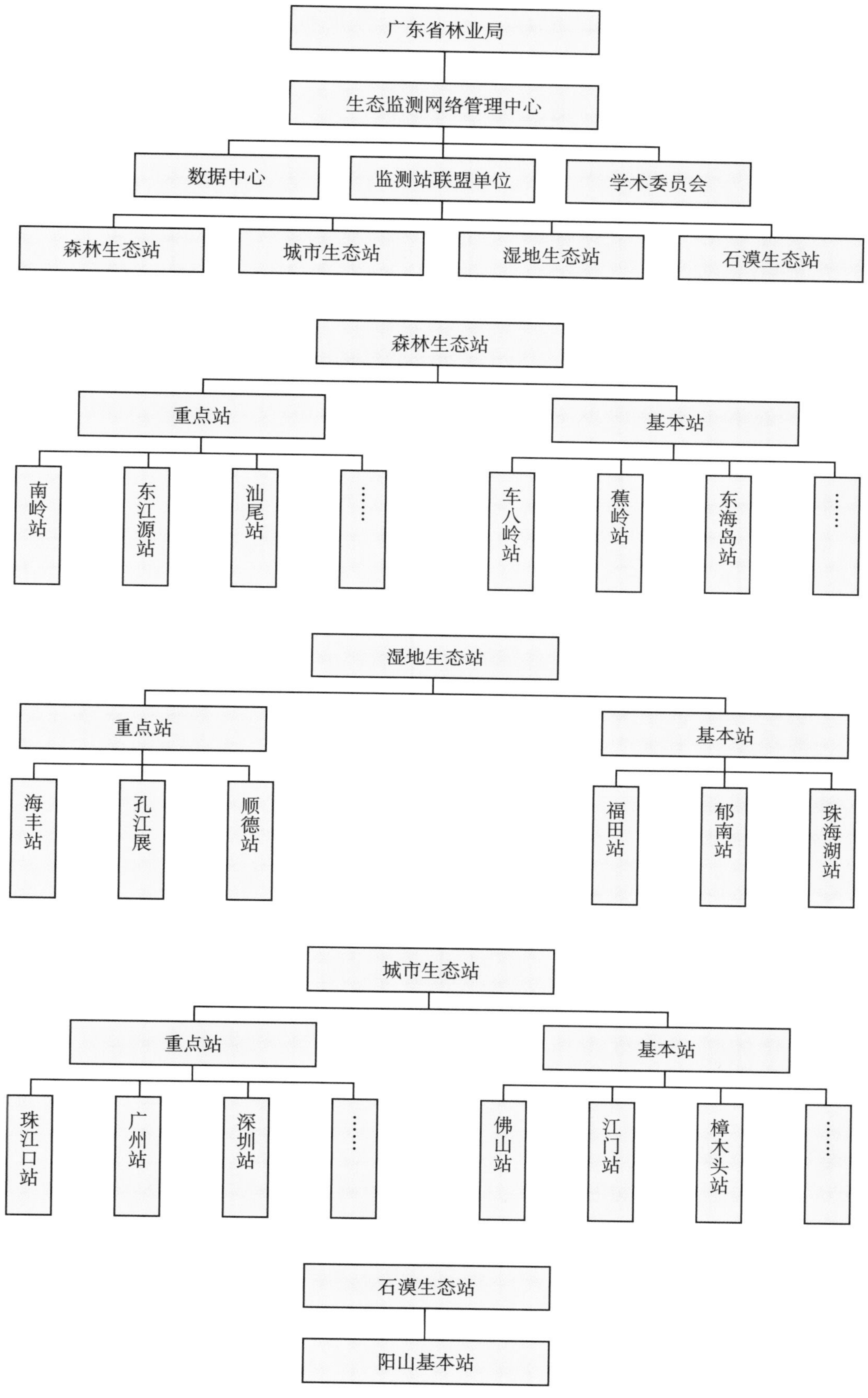

图 3-17 广东省生态监测网络组织管理体系

广东省生态监测网络管理中心由省林业局主要领导和主管领导组成，主要职责为制定生态监测网络的发展规划和各项管理规定，研究生态监测网络建设、管理方面的重大问题，确定生态监测网络主要工作计划。监测站联盟单位指由广东省林业局管辖的生态站所属单位，包括相关地市的林业局和林业科学研究院，以及非广东省林业局管辖的监测站上级单位，包括中国科学院华南植物园、中国科学院仙湖植物园、中国林业科学研究院热带林业研究所、中国林业科学研究院国际竹藤中心及广州市林业与园林科学研究院等；主要职责为参与制定生态监测网络发展规划和各项管理规定，指导和管理辖下监测站建设和观测研究工作。广东省生态监测网络数据中心依托广东省林业科学研究院的技术力量和人员进行组建，主要职责包括指导生态站建设，提供全省生态监测的技术指导和业务培训；汇总全省生态站数据，对生态站工作情况和数据质量进行评估；成立数据管理办公室，专职负责生态监测数据库和管理信息系统建设，对数据和资源共享进行组织协调；分析全省监测数据，编制全省生态系统服务功能评估等专项报告。学术委员会由生态学及相关领域专家组成，主要职责为对生态监测网络的发展规划、研究方向、监测任务和目标进行咨询论证，协调与其他网络的分工合作及数据共享，组织科研、科普等重大活动、学术交流和科技合作。生态站依托各级自然保护区、森林公园、湿地公园及风景区等林业相关单位，主要职责为负责站内仪器日常管护和数据收集工作，开展辖区内的常规或专项监测，采集和汇总生态监测数据，编写生态监测报告，管理和维护监测数据平台，并向数据中心报送数据。

五、运行机制建设

（一）综合协调机制

加强广东省林业局的领导作用，省林业局组织管理中心、联盟单位及各监测站负责人在每年或必要时召开会议，研究生态监测网络联盟的重大事项，协调解决出现的重大问题，高位推动生态监测网络运行和管理工作。管理办公室定期召开协调会议或调研生态监测网络建设实际情况，落实建设过程中的各项具体工作。根据实际合作和项目需要，相关生态站不定期召开交流会议，协调合作过程中出现的问题。

（二）资源共享机制

通过广东省生态监测网络建设，充分整合广东省现有的生态监测资源和力量，优化生态监测布局和配置合理性。制定和完善数据共享制度，保障生态监测网络数据的安全性和整体性；充分发挥森林、湿地、城市和石漠生态站的监测作用，鼓励成员单位和生态站间资源共享。提高资源共享水平，促进科技资源的持续保存、积累和发展利用。

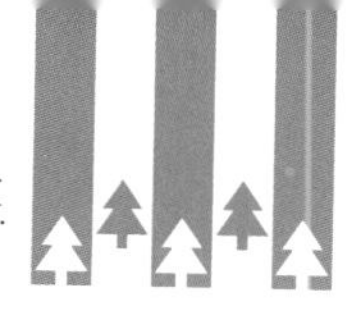

（三）开放合作机制

鼓励生态监测网络成员单位间技术交流与科研合作，加快生态监测网络科研成果产出效率，提高科研成果水平，实现成员单位的合作互惠；实行开放式管理，成立开放研究基金，设立流动和客座席位，吸引国内外相关单位和高级专业人才进行合作研究，鼓励国内外研究单位以生态监测网络为依托申请研究项目；加强生态监测专业人才的培养、引进和培训等工作，逐步形成一定数量、质量，学科门类齐全的生态监测队伍，加强生态监测专业人员的国际交流与合作，积极学习借鉴国外先进经验和技术。

（四）持续发展机制

制定和完善生态监测网络运行管理制度，加强对数据网络建设和生态监测数据质量的管理，强化网络系统生态定位观测站监测工作规范化建设。逐步完善相关标准体系、工作制度，实现监测工作科学规范管理；实行生态站点监测人员培训制度，定期开展全省性监测业务培训，加强监测工作一线人员专业技术培训；实行监测数据质量责任制度，生态监测站点监测人员作为监测数据质量的第一责任人，对数据的真实性和准确性负责。

加大对生态监测的经费投入力度。由林业局统筹安排，大力争取广东省生态监测网络建设专项资金的支持，同时逐步加大地方财政对生态环境监测的稳定持续投入。不断拓展融资渠道，充分吸纳社会资金开展监测工作，推进全省生态监测体系建设。

（五）科研创新机制

出台创新激励政策，促进生态监测网络工作的高效开展。加强对生态监测热点问题的研究工作，大力推进生态环境监测基础理论、应用基础研究，科学掌握广东省不同监测区域内关键生态特征及生态系统服务功能等，为提升全省生态监测水平及其成果的应用奠定理论基础。

第四章 广东省林业生态连清体系监测实践

第一节 广东省森林水文要素观测研究

森林水文已成为水循环与生物圈相互作用的一个重要领域（于贵瑞等，2003）。森林水循环是陆地水循环中的重要组成部分，不但影响森林植被的结构、功能与分布格局，还影响地球表面系统的能量收支、转换和分配。森林与水分循环间的关系早在20世纪初就受到关注，并开始了森林集水区的观测研究（Andréassian，2004）。20世纪60年代Borman和Likens创立的Harboard Brook生态站，率先应用小集水区实验技术法，将森林水文学研究与森林生态系统定位研究相结合，推动了森林水文学从水文要素的单项研究向系统综合的定位研究发展（Likens et al.，1977）。20世纪90年代以后，森林水文学研究更加强调水文过程与生态学过程的耦合机制及其尺度效应，更加关注水分循环质量及水循环的生态学机制研究（Giertz & Diekkr ü ger，2003；Brown et al.，2005）。21世纪初期，生态水文学作为一门边缘学科逐渐兴起，推动了传统森林水文学从森林水文机制和水文特征研究向森林生态水文学的新兴交叉学科发展。

一、森林蒸散量

森林蒸散是森林水分平衡和热量平衡中的重要分量，是森林生态系统中极其重要的生态过程（黄志宏等，2008；Zhou et al.，2008）。林木蒸腾反映植物的水分状况及与环境的关系，影响生态系统的水量平衡（赵平等，2011）。目前，广东林木蒸腾主要采用空气饱和差法、气温积温法、Penman公式法、布德科公式法、周国逸公式等相关公式测算蒸散，以及应用热扩散探针法对树干液流密度连续测定，分析林木树干液流特征，结合边材面积，进行林木蒸腾量的测算。同时，结合林木所在外界气象环境因子监测数据，研究控制林木蒸腾的主要驱动因子是另外一个重要的研究方向（赵平等，2011；程静等，2015；朱丽薇等，2010；张振振等，2014；梅婷婷等，2012；倪广艳等，2015；赵平，2011）。

（一）人工林

人工林森林蒸散量的研究主要集中于不同测算公式的应用及蒸腾耗水量的测算。闫俊华等（2001）运用 Penman 公式法、空气饱和差法、布德科公式法和气温积温法分别对鼎湖山人工松林生态系统蒸散进行了计算分析，其蒸散量介于 654.7～1192 毫米之间，研究认为 Penman 公式法是计算森林生态系统的蒸散力的一种值得推广的方法；同样，黄志宏等（2008）采用 TURC 公式、Penman-Monteith 方程、周国逸公式和水量平衡方程法，对雷州半岛的桉树人工林蒸散量进行了测算，其蒸散量差异性不大，介于 928.25～1192.25 毫米之间，比较而言，周国逸公式计算结果较好。上述研究表明，人工林森林蒸散量测算 Penman 公式法和周国逸公式法应用较好，Penman 公式法考虑因素较为全面，理论概念比较完整，而周国逸公式计算结果的波动性范围较小，较适用于热带、亚热带森林生态系统蒸散量的计算。蒸腾反映植物的水分状况及与环境的关系，影响生态系统的水量平衡。在影响植物蒸腾的环境因子方面，有研究表明，植物蒸腾强度取决于土壤的可利用水、液态水转化为水蒸汽所必需的能量以及叶片内部与外界之间的水汽压梯度（Tang et al.，1994），赵平等（2011）采用偏相关分析表明降雨量对成熟马占相思林蒸腾量没有显著的直接影响，而 PAR 是影响林分蒸腾量的最重要环境因子，降水对林分蒸腾的影响不仅仅取决于降雨量的大小，较多的降雨频次往往会削弱蒸腾的强度。程静等（2015）分析了鼎湖山针阔叶混交林 4 种优势树种树干液流特征与环境因子关系表明，无论湿季还是干季，光合有效辐射（PAR）和水汽压亏缺（VPD）均为控制蒸腾的主要驱动因子。木荷与马占相思蒸腾速率与光合有效辐射、水汽压亏缺的标准回归系数随土壤湿度的增加而增大，表明土壤水分的增加提高了植物对环境响应的敏感度（张振振等，2014）。在林分蒸腾耗水量方面，2004—2007 年，鹤山生态站马占相思人工林蒸腾耗水量分别为 238.64 毫米、136.39 毫米、217.45 毫米和 273.85 毫米，分别占当年降雨量的 24.7%、11.7%、9.8% 和 22.8%，年平均蒸腾耗水量为 243.31 毫米（赵平等，2011）；在整树年蒸腾耗水量方面，木荷与马占相思平均整树年蒸腾量分别为 7014.76 和 3704.97 千克，木荷整树年蒸腾量明显高于马占相思，这主要是由于木荷可以从形态上和生理上来降低不利环境造成的影响，维持了较高的水分利用效率，表现出很强的适应能力（张振振等，2014）。

（二）天然林

在天然林方面，鼎湖山国家级自然保护区为广东境内最典型、研究最多的天然次生林。闫俊华等（2001）运用 Penman 蒸散力公式和理论上导出的计算森林生态系统蒸散公式（周国逸公式）对鼎湖山季风常绿阔叶林的蒸散进行了计算，常绿阔叶林蒸散年平均为 951.9 毫米，与采用水量平均法所得的年平均蒸散（960.1 毫米）基本一致；鼎湖山针阔混交林优势树种马尾松、木荷、锥栗、广东润楠干湿季日均蒸腾量分别为 2.52 毫米、3.21 毫米、2.73 毫米、0.89 毫米，湿季平均日蒸腾量高于干季（程静等，2015）。Liu 等（2015）利用不同测算方法（流域水量平衡法、半经验 ET 模型法、涡动协方差法等）与多年观测数据，测算了鼎湖山森林流域常绿阔叶林蒸散量及其组分，采用流域水量平衡法、涡动协方差法、半经验 ET 模型法测算的森林蒸散量非常接近，年平均值分别为 809.9 毫米、803.8 毫米、801.6 毫米，占年平均降水量的 50.2%，蒸腾耗水量约占蒸散量的 60.2%，拦截蒸发量约占蒸散量的 31.7%，土壤蒸发量约占蒸散量的 8.1%。

二、水量空间分配格局

森林通过对降水截留、枯枝落叶层截持、土壤入渗、蒸散及径流等的影响来调整系统内的水分循环，森林的不同结构、生长发育和演替阶段导致上述水文功能呈现多样性特征 (Liu et al.，2003)。植被层是各生态系统对水分传输有着重要作用的第一层，是调节降水分配和水分输入的重要过程，使降雨量、降雨强度、降雨分布等发生显著变化，直接影响水分在生态系统中的整个循环过程（余新晓，2004；王金叶等，2008）。以森林为例，降雨下落到植被层表面产生了第一次分配，分配为林内降雨量、树干流量和林冠截留量 3 个分量。土壤层通过入渗、蓄纳等作用，对降水资源分配格局产生的影响最为明显，成为联系地表水与地下水的纽带，也是生态系统水分的主要储蓄库（余新晓，2013）。

（一）林冠层截留与穿透水

林冠是森林生态系统影响降雨的第一作用层，林冠截留不仅受到降水频率、降水强度、降水历时等降雨状况的影响，还受到林分状况和环境等多种因素影响（刘世荣等，1996）。目前，广东省森林林内降水、树干液流及林冠截留研究主要集中在不同地区森林林冠截留效应与林冠截留模型的构建。在林冠截留效应方面，高要林场马占相思人工林林冠截留效应季节性差异明显，旱季（17.9%）高于雨季（8.5%）（李汉强等，2013）；鼎湖山季风常绿阔叶林冠层截留率为 31.8%，湿季的截留量占全年截留量的 66.7%（闫俊华等，2003）；而粤北杨东山常绿阔叶次生林林冠截留平均截留率为 21.0%，最大截留率为 47.5%，最小截留率仅为 10.9%（邱治军等，2011），研究表明，季风常绿阔叶林林冠截留明显高于马占相思林，这可能是由于马占相思的叶面较为光滑，不易吸附雨水所致（李汉强等，2013）；另外，林冠截留量随着降水强度的增加，常绿阔叶林冠层截留率减少，对暴雨的截留率为 10.6%，对大暴雨的截留率为 9.7%（陈步峰等，2011）。在林冠截留模型构建与应用方面，刘效东等（2016）利用修正的 Gash 模型对南亚热带季风常绿阔叶林林冠截留的模拟，模拟截留量比实测值低 25.9 毫米，相对误差为 5.2%；苏开君等（2007）以降雨强度、穿透系数和树干茎流率数据为基础，进行了林冠截留量模型模拟，该模型能较准确地估算针阔混交林分的林冠截留量。在穿透水量研究方面，马占相思人工林穿透雨量与降雨量之间呈显著的线性正相关，而穿透雨率与降雨量之间呈良好的对数曲线关系（李汉强等，2013），其穿透雨率为 82.8%，高于鼎湖山亚热带混交林穿透雨率（68.3%）与

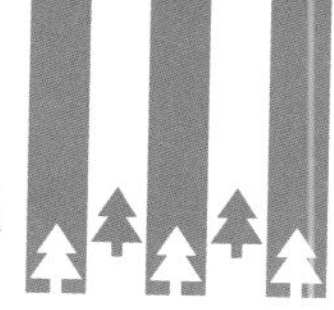

季风常绿阔叶林的穿透雨率（59.9%），主要原因可能是由于马占相思人工林林分结构简单、层次单一，增加了直接穿透雨量，导致了穿透雨率的增加（李汉强等，2013）。

（二）凋落物与土壤持水

凋落物的水分特征直接关系到森林生态系统水文过程及森林水文生态功能，（闫俊华等，2001）。凋落物持水特性研究主要集中在不同植被类型凋落物持水过程与最大持水量等方面。凋落物持水过程主要体现在持水速率与吸水速率。大量研究表明，林地凋落物持水速率、吸水速率与浸水时间分别呈对数函数与幂函数相关关系（杜阿朋等，2014；刘效东等，2013），如杉木林、马尾松林、湿地松林、马占相思林和尾叶桉林凋落物持水速率、吸水速率与浸水时间分别呈对数函数与幂函数相关关系（薛立等，2005；任向荣等，2008；侯晓丽等，2016）；在凋落物最大持水量（率）方面，针叶林 > 混交林 > 阔叶林（闫俊华等，2001；张卫强等，2010；刘效东等，2013）。桉树人工林、松树人工林及阔叶混交林（黎蒴、火力楠及荷木林）凋落物最大持水量分别介于 25.9～40.7 吨 / 公顷之间（杜阿朋等，2014）、3.3～39.8 吨 / 公顷之间（赵鸿杰等，2009）、13.4～17.7 吨 / 公顷之间（彭耀强等，2006）；在凋落物组分持水率区分方面，叶片最大，其次为树皮，树枝最小（邱治军等，2011；时忠杰等，2010）。林地土壤是水分蓄积的主要场所，土壤水源涵养能力是森林水源涵养功能的一个重要方面。不同演替阶段森林土壤储水量表现为季风林（381.03 毫米）> 混交林（324.98 毫米）> 针叶林（254.36 毫米），随着森林的演替，林地土壤持水能力逐渐增强（尹光彩等，2003）；不同恢复阶段人工林土壤持水能力表现为次生林 > 阔叶混交林 > 光裸地 > 桉树林，次生林最大持水量与毛管持水量明显高于桉树林土壤持水量（邹碧等，2010）。华南典型人工林——马占相思林、杉木林、湿地松林、马尾松林、尾叶桉林土壤持水量介于 194.1～206.4 毫米之间，不同林分间土壤持水量差异不大（薛立等，2008）。

（三）林地地表径流

地表径流反映了流域植被、土壤、气候等综合水文特征，是衡量森林涵养水源与消减洪峰等效益的基本指标（周国逸等，1995）。林地地表径流研究主要集中在鼎湖山森林生态站、鹤山丘陵综合试验站、小良水保站及帽峰山森林生态站，主要利用小集水区多年地表径流量长期监测数据，开展不同林分类型降水—产流、地表径流系数及影响地表径流参数因子解析等方面。森林地的产流问题长期以来受到人们的关注，一般情况是林地的径流系数普遍较小，小良试验站 3 种植被类型下的地表径流系数就存在很大的差异，桉树林和裸地对降水调蓄作用很小，而混交林则有较大的降雨调蓄作用（周国逸等，1995）。在鹤山与小良试验站，不同类型人工林地表径流量及径流系数差异较大，如阔叶林、桉树林及裸地地表径流系数平均值分别为 1.65%、43.0% 和 18.6%，桉树林地的地表径流系数最大（余作岳等，1996）；申卫军等（1999）研究表明 5 种生态系统的地表径流系数介于 2.3%～22.16% 之间，表现为林果苗系统 > 草坡 > 豆科混交林 > 果园 > 马占相思林。在鼎湖山季风常绿林区，地表径流系数为 13.2%，产流形式为蓄满产流（闫俊华等，2003），植被参数凋落物层厚度对地表径流系数影响程度最大（闫俊华等，2000）；研究表明，桉树林地表径流系数明显高于季风常绿阔叶林，这主要是由于桉树林林下频繁除草抚育，致使林地地表缺乏灌草覆盖，容易造成穿透水击实层，击实层的形成阻碍水分下渗增加了地表径流（余作岳等，1996）。降水是影响径流的重要因素之一，它直接影响着地表径流量的大小，地表径流量主要是由几场大的降水所决定的（申卫军等，1999），帽峰山常绿阔叶林区，暴雨发生月的 24 天内降雨 545.0 毫米，常绿阔叶林系统产流率达到 48.2%（陈步峰等，2011）；帽峰山杉木林集水区全年产流 714.8 毫米，雨季产流量占全年的 98.1%，而常绿阔叶林集水区全年产流 802.0 毫米，雨季产流量占全年的 87.9%（邹志谨等，2017）。

三、森林水质

（一）林分尺度森林对水质的影响

1. 林冠层与土壤层对大气降水水质的影响

目前，林冠层与土壤层对大气降水水质影响研究主要集中在马尾松林、针阔混交林和常绿阔叶林 3 种林分类型内，大气降水对林冠层与树干的淋溶作用后水质指标的变化规律、林冠层对酸雨缓冲作用以及大气降水经凋落物层与土壤层后产生地表产流水质变化规律等方面（周光益等，2009；陈步峰等，2004；周光益等，2000）。研究表明，大气降水对林冠层淋溶作用，致使广州流溪河针阔混交林林内降水 pH 值升高，林内降水多数离子浓度高于林外降水，但在单次降水条件下，林冠层对大气降水 NH_4^+、PO_4^{3-}、NO_2^- 和 NO_3^- 离子有吸附或吸收作用（周光益等，2009）。与马尾松林相比，阔叶林林冠层比马尾松林对大气降水中 NO_3^- 和 Al^{3+} 离子具有更强的吸收能力；受酸雨的影响，大气降水对林冠层碱性离子（Ca^{2+}、Mg^{2+}、K^+ 和 Na^+）淋溶效果明显提升（周光益等，2000）。大气湿沉降化学物质经过针阔混交林林冠后，林内降水总 P、K、Zn、Pb 浓度明显升高，而林内降水 Al、Ca、Cu 浓度降低；进入土壤层后，受森林土壤层离子吸附与储滤作用的影响，部分重金属（Cu、Zn、Pb、Cd）浓度呈下降趋势，表明森林土壤层对输出环境的径流水质量有显著改善作用（陈步峰等，2004）。土壤水中 H^+ 和 Al^{3+} 浓度的增高是土壤酸化的重要指标，硫沉降不是土壤酸化的主要原因，过量的氮沉降和 NH_4^+ 的硝化作用是森林土壤酸化的主要原因（徐义刚等，2001）。

2. 森林对坡面地表径流水质的影响

大气降水是污染物湿沉降的最主要方式之一，水作为生态系统物质循环的载体，直接与森林生态系统各个部分相互作用（欧阳学军等，2002）。随着水分在森林生态系统的进入和输出，物质被生物和土壤固定或吸收或分解，作为森林生态系统输出地表水，进行水质状况

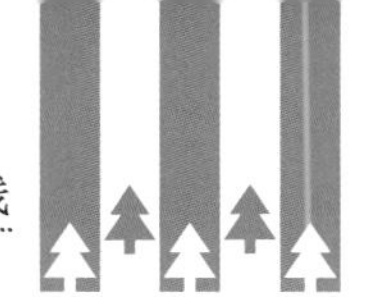

分析对于系统研究森林净化水质功能显得尤为重要。酸雨和土壤表层酸化是鼎湖山森林地表水 pH 值偏低的主要原因，地表水中的 Al 主要来源于酸雨对土壤的淋溶，林冠吸收富集和土壤固定吸附使地表水中的 Pb 大幅度降低，穿透水和土壤溶液中的 Mn、K、Ca、Mg、Sr 比大气降水和地表水浓度高，反映了元素被酸雨淋溶、活化和被植物、土壤吸收吸附的过程（欧阳学军等，2002）。在模拟酸沉降环境下，酸沉降尚未引起鼎湖山季风常绿阔叶林地表径流水酸化，强酸（pH 值为 3.0）将诱发土壤 Ca^{2+}、Mg^{2+}、Na^{+} 盐基离子及土壤可溶性有机碳流失，增加地表水受有机污染的风险（丘清燕等，2013）。灰色关联度分析和主成分分析表明杉木林溪流水水质最好，其次为桉树林、针阔混交林和常绿阔叶林（盘李军等，2016）。

（二）流域尺度地表水环境

流域尺度上林地对河流水质具有净化功能（吉冬青等，2015），主要体现在流域森林、林下植被和草地对 NH_3-N、磷等养分和盐分具有较强的吸收和过滤功能，可降低汇入河流的污染物质量浓度，对水质的净化和保护具有一定的作用（刘旭拢等，2016）。大量研究表明，东江上游水体氮素主要来源于农业面源污染，而东江下游氮素主要来源于城市污水（廖剑宇等，2013；李星等，2015）。流域土地利用结构与流域景观空间格局对地表水水质影响明显，即流域土地利用结构与水质具有明显相关性，林地和草地对水质具有正效应，建设用地对水质具有负效应（刘旭拢等，2016；吉冬青等，2015）。流域内景观破碎度与水质呈现显著正相关性，是水质变化的重要影响因素，而景观聚集程度和斑块形状复杂程度与水质有负相关关系（吉冬青等，2015）。

第二节　广东省森林土壤要素观测研究

木本植被下所发育的各类土壤总称森林土壤。湿润的气候和大量的森林凋落物（林木的枯枝落叶）、根系脱落物是森林土壤形成的重要因素。世界各个纬度地带都有森林土壤，面积最大的是温带和寒温带针阔叶林下发育的土壤（如暗棕壤、棕壤和灰化土）；热带、亚热带森林下发育的各类土壤（如红壤、黄壤、砖红壤等）次之（秦伟等，2006）。

森林土壤是林木生长的基础，其物理化学性质通常被认为是立地质量的重要指标。土壤是在气候、植被、地形、母质等因子的综合作用下形成的，天然林和人工林下土壤具有不同的物理化学特性，研究不同林分类型土壤特性的差异对了解森林与土壤之间的关系，对森林的更新、恢复与重建等都具有重要意义。广东地处中国南方，森林土壤性质独特。近年来，广东森林土壤的研究有着很大的发展，本文将对广东森林土壤重要因子 pH 值、有机碳、氮及磷进行总结论述。

一、土壤理化性质

森林土壤的理化性质决定林木以及土壤中的微生物的养分可获得性，因此，对土壤理化性质的研究是研究土壤立地条件的重要内容。广东地处南方，有着独特的气候特征，森林土壤因此也有着独特性，例如氮和磷严重缺乏，土壤具有很强的酸性，但有机质的含量却大约是全国平均水平的两倍。广东森林土壤的这些性质是植树造林、天然林的保护需要考虑的重要因素。

（一）森林土壤 pH 值

1. 广东土壤 pH 值

pH 值对土壤及生物的直接影响不大，但 pH 值会影响土壤的其他元素（比如重金属）的存在状态，因此会对林木产生重要但非直接的影响。广东省森林土壤普遍呈酸性或强酸性，pH 值平均为 4.72，酸性土壤比例为 99.01%，森林土壤酸性化主要是由于铝毒害、酸沉降及针叶树种酸化土壤等造成的（刘飞鹏等，2007）。郭治兴等（2011）通过对广东省第二次土壤普查（20 世纪 80 年代）以及 2002—2007 年广东省土壤 pH 值数据的分析认为广东省土壤酸化主要受土壤本身特性和酸雨等自然因素以及不合理施肥和城市化等人为因素的影响；另外，工业化及各种矿山开发，也会导致部分地区土壤 pH 值变低，加重土壤酸化。

2. 广东森林土壤低 pH 值的成因及对土壤的影响

酸雨是土壤 pH 值变低的重要因素之一，梁国华等（2018）以鼎湖山季风常绿阔叶林为研究对象模拟酸雨对森林土壤碳、氮、磷生态化学计量特征的影响，结果显示长期模拟酸雨处理导致表层土壤 pH 值显著下降（最大降幅达 0.22，$P<0.05$），加剧土壤酸化；同时，表层土壤碳质量分数显著增加（最大增幅达 14.69%，$P<0.05$），磷质量分数呈一定程度的下降趋势（最大降幅达 18.79%），但氮质量分数没有显著变化。因此可推测，长期酸雨引起的土壤酸化会改变南亚热带森林土壤碳、氮、磷耦合关系，加剧该区域森林土壤磷限制的趋势，降低森林生态系统结构与功能的稳定性。所以土壤的酸化间接影响了土壤的营养元素状况。

pH 值对养分的影响具有季节性，例如鼎湖山季风常绿阔叶林 1 月和 4 月土壤养分比 7 月和 10 月土壤养分容易受到土壤 pH 值的影响（刘菊秀等，2003）。不同养分受到 pH 值的影响程度也会不同，例如交换性钙和镁以及有效磷含量比其他养分更容易受到土壤酸度的影响（刘菊秀等，2003）。除了对营养元素的影响，酸化的土壤带来的另一个负面影响就是增加土壤的铝毒。例如，根据 5 年间南方红壤酸化的相关报道和广东主要酸雨区森林土壤的调查结果，吴道铭等（2013）发现红壤酸化面积加大，并且酸化程度和铝毒害程度都有加重的倾向。而导致南方红壤酸化加快和铝毒加重的主要因素是酸沉降加剧、化肥不合理使用以及农业集约化生产和单一化种植。因此控制酸沉降、采取合理的施肥方式和作物栽培方式，是防治广东省红壤酸化的主要措施。

3. 广东森林土壤低 pH 值对森林的影响

森林土壤酸化是造成森林生态系统衰退的主要因素之一（张苏峻等，2007）。刘敏等（2010）通过分析广东南岭国家级自然保护区、广东蕉岭长潭省级自然保护区、广东肇庆市德庆三叉顶市级自然保护区低海拔区域的森林土壤，比较分析了土壤的 pH 值分布特征。结果显示三个保护区之间 pH 值差异极显著（$P<0.01$），并且 0～25 厘米土层与 25～50 厘米土层的 pH 值在 3 个保护区中差异显著（$P<0.01$）。许伊敏等（2013）通过分析南岭常绿阔叶林优势树种叶片营养特征及重金属含量水平认为，所测的 16 个优势树种叶片暂未受到重金属和铝（Al）毒危害，但因华南地区酸沉降引发土壤重金属活化的风险仍存在，因此对该地区森林土壤化学性质和树木叶片化学元素含量的定期监测研究很有必要。刘菊秀等（2003）对鼎湖山季风常绿阔叶林进行了土壤剖面研究，季风常绿阔叶林土壤整个剖面 pH 值小于 4.5。在剖面上，pH 值受到土壤深度的影响，其中，0～20 厘米土壤养分比其他层的土壤养分更容易受到土壤酸度的影响，40～60 厘米土壤养分除了交换性钙（Ca）外，其他养分的含量与土壤酸度无显著关系。

（二）森林土壤有机质

1. 森林类型对土壤有机质的影响

不同类型森林的土壤有机质差别很大，具有空间变异性。例如，沈德才等（2013）应用地统计学和地理信息系统（GIS），对广东省东莞市森林土壤有机质（0～1 米）的空间变异性和主要林分土壤有机质含量进行分析，结果发现东莞市森林土壤有机质具有中等的空间相关性；空间分布呈东西高、中北低的趋势；主要林分土壤有机质含量由小至大依次为：荔枝林、桉树林、马尾松林、针阔叶混交林、马占相思林、阔叶混交林。陈利娜等（2016）研究了云城和云安二区森林土壤，发现有机质含量远高于全国背景值，达到全国平均水平的 1 倍以上，几种土壤养分变异系数均属于中等变异，其中最大的是有机碳。李海滨等（2017）以莲花山白盘珠自然保护区针阔混交林、季风常绿阔叶林和山地常绿阔叶林表层土壤（0～20 厘米）为对象研究了土壤有机质。结果表明山地常绿阔叶林土壤有机质显著高于针阔混交林和季风常绿阔叶林。刘敏等（2010）以广东南岭国家级自然保护区、广东蕉岭长潭省级自然保护区、广东肇庆市德庆三叉顶市级自然保护区低海拔区域的森林土壤为研究对象，比较分析了土壤的有机质。结果表明 3 个自然保护区之间的土壤有机质差异极显著（$P<0.01$）；0～25 厘米土层和 25～50 厘米土层的土壤有机质差异极显著（$P<0.01$）。这些研究都表明不同森林类型土壤有机质含量不同，具有很大的空间相关性。

即使空间很近的同一保护区，不同的功能区有机质含量也不同。例如张友胜等（2009）在分析长潭自然保护区不同功能区土壤有机碳分布时发现不同功能区土壤有机碳差异显著（$P<0.01$），土壤有机碳含量为实验区 > 缓冲区 > 核心区；不同功能区各层土壤有机碳含量为：

0～50 厘米土层土壤有机碳含量为实验区 > 缓冲区 > 核心区，50～100 厘米土层土壤有机碳含量为缓冲区 > 实验区 > 核心区，缓冲区土壤有机碳含量变化大于核心区与实验区。森林类型是土壤有机质的主要因子，而空间即使影响了土壤有机质的分布，但相对于森林类型是次要的因素。

由于森林类型是土壤变化的因子，森林演替因此影响到土壤有机质变化。邵宜晶等（2017）为探讨森林演替过程中土壤碳的变化，通过测定鼎湖山 3 种演替阶段的森林土壤有机碳，对它们的化学计量进行分析。结果表明，鼎湖山 3 种森林土壤有机碳随演替阶段而增加，演替中后期表层土壤（0～20 厘米）与演替初期的差异达到显著水平（$P<0.05$），在土壤剖面上的分布都呈现显著的表层富集现象，且表层土壤与其他土层均有显著差异（$P<0.05$）。这些揭示了森林土壤有机碳含量随演替进展而变化。

2. 有机质与其他因子的关系

由于很多元素来源于土壤有机质，森林土壤有机质会影响到土壤中很多重要元素的含量。例如柳杨等（2017）在广东鼎湖山选取马尾松林、针阔混交林和季风阔叶林的研究显示，微生物生物量碳、微生物生物量氮，以及碳氮磷总量整体上均随有机质分解程度的增加而降低。所以通过测量土壤微生物的含量可以估测其他元素在土壤中的状况。

土壤有机质会受到其他因素的影响，其中酸雨对土壤有机质含量就有很大的影响。梁国华等（2018）以鼎湖山季风常绿阔叶林为研究对象，在 2009 年 6 月开始进行人工模拟酸雨的野外实验结果显示，对照样地表层（0～10 厘米）土壤碳质量分数为（31.99±0.37 克 / 千克）。长期模拟酸雨处理导致表层土壤碳质量分数显著增加（最大增幅达 14.69%，$P<0.05$）。可见，酸雨能够增加土壤有机质的相对含量。

海拔和土层对土壤有机质含量也会有很大的影响。柯娴氡等（2012）选择位于南岭国家级自然保护区的广东第一峰石坑崆，从海拔 300 米起到山顶部 1900 米范围，每隔 100 米高程设置 1 条样带，共 17 条样带，研究土壤有机碳含量沿海拔梯度的变化规律及其与植被类型和凋落物层厚度的关系。结果表明，0～20 厘米和 20～40 厘米土层有机碳含量均随海拔梯度变化呈极显著差异（$P<0.01$），并随林分类型不同而呈高度显著差异（$P<0.01$），土壤有机碳含量总体上呈随海拔上升而升高的变化趋势。凋落物层厚度仅对 0～20 厘米土层有机碳含量有显著影响（$P<0.05$）。可见，海拔梯度变化是影响土壤有机碳含量的综合和主导因素，而最表层土壤有机碳含量还易受林分因子的影响。

在广东雪灾能够增加土壤有机质含量。例如肖以华等（2013）研究了 2008 年年初广东乐昌杨东山十二度水省级自然保护区不同海拔梯度上受雪灾的常绿阔叶混交林 3 种森林群落，结果表明灾后 3 种森林群落中不同深度土壤的有机碳质量分数和储量持续增加，而且同一深度土壤有机碳质量分数和碳储量在不同年份之间差异显著。直至 2011 年由雪灾引起的凋落物分解完毕时，10～50 厘米的土壤有机碳质量分数与上一年相比有减少趋势；0～10 厘米的土壤

有机碳质量分数虽然比2010年高，但变化差异不显著，说明在“非正常”凋落物分解结束后土壤有机碳质量分数有减小的趋势，致使土壤碳储量下降。可见，冰雪灾害导致的“非正常”凋落物对土壤有机碳质量分数和储量都有十分显著的影响，“非正常”凋落物的分解输入在开始的几年里能显著提高土壤有机碳质量分数和储量，随后又会降低（肖以华，2012）。

（三）森林土壤氮元素

1. 广东森林土壤氮元素概况

氮（N）是生命的重要元素，在环境中也是限制性元素。广东省地处亚热带，森林土壤一般是缺乏氮元素的。陈利娜（2016）以云城和云安二区森林土壤作为研究对象，分析土壤养分的空间变异性，预测土壤养分分布。研究发现土壤全氮远低于全国背景值；全氮养分处于缺乏状态。另外，全氮的分布趋势与有机碳一致，呈东北向西南递增的趋势。李海滨等（2017）以莲花山白盘珠自然保护区针阔混交林、季风常绿阔叶林和山地常绿阔叶林表层土壤（0～20厘米）为对象，测定了土壤氮含量。结果表明：森林土壤全氮、速效氮在不同森林类型间差异显著：山地常绿阔叶林土壤全氮显著高于针阔混交林和季风常绿阔叶林；针阔混交林土壤速效氮含量最高，3种森林土壤全氮与全磷含量均存在极显著相关性，表明森林类型对土壤氮有重要的影响。刘敏等（2010）以广东南岭国家级自然保护区、广东蕉岭长潭省级自然保护区、广东肇庆市德庆三叉顶市级自然保护区低海拔（400～500米）区域的森林土壤为研究对象，比较分析了土壤上层0～25厘米和下层25～50厘米的全氮、速效氮分布特征。结果表明3个自然保护区之间的全氮、速效氮差异极显著（$P<0.01$）；0～25厘米土层和25～50厘米土层的全氮、速效氮差异极显著（$P<0.01$）；3个保护区中，只有南岭自然保护区0～25厘米土层的全氮、速效氮相关性显著（$P<0.05$）；另外长潭自然保护区的土壤速效氮、三叉顶自然保护区的土壤全氮在0～25厘米土层和25～50厘米土层间差异极显著（$P<0.01$）。

2. 森林演替过程中土壤氮的变化

森林演替过程一般会影响土壤的营养元素，为探讨森林演替过程中土壤氮的变化，邵宜晶等（2017）对鼎湖山3种演替阶段的森林土壤总氮（TN）含量进行分析。结果表明，鼎湖山3种森林土壤总氮随演替阶段而增加，演替中后期表层土壤（0～20厘米）与演替初期的差异达到显著水平（$P<0.05$），在土壤剖面上的分布都呈现显著的表层富集现象，且表层土壤与其他土层均有显著差异（$P<0.05$）。土壤C∶N不受土层深度和演替进程的影响，而土壤N∶P均表现为随演替阶段而增加，随土层加深而降低。这些发现揭示了森林土壤总氮含量随演替进展及其在土壤剖面上的分布取决于土壤氮的来源方式。柳杨等（2017）选取演替梯度上的马尾松林、针阔混交林和季风阔叶林，采集凋落物层和矿质土层（0～15厘米）的森林土壤样品，测定微生物生物量氮（MBN）及其潜在影响因子。结果表明，MBN

以及氮总量整体上均随有机质分解程度的增加而降低。

刘兴诏等（2010）对鼎湖山南亚热带森林不同演替阶段土壤中氮、磷的化学计量特征开展相关研究，结果表明不同演替阶段的森林土壤中氮的含量随演替进行而增加，0～10 厘米土层增加得更为显著，该土层中演替初期（马尾松林）氮含量为 0.440 克 / 千克、演替中后期（混交林和季风常绿阔叶林）氮含量分别达到 0.843 克 / 千克和 1.023 克 / 千克，为演替初期的 2～2.5 倍。演替中后期，土壤中氮的输入与输出趋于平衡，增加趋势变缓。

土壤中氮的含量从针叶林、混交林到季风林持续增加主要是由于凋落物的归还及氮沉降（刘兴诏等，2010）。莫江明等（2004）研究结果表明在鼎湖山的 3 种林型中，季风常绿阔叶林的凋落物分解最快，混交林次之，针叶林最慢；针叶林、混交林和季风林的年凋落物量分别为 3.31×10^3 千克 / 公顷、8.50×10^3 千克 / 公顷和 8.28×10^3 千克 / 公顷（张德强等，2000）。周国逸等（2001）研究显示，鼎湖山降水氮沉降量为 38.4 千克 /（公顷· 年），远远超出森林植被在生长季对氮的需求量 5～8 千克 /（公顷· 年）。大气氮沉降在森林受到林冠的截留作用，使得不同林型的土壤最后实际接收的氮量有所差别。方运霆等（2005）发现鼎湖山 3 种林型的穿透雨中铵态氮的含量分别为 1.85 毫克 / 升、2.36 毫克 / 升和 1.92 毫克 / 升，硝态氮的含量分别为 3.34 毫克 / 升、2.34 毫克 / 升和 5.65 毫克 / 升，阔叶林穿透雨中无机氮含量分别比混交林和针叶林高出 61.1% 和 45.9%。

3. 氮沉降对森林土壤氮的影响

氮沉降是森林土壤氮的重要来源，周国逸等（2001）通过对鼎湖山区域大气降水特征及降水的物质元素输入的观测分析，发现大气降水中氮的含量偏高，浓度为 1.92 毫克 / 升，总含氮量为 38.4 千克 /（公顷· 年）。年内降水的集中使得生态系统的养分输入主要在湿季，与高温多雨处于同一时期，有利于森林植被的形成和森林生态系统生产力的提高。方运霆等（2004）研究了南亚热带主要森林类型（马尾松林、混交林和季风常绿阔叶林）土壤有效氮含量对模拟氮沉降的初期响应。结果显示外加氮处理使 3 个森林两个土层的有效氮含量都在增加，但其影响程度取决于土层、氮处理水平、氮处理时间和森林类型。总体而言，0～10 厘米土层略比 10～20 厘米土层敏感；氮处理水平越高，土壤有效氮增加越多；外加氮处理时间越长，处理样方与对照样方的差距越大；阔叶林的响应稍落后于马尾松林和混交林。

近年来，氮沉降（活性氮）增加及其带来的负面影响是我们所面临的最重要的挑战之一。活性氮进入到森林生态系统后，大部分保留在土壤中，在土壤微生物的作用下进行一系列的转化与循环。崔艳荷等（2016）研究发现鼎湖山土壤中低氮有利于细菌转化。凋落物添加促进了土壤中微生物对外源氮素的利用能力，鼎湖山土壤培养后期的促进作用较大。南方氮沉降往往以酸雨的形式进行。梁国华等（2018）研究模拟酸雨对森林土壤氮生态化学计量特征的影响，对于认识森林生态系统生物地球化学循环如何响应酸雨加剧具有重要意义。以鼎湖山季风常绿阔叶林为研究对象，进行了人工模拟酸雨的野外实验，结果显示：对

照样地表层（0～10 厘米）氮 2.25 克 / 千克 ±0.05 克 / 千克。长期模拟酸雨处理导致表层土壤 pH 值显著下降，但氮质量分数没有显著变化。

4. 冰雪灾害后氮的变化

广东地处亚热带，冰雪灾害对广东森林具有严重的影响，土壤氮的变化对森林的影响很大。肖以华（2012）在广东十二度水省级自然保护区研究了 2008 年年初冰雪灾害对不同海拔梯度上的常绿阔叶混交林 3 种森林群落的影响。主要发现灾后森林群落土壤的土壤有效氮含量大幅增大，年际变化显著，但随土壤深度而递减；灾后第三年（2010 年）土壤有效氮差异不明显。去除“非正常”凋落物对土壤有效氮和土壤氮素的氨化率、硝化率和矿化速率影响明显。灾后森林土壤氮矿化速率与土壤温度、凋落物碳失重量、土壤碳氮比 C∶N 和氮磷比 N∶P 呈显著正相关。净矿化率、硝化率与凋落物 C∶N 无显著相关性，与土壤的 C∶N、N∶P 相关性和显著性较大。

（四）森林土壤磷元素

1. 广东森林土壤磷背景研究

磷（P）是重要的生命元素。磷元素的丰缺直接影响生态系统的好坏。土壤中磷元素循环缓慢，成为限制生物生产力的养分元素。现今缺磷的现象已经严重制约了我国的经济的发展，而广东森林土壤磷元素的缺乏尤为突出，因此对磷的研究特别重要。刘敏等（2010）以广东南岭国家级自然保护区、广东蕉岭长潭省级自然保护区、广东肇庆市德庆三叉顶市级自然保护区低海拔区域的森林土壤为研究对象，比较分析了土壤的速效磷分布特征。结果表明南岭自然保护区、长潭自然保护区和三叉顶自然保护区之间的速效磷差异极显著（$P<0.01$）。陈利娜 等（2016）以云城和云安二区森林土壤作为研究对象，分析土壤养分的空间变异性，预测土壤养分分布。结果发现土壤全磷远低于全国背景值；而全磷养分处于缺乏状态。从土壤养分空间分布情况来看，云城、云安二区的土壤全磷养分分布呈西南、东北部偏高，而中部低的趋势，养分等级主要为五级，养分匮乏，变异性中等。李海滨等（2017）以莲花山白盘珠自然保护区针阔混交林、季风常绿阔叶林和山地常绿阔叶林表层土壤（0～20 厘米）为对象，测定了土壤 pH 值及主要养分含量。结果表明山地常绿阔叶林土壤全磷含量显著高于针阔混交林和季风常绿阔叶林；针阔混交林土壤有效磷含量最低；3 种森林土壤全磷含量均存在极显著相关性，但其他养分间的相关性随森林类型而异，表明森林类型对土壤养分的影响既有普遍性，又有特异性。

2. 磷在森林演替中的变化

为探讨森林演替过程中土壤磷的变化，邵宜晶等（2017）通过测定鼎湖山 3 种演替阶段的森林土壤总磷（TP）含量并进行分析。结果表明，土壤 TP 含量随演替阶段没有呈现出有规律的变化，不同演替阶段间也没有显著差异，但不同演替阶段土壤 TP 在土壤剖面上的分布表现不同，演替前期土壤 TP 含量随着土层深度增加而增加，演替后期土壤 TP 随土层深度的增加而降低，而演替中期土壤 TP 含量在各土层间没有显著差异。这些揭示了森林土壤 TP 含量随演替进展及其在土壤剖面上的分布取决于土壤磷的来源方式。不同演替阶段土壤中磷的含量表现出较大的差异（$P<0.05$）。土壤中磷含量以演替中期混交林最为丰富，其 0～10 厘米土层中磷的含量为 0.337 克 / 千克，而演替前期（马尾松林 0.190 克 / 千克）和后期（常绿阔叶林 0.283 克 / 千克）土壤中磷的含量相对较低。

3. 酸雨对磷的影响

梁国华等（2018）以鼎湖山季风常绿阔叶林为研究对象，2009 年 6 月开始进行人工模拟酸雨的野外实验。结果显示：对照样地表层（0～10 厘米）土壤磷质量分数分别为（0.23 ± 0.01）克 / 千克。长期模拟酸雨处理导致表层土壤磷质量分数呈一定程度的下降趋势（最大降幅达 18.79%）。对照样地表层土壤 C：N 和 N：P 分别为（141.38 ± 3.35）和（9.91 ± 0.26），由于土壤 N、P 质量分数对酸雨响应的差异导致土壤 C：N 和 N：P 显著增加，从而改变了土壤 C：N：P 生态化学计量特征。根据研究结果可推测，长期酸雨引起的土壤酸化会改变南亚热带森林土壤碳、氮、磷耦合关系，加剧该区域森林土壤磷限制的趋势，降低森林生态系统结构与功能的稳定性。

4. 磷的丰度对微生物的影响

由于磷在森林土壤是一种限制性因子，其对微生物具有很大的影响。柳杨等（2017）在广东鼎湖山选取马尾松林、针阔混交林和季风阔叶林，采集凋落物层和矿质土层的森林土壤样品，测定微生物生物量碳（MBC）和氮（MBN）及其潜在影响因子，探讨演替和海拔对凋落物层和矿质土层微生物生物量的影响及其机理。结果表明，磷总量整体上均随有机质分解程度的增加而降低。在半分解 / 腐殖化层中 MBC 和 MBN 与总磷呈显著正相关；在矿质土层中 MBC 和 MBN 与碳、氮、磷总量呈显著正相关。

二、土壤有机碳

土壤是全球碳循环过程中最重要的碳库之一，全球土壤碳储量约为 1500×10^9 吨，约为植被碳储量（650×10^9 吨）的 2.3 倍（Chapin et al.，2011）。根据现有研究结果，广东省陆地生态系统土壤碳储量属于亿吨级。甘海华等（2003）率先利用广东省第二次土壤普查资料共 522 个土壤剖面数据，评估广东全省土壤碳储量为 1.75×10^9 吨，平均土壤碳密度为 10.44 千克 / 平方米；此后，罗薇等（2018）在广东全省采集了 211 个土壤剖面数据，评估广东省土壤有机碳总储量为 1.25×10^9 吨，平均土壤碳密度为 8.31 千克 / 平方米。前者的评估结果比后者高 40%，除城市化等因素导致土壤碳流失之外，这种差异主要与二者采样的方法、地点、样本量等有关。前者土壤剖面平均厚度为 97.1 厘米（甘海华等，2003），后者为 95.4 厘米（罗薇等，2018），但前者的样本量约为后者的 2.5 倍，如此巨大的样本量差异，

加上二者研究中平均土壤碳密度差异所反映明显的土壤异质性，必然对评估结果造成显著影响。需要注意的是，甘海华等（2003）和罗薇等（2018）研究中的平均土壤碳密度是各种类型土壤的平均碳密度，既包括森林，也包括农田、草地等，其数值接近鹤山针叶林的水平10.73千克/平方米（张城等，2006），但低于针阔混交林、杉木林和常绿阔叶林11.9～18.2千克/平方米的水平（黄钰辉等，2017；薛立等，2012；张城等，2006；方运霆等，2004）。

与植被相比，土壤固碳速率相对较低，甚至在造林初期土壤有机碳还可能流失（Paul et al.，2002；Thuille et al.，2006）；而成熟森林的土壤也一度被认为是碳源，直至鼎湖山的长期观测表明成熟森林的土壤在持续积累有机碳(Zhou et al.,2006)。自20世纪70年代末以来，鼎湖山森林生态系统定位研究站对土壤固碳情况进行了长期的调查，最终发现成熟森林的土壤可以积累碳，表层20厘米土壤的碳累积速率为0.54～0.68毫克/(公顷·年)，平均为0.61毫克/（公顷·年）(Zhou et al.，2006)。这一重要研究结果改变了学界对土壤固碳情况的认识，并获得了更多研究的印证（Luyssaert et al.，2008）。进一步的对比研究发现，鼎湖山的幼龄林0～60厘米土壤的碳累积速率为227±59克/(平方米·年)，成熟林为115±89克/(平方米·年)（Tang et al.，2011）。

中幼林土壤固碳主要是由于植物快速生长，通过凋落物输入大量的有机质来完成的。对于成熟森林，植物生长已达到稳定水平，其土壤固碳的机制却尚不清楚。在鼎湖山开展的系列研究发现了其中的原因：首先，从先锋群落松树林到成熟的常绿阔叶林，土壤化学吸附和物理保护作用增强，径流中的可溶性有机碳（DOC）浓度显著降低，从而使更多有机碳保留在土壤中（Yan et al.，2015）；其次，由于城市化和工业化等过程，珠三角地区酸沉降严重，酸雨使成熟森林的土壤呼吸、土壤微生物生物量和凋落物分解速率均显著下降，表层土壤中不易分解的有机质组分增加，最终导致土壤有机碳积累增加（Wu et al.，2016）；第三，通过凋落物质量的变化影响土壤有机碳积累，从先锋群落松树林演替到顶级的季风常绿阔叶林，凋落物中碳氮比和木质素含量逐渐下降，凋落物分解常数升高，凋落物停留在地面的时间逐渐缩短，更高比例的凋落物通过可溶性有机碳和破碎化的形式进入地下，最终导致土壤有机碳的积累（Huang et al.，2011）。此外，土壤湿度驱动微生物控制的分解过程，长期的湿度下降导致土壤有机碳增加（Wang et al.，2019）。

许方宏等研究表明，湛江红树林保护区高桥区地表100厘米土壤碳库从大到小分别为桐花树（673.2吨/公顷）、木榄+秋茄（371.9吨/公顷）、白骨壤（325.2吨/公顷），关键影响因素包括有机质分解过程、植物根系分泌物、凋落物、潮汐、群落演替阶段及生物干扰等（许方宏等，2012）。杨娟等研究雷州半岛红树林边缘效应对海岸有机碳库的影响。结果表明，不同地貌单元红树林边界区的土壤表层有机碳含量有机碳密度均表现为 林内>林缘>光滩。表层土壤有机碳地密度与植被盖度、叶面积指数、土壤pH值等关系密切。整体而言，红树林初级生产输入和土壤酸性环境对红树林林下土壤有机碳库富存贡献显著（杨娟等，2012)。朱耀军等以广东湛江国家级红树林自然保护区高桥核心区为研究区，探讨我国典型红树林湿地的固碳潜力，结果表明，该区红树林有机碳含量和有机碳密度分别为（12.79±9.91）克/千克和（0.0100±0.0056）克/立方厘米，有机碳分布受潮位影响大，更高潮位点和表层有机碳含量和密度更高，而低潮位外带样点的有机碳沉积更快（朱耀军等，2016)。桐花树群落中套种快速生长的外来物种无瓣海桑，与本地单一种群相比，12年后套作的红树林并显著增加植被生物量及土壤碳库，但是其内的碳循环过程因较高的凋落物输入和较低的C：N比而加速。英罗湾伴随潮位由低到高，植被生物量碳和土壤碳均逐渐升高。白骨壤、无瓣海桑、桐花树+秋茄、红海榄和木榄群落的生态系统碳储量分别为212.88、262.03、323.57、443.13、376.80吨/年，其中植被层碳储量分别占11.65%、29.79%、19.19%、37.76%和25.94%。表层（0～50厘米）植被碳密度与土壤碳密度间呈显著正相关性（Wang et al.，2013，2014)。红树林土壤有机碳（0～30厘米）水平分布规律为有机碳含量呈从东到南逐步降低趋势（26.42～10.93克/千克)，垂直分布规律为10～20厘米土层有机碳含量分布最高，土壤有机碳受各土壤理化指标影响程度大小顺序：土壤含水量>土壤容重>土壤孔隙度>土壤pH值（黄灵玉，2015)。

三、土壤微生物

（一）土壤微生物在生态系统养分循环中的作用

土壤微生物量的多少反映了土壤同化和矿化能力的大小，是土壤活性大小的标志（何振立，1997)。微生物对养分的利用状况是反映土壤质量的重要特性，利用率越低，微生物所需养分就越多。一般来说，恶劣的土壤环境不利于土壤微生物的生长。其次，土壤有机质的分解速率受到土壤微生物种类、数量和活性的影响。Compton等（2004）研究表明土壤微生物活性的变化会影响温室气体的释放和整个陆地生态系统碳库，这由于微生物能够在其生命活动过程中不断同化环境中的有机碳，同时又向外界释放碳素。有机质经过微生物的分解还可被植物再次利用，提供植物生长所需的养分，在碳、氮循环过程中具有重要意义（Porazinska et al.，2003)。而且，土壤微生物对植物有效养分有着储备作用，对土壤碳、氮等养分的有效性及其在地上、地下的循环特征方面起着调控作用（何振立，1997；Spehn et al.，2000)。

（二）植物与土壤微生物之间的关系

植物通过其凋落物和分泌物为土壤微生物提供营养，导致植物和微生物之间的协同进化，促进土壤微生物的多样性。土壤微生物可以分解可溶性和不溶性有机物，将其转化为植物可以吸收利用的无机形态。此外，植物与土壤微生物共生是自然界中普遍存在的生物学现象。研究表明，菌根菌在自然界养分循环中的作用，除了能通过根外菌丝将土壤中

的矿质元素、水分等输送给植物吸收利用，提高植物成活率，促进植物生长（韩桂云等，2002），还能提高植物的抗逆性和抗病性（弓明钦等，1999）。林鹤鸣等（2001）研究表明，在土壤贫瘠的山地条件下，接种外生菌根真菌，可以改善土壤中微生物的种群结构，提高土壤中细菌、真菌、放线菌的数量。其中，真菌增加 7.3 倍，林木的菌根侵染率由 20% 提高到 75%，进而促进油松人工林的生长。

植物与土壤微生物对养分利用存在竞争。Xu 等（2004，2006）观测了青藏高原高寒草甸生态系统植物与土壤微生物对外加氮源的利用情况，结果表明，由于土壤中有效氮匮乏，植物与土壤微生物间存在着对氮素利用的竞争。Song 等（2007）进一步揭示了植物种间关系调节着植物与土壤微生物间氮素利用的竞争强度。许多研究认为土壤微生物在氮素竞争上具有优势。但是也有研究表明，生长在养分受限的区域中的高寒植物具有较强的利用有机氮的能力（Callaway et al.，2002；Cheng & Bledsoe，2004；Brooker，2006）。

植物物种多样性与土壤微生物多样性具有密切关系。Spehn 等（2000）的研究表明，土壤微生物数量与植物功能群数量呈线性相关。当功能群中豆科植物缺失时，土壤微生物数量显著降低 15%。土壤微生物碳与土壤有机碳的比值亦随着植物物种的丢失和植物功能群数目的降低而降低。Porazinska 等（2003）通过对美国堪萨斯州 Konza 草原的研究发现，不同组合的 C_3 和 C_4 植物，根系土壤中一些细菌和线虫类对特有植物种反应强烈。有研究表明，植物多样性影响微生物数量主要是通过植物生产力的提高，而另一项研究表明，植物多样性没有影响土壤微生物群落和凋落物的分解（Wardle et al.，1999）。

第三节　广东省森林生物要素观测研究

一、植物物种多样性

生物多样性是人类赖以生存和发展的物质基础，在水土保持、气候调节、生态平衡维持等方面起着重要作用（李延梅等，2009）。森林生态系统是地球陆地生态系统的主体，是陆地生物多样性的重要载体，对全球生态系统和人类经济社会发展起着至关重要和无可替代的作用（刘世荣等，2015）。广东地势北高南低，北依五岭，南濒南海，东西向腹部倾斜。北回归线从本省大陆中部横穿而过，南亚热带和热带季风气候类型使广东成为全国光、热、水资源最丰富的地区。境内山地、平原、丘陵纵横交错，北部南岭地区的典型植被为亚热带山地常绿阔叶林，中部为亚热带常绿季雨林，南部为热带常绿季雨林，主要以针叶林、中幼林为主。境内自然资源较为丰富，有植物类型 7055 多种，其中木本 4000 多种，占全国木本植物的 80%（广东省林业厅，2015）。

（一）植物多样性

1. 天然次生林

广东境内不同类型森林植物多样性差异明显。南岭和鼎湖山国家级自然保护区是广东境内最典型、研究最多的天然次生林。南岭国家级自然保护区位于亚热带和热带区域，是我国自然分带的一条主要分界线，也是广东省天然的绿色屏障。气候受海洋暖湿气流的影响，温暖潮湿，加之地形多样，是中国生物多样性分布最丰富的地区之一。动植物数量达3636种，约占中国动植物总数的10.5%（杨汝荣，2000）。南岭植物区系组成以热带、亚热带的科属为主，具有中亚热带植物区系的基本特征（张璐等，2007a，b）。乔木层主要优势树种由樟科和壳斗科组成，包括钩栲、米槠、罗浮栲、华润楠等，丰富度比亚热带其他地区森林群落高。灌木层主要以各种耐阴灌木和乔木幼苗组成，包括仁昌厚壳桂、鸭公树、鲫鱼胆等，草本层主要以耐阴的蕨类和乔灌木幼苗为主，包括金毛狗、狗脊、箭杆枫等（毕肖峰等，2005）。海拔、坡向和坡度会显著影响温度、光照、水分、土壤等生境因子，因此南岭不同区域的森林物种多样性会有明显差异。不同森林群落的生物多样性变化趋势为低山丘陵常绿阔叶林＞山地常绿阔叶林＞山地针阔叶混交林＞山地针叶林（谢正生等，1998），其中低山丘陵常绿阔叶林的Shannon-Wiener指数达5.0以上，比东南亚马来半岛热带雨林的4.52要高，而与中美巴拿马热带雨林5.06和西非象牙海岸热带雨林的5.20相近，推测与南岭山地地质年代长、植被起源古老、气候稳定等因素有关。

鼎湖山地处亚热带季风气候区南缘，北回归线附近。北回归线两侧陆地是地球上最大的沙漠或半沙漠地带，而在我国由于受太平洋季风控制，雨量充沛，形成鼎湖山独特的南亚热带常绿阔叶林（陈章和等，1996）。鼎湖山1956年被确定为自然保护区，1979年被批准加入联合国教科文组织（UNESCO）“人与生物”计划的生物圈保护区网络，是该纬度带上最具特色、最具研究价值的地区之一。鼎湖山自然保护区约有1976种野生高等植物、38种哺乳动物和170种鸟类，生物多样性丰富。乔木上层主要优势种为锥、木荷、黄杞等阳生性乔木，中层主要为厚壳桂、黄叶树、华润楠等中生耐阴树种，下层成分复杂，主要为云南银柴、厚壳桂、红枝蒲桃等；灌木层以耐阴植物如柏拉木、罗伞树、九节等为主；草本层主要以耐阴蕨类如沙皮蕨、刺头复叶耳蕨、金毛狗等为主（叶万辉等，2008）。黄忠良等（1998）通过对比1982年和1994年相同样地内的植物多样性差异发现，优势种种群数量在针叶林和混交林的变化较大，在阔叶林的变化较小，表明鼎湖山森林在群落演替过程中物种组成和结构逐渐趋于稳定，并分析得出乔木层生物多样性变化趋势为针阔混交林＞阔叶林＞针叶林，林下层为阔叶林＞针叶林＞针阔混交林。史军辉等（2008）研究则发现，鼎湖山植物群落多样性则表现为乔木层中生性阔叶林＞针阔混交林＞喜光阔叶林，草本层为针阔混交林＞阔叶林，推测与群落演替过程中物种替代复杂有关。

2. 人工林

广东境内 50% 以上的森林为人工林。人工林植物多样性通常较次生林低，物种种类、分布等群落特征与天然林差异较大，且不同类型、不同林龄的人工林植物多样性差异也较大。例如，李清湖和庄雪影（2012）对广东山区的马尾松林、湿地松林和杉木林 3 种类型人工林样地进行物种多样性调查发现，在 3 种人工林中共记录林下植物种类 210 种，马尾松林和杉木林的林下植物种类较丰富，分别为 135 种和 138 种；湿地松林的林下植物种类较少，仅 53 种。3 种人工林灌木层样方中重要值较高的物种有桃金娘、油茶和粗叶榕，草本层均以芒萁为优势种，其重要值远高于其他种类。多样性的总体变化趋势为杉木林＞马尾松林＞湿地松林，灌木层＞草本层。李伟等（2014）对广东中西部桉树人工林林下植物群落进行调查发现，桉树林分样地中共有 136 种植物，灌木层的种类最多，但以草本层物种为优势种，物种丰富度随着人工林年龄的增加而增加。李伟等（2013）对广东高要南部低丘桉树人工林林下植被物种进行调查发现，林下植被物种共为 136 种，其中乔木 21 种、灌木 59 种、藤本 20 种、草本 36 种，种群数目大于 5% 的优势种均为草本植物，其中芒萁占绝对优势，这是林下植被物种丰富度较高而多样性偏低的主要原因。邹文涛等（2006）对顺德区 5 种人工林群落物种多样性进行研究，窿缘桉、台湾相思与湿地松群落物种多样性指数为灌木层＞草本层＞乔木层，针阔混交与阔叶混交群落物种多样性指数为灌木层＞乔木层≥草本层，均匀度指数为灌木层＞草本层＞乔木层。梁璇等（2015）对不同类型的城市森林林下植物多样性进行研究，发现天然次生林（石门国家森林公园）林下植物丰富度较高，样方内共有林下植物 71 种，各物种重要值较为平均，主要为耐阴植物；人工林（大夫山森林公园）林下植物较少，林下植物 31 种，优势物种为龙船花和鬼灯笼；正在逐步改造的人工林（增城林场）林下植物也较少，有林下植物 31 种，优势物种为三叉苦。

对广东不同类型森林群落植物多样性进行比较可以发现（表 4-1），天然次生林乔木层和林下层物种丰富度均高于人工林，但二者均匀度差异不大；随着演替和恢复的进行，天然次生林和人工林的物种多样性均呈现上升趋势。

表 4-1 广东不同类型森林群落植物多样性比较

地点	乔 / 灌 / 草层	Shannon-Wiener 指数	均匀度	文献来源
南岭自然保护区	乔木层	2.77～5.07	0.65～0.88	谢正生等，1998
鼎湖山自然保护区	乔木层（1982 年）	0.25～2.21	0.23～0.77	黄忠良等，1998
	乔木层（1994 年）	1.01～2.67	0.60～0.84	
广东顺德窿缘桉人工林	乔木层	1.19	0.66	邹文涛等，2006
广东顺德台湾相思人工林	乔木层	1.62	0.7	
广东顺德湿地松人工林	乔木层	1.51	0.76	
广东顺德针阔混交人工林	乔木层	2.03	0.82	
广东顺德阔叶混交人工林	乔木层	1.85	0.87	

（续）

地点	乔 / 灌 / 草层	Shannon-Wiener 指数	均匀度	文献来源
马来半岛热带雨林	乔木层	4.52		谢正生等，1998
巴拿马热带雨林	乔木层	5.06		
西非象牙海岸热带雨林	乔木层	5.2		
南岭自然保护区	林下层	1.07～3.45	0.42～0.85	谢正生等，1998
鼎湖山自然保护区	林下层（1982 年）	0.81～2.90	0.65～0.70	黄忠良等，1998
	林下层（1994 年）	2.30～3.43	0.63～0.75	
广东山区马尾松人工林	灌木层	0.64～2.39	0.58～0.92	李清湖和庄雪影，2012
广东山区杉木人工林	灌木层	1.47～2.72	0.60～0.96	
广东山区湿地松人工林	灌木层	0.59～1.87	0.57～0.85	
广东顺德窿缘桉人工林	灌木层	2.58	0.92	邹文涛等，2006
广东顺德台湾相思人工林	灌木层	2.69	0.89	
广东顺德湿地松人工林	灌木层	2.40	0.90	
广东顺德针阔混交人工林	灌木层	2.47	0.87	
广东顺德阔叶混交人工林	灌木层	2.37	0.85	
广东茂名木麻黄防护林	林下层（3 林龄）	1.64	0.66	徐馨等，2013
	林下层（6 林龄）	1.27	0.59	
	林下层（13 林龄）	2.49	0.79	
	林下层（18 林龄）	2.72	0.8	
石门国家森林公园	林下层	3.19	0.71	梁璇等，2015
大夫山森林公园	林下层	2.25	0.63	
增城林场	林下层	1.81	0.51	
广东山区马尾松人工林	草本层	0.12～1.91	0.14～0.91	李清湖和庄雪影，2012
广东山区杉木人工林	草本层	0.99～2.19	0.39～0.77	
广东山区湿地松人工林	草木层	0.21～1.47	0.19～0.90	
广东顺德窿缘桉人工林	草木层	1.66	0.87	邹文涛等，2006
广东顺德台湾相思人工林	草木层	2.23	0.91	
广东顺德湿地松人工林	草木层	1.29	0.84	
广东顺德针阔混交人工林	草木层	1.53	0.87	
广东顺德阔叶混交人工林	草木层	1.83	0.88	

3. 红树林

广东省红树林植物资源调查以遥感监测和地面样地调查两种方式为主，前者以省域或区域尺度为主，后者以样地或局部尺度为主（李皓宇等，2016；李天宏等，2002；叶有华等，2013）。何克军等（2006）基于 TM 卫星影像、GPS、地形图与小斑实地踏查法，首次对广东红树林资源的数量、质量、结构、分布、生长季动态变化情况进行全面调查，结果表明，广东省 2000 年红树林面积为 10065.3 公顷，占全球红树林面积的 41%，是全国红树林面积最大的省份。全省共有红树植物 26 种，包含真红树植物 13 种、半红树植物 11 种，外来引进红树植物 2 种（表 4-2）。自 1980—2001 年，广东省先后成立红树林自然保护区 9 个，但过去 20 年间，全省红树林面积减少 7912.2 公顷，其中毁林挖塘开展水产养殖是红树林减少的首要原因。吴培强等（2011）借助 Landsat TM/ETM+ 和 CBERS-02B CCD 影像，分析广东省近 18 年（1990—2008 年）红树林湿地时空变化情况，结果表明，广东省红树林呈逐渐增加趋势，由 1990 年的 7733.2 公顷增加至 2008 年的 9593.3 公顷，其中红树林分布状态由分散变为聚集，天然林减少，人工林增加。李皓宇等对粤东沿海 23 处红树林群落进行样地调查，共记录真红树植物 12 种，半红树植物 6 种，伴生植物 7 种。各群落平均高度为 1.50～8.60 米，林相以灌丛、小乔木为主，天然林与人工林间的生物多样性及均匀度指数等并无显著差异。与 1985 年调查报道相比，该区红树林增加了 4 种，但个别伴生植物消失且半红植物群落种群萎缩严重，表明该区红树林面临较大环境压力（李皓宇等，2016）。

表 4-2　广东红树植物种类及分布

植物科名	种名		类型	分布区		
				粤东	珠三角	粤西
红树科	木榄	*Bruguiera gymnorrhiza*	真红树	*	*	*
	秋茄	*Kandelia candel*	真红树	*	*	*
	红海兰（红茄冬）	*Rhizophora stylosa*	真红树		*	*
	柱果木榄	*Bruguiera cylindrica*	真红树			*
	角果木	*Ceriops tagal*	真红树			*
爵床科	白骨壤（海榄雌）	*Avicennia marina*	真红树	*	*	*
唇形科	假茉莉	*Clerodendrum inerme*	半红树	*	*	*
	钝叶豆腐木	*Premna obtusifolia*	半红树		*	*
紫葳科	桐花树	*Parmentiera cerifera*	真红树	*	*	*
大戟科	海漆	*Excoecaria agallocha*	半红树	*	*	*

（续）

植物科名	种名		类型	分布区		
				粤东	珠三角	粤西
梧桐科	银叶树	*Heritiera littoralis*	半红树	*	*	
爵床科	老鼠簕	*Acnthus ilicifolius*	真红树	*	*	*
	小花老鼠簕	*A. ebracteatus*	真红树			*
使君子科	榄李	*Lumnitzera racemosa*	真红树	*	*	*
卤蕨科	卤蕨	*Acrostichum aureum*	半红树	*	*	*
锦葵科	黄槿	*Hibiscus tiliaceus*	半红树		*	*
	杨叶肖槿	*Thespesia populnea*	半红树		*	*
夹竹桃科	海杧果	*Cerbera manghas*	半红树		*	*
海桑科	海桑	*Sonneratia caseolaria*	真红树	*	*	*
茜草科	瓶花木	*Scyphiphora hydrophyllacea*	真红树			*
豆科	水黄皮	*Pongamia pinnata*	半红树		*	*
莲叶桐科	莲叶桐	*Hernandia nymphaeifolia*	半红树			*
苦槛蓝科	苦槛蓝	*Pentacoelium bontioides*	半红树	*	*	*
紫葳科	海滨猫尾木	*Dolichandrone spathacae*	半红树			*
草海桐科	草海桐	*Scaevola taccada*	半红树		*	*
	海南草海桐	*S.hainanensis*	半红树			*
棕榈科	水椰	*Nypa fruticans*	半红树			*
露兜树科	露兜树	*Pandanus tectorius*	半红树		*	*
菊科	阔苞菊	*Pluchea indica*	半红树			*

注：数据来源于林中大和刘惠民（2003）。

样地或局部尺度的研究总结如下：刘凯等（2016）以4期多源遥感数据为基础，采用面向对象和目视解译的方法研究镇海湾红树林演变规律，研究表明1970—2015年，镇海湾红树林面积出现先减少后增加的趋势，其中1970—1999年以原生红树林破坏为主，1999—2015年红树林以人为破坏与人工修复现象并存，但破坏程度有所下降。黎夏等（2006）利用TM影响获取1988—2002年珠江口红树林动态信息，并尝试结合雷达影响改善红树林的遥感解译精度。李矿明等（2006）对江门沿海红树林进行调查，共发现真红植物10种和半红树植物7种，并进一步总结其在潮间带的分布规律如下：白骨壤可生长在中潮线之下，高潮时地上部分浸水深度大于2.5米，生长适应性好。秋茄、木榄、桐花树等分布于中潮线与

高潮中部至高潮线，高潮时地上部分浸水深度小于2.5米，稀见于沙质海滩，而多见于泥质海滩。海漆分布于高潮线上，高潮时地上部分浸水深度小于1米。黄槿和阔苞菊见于高潮线之上，未曾见有在大潮时地上部分浸于潮水水面之下。老鼠簕、卤蕨也多见于接近岸边的高潮线左右。海杧果多呈零星分布，见于高潮线上。伴生植物中以鱼藤、厚藤等较为常见。黎植权等（2002）基于2001年广东红树林调查现状分析了全省红树林植物群落分布规律及其演替阶段。分析表明，红树林随纬度分布规律为种类及物种多样性随纬度升高而降低；红树林的岸带分布规律，由海至陆依次为：白骨壤、桐花树、秋茄、红海榄、角果木、海漆、卤蕨、老鼠簕、假茉莉、黄槿等。红树林先锋树种白骨壤、桐花树及其所含树种组成的群落占绝对优势，类型简单，层次单一，群落演替多数趋于逆向演替过程，多数地区处于人工林演替初期。

广东红树林分布规律可概括为，伴随纬度的降低，红树林种类及物种多样性自东向南逐步增加；海陆方向上则表现为中滩带物种多样性最复杂，而生物量则由海向陆逐渐增加。红树林生境呈聚集化趋势，红树林保护形势仍较严峻。红树植物群落演替可分为4个阶段：① 先锋群落：白骨壤、桐花树、秋茄等构成单优群落，其指状呼吸根既能低于风浪，又耐贫瘠，是滩涂地上最快形成郁闭的先锋群落；② 典型群落：先锋群落郁闭后，林地省境变化、风微浪弱，淤泥深厚，有机质丰富，含盐量高，促进红树科等胎萌植物的发展。③ 演替后期：典型红树群落的高郁闭度、及地上根系的过度紧密致使土壤开始脱沼泽化和脱盐渍化过程，地表变干变淡，地下水位、盐度、潮淹频率均降低，内陆淡水影响增强，土壤呈现过度性，木榄、海莲及海漆等适应红树林内缘生境的种群占据优势，形成演替后期典型群落；④ 海岸林过渡阶段：地势的抬高使得每月的大潮或特大潮也无法到达林下，红树林生长受阻，逐渐被银叶树、杨叶肖槿和黄槿所替代，进一步向海岸林过渡（何克军等，2006；黎植权等，2002；李皓宇等，2016）。

（二）植物多样性影响因子

1. 气候变化

广东常见气候灾害包括台风和洪涝，此外由于全球变化引起的极端气候事件增加、全球变暖、氮沉降加剧、温室气体增加等均可能对森林生物多样性造成影响。例如，2008年南方雨雪冰冻灾害对广东地区尤其是粤北地区的森林生态系统造成严重的破坏，植物普遍出现折茎、折冠、折干甚至死亡等情况。受损程度与物种种类、林分类型、树形、树龄、坡度等因素相关，恢复程度也与物种和林分类型相关。黄川腾等（2012）调查了冰灾后南岭五指山森林优势种及保护树种的受损及恢复情况，发现植物总受损率为73%，其中61%属轻度受损，灾后1年约84%的个体能通过萌条恢复生长，但也有部分个体因未萌条而死亡。群落优势类群壳斗科、樟科、木兰科和金缕梅科优势种的受损率和萌条恢复率均较高。

骆土寿等（2010）研究了冰灾对粤北天然次生林的损害特征研究表明，林木受害特征主要是胸径较大的植株断枝、断梢和断干较多，胸径较小的容易压弯，坡度大的林分翻蔸受害率增加。朱丽蓉等（2014）对南岭天井山森林受损响应的树龄依赖性进行研究发现，针叶林、阔叶林和混交林植被受损比例均随树龄的增大而增加，在达到一定径级大小后达到平稳。程真等（2015）对灾后4年南岭树木园内不同群落类型林下幼树进行调查，发现受损群落垂直分层现象更为明显，各群落林下幼树物种的丰富度显著大于乔木物种，不同群落类型林下幼树数量分布表现出明显的差异，落叶阔叶林＞常绿阔叶林＞针阔混交林。

高氮沉降可能威胁森林生态系统植物多样性。在我国一些南方森林，大气湿氮沉降已高达30～73千克/（公顷·年）。鼎湖山自然保护区1989—1990年和1998—1999年的降水氮沉降分别为35.57千克/（公顷·年）和38.4千克/（公顷·年）（鲁显楷等，2008）。方运霆等（2005）研究了鼎湖山主要森林类型植物胸径生长对氮沉降增加的响应，发现不施加氮处理时，马尾松林、混交林和阔叶林胸径年增长率分别为4.84%、4.09%和2.99%，外加氮对植物胸径生长的影响因森林类型和植物种而异，低氮处理对马尾松林和混交林胸径生长没有明显影响，中氮处理则有增加，而施氮处理均使阔叶林胸径年增长率下降，表明施氮处理促进马尾松生长，但抑制大多数阔叶树种生长。Lu等(2010)通过长期野外实验发现，低中浓度[50千克/（公顷·年）和100千克/（公顷·年）]的氮添加没有显著改变林下植物生长，但高浓度[150千克/（公顷·年）]的氮添加会显著降低林下植物物种多样性，多样性降低很可能与树木幼苗及蕨类功能群下降、土壤酸化及铝迁移率增加、钙利用率和细根生物量下降有，并且在长期施氮情况下，热带森林物种可能会对此适应性。氮添加会加速土壤酸化和生物可利用离子（如钙和镁）含量，但植物能够通过提高蒸腾作用、降低土壤水分流失来维持营养供给平衡。中科院华南植物园周国逸团队利用开顶温室装置，设置温室气体CO_2和氮素增加处理，对多个本地物种(肖蒲桃、红鳞蒲桃、红锥、海南红豆及荷木)生长、生理及光合相关指标进行测定（Liu et al.，2011，Liu et al.，2013，Huang et al.，2015，Li et al.，2015），发现不同物种响应各异，如红锥和荷木体内氮和磷含量对CO_2和氮素增加的响应最为明显；实验处理显著影响了荷木的水分利用效率，但对其他物种没有显著影响；红锥较其他受试树种能更好地固定碳。

全球变暖可能使植物物种适生范围向北扩张，由于不同树种对温度升高的响应不一，不同物种的迁移速率不同，长期而言有可能导致森林植物群落组成结构和竞争格局发生改变。例如，He等（2017）通过对广东康禾自然保护区植物结构多样性与地形热负荷的关系进行研究，认为气候变暖可能通过促进大树生长而提高群落生产力，但抑制幼树及幼苗的更新而降低物种多样性。Li等（2016，2017）通过移植实验，将6个本地树种（荷木、红枝蒲桃、短序润楠、马尾松、红锥、斑叶朱砂根）幼苗及土壤从高海拔移至低海拔种植，发现不同受试树种生长、生理和光合响应出现明显差异。

2. 人为干扰

人为干扰会对森林造成直接影响，不同保护程度的森林在演替恢复速度、林分组成和结构等方面出现明显的差异，保护措施实施前后的森林也出现类似变化。例如，杨清培等（2000）研究了黑石顶自然保护区未受干扰的马尾松林与人为干扰马尾松林的物种多样性，发现正常林群落优势度远高于人为干扰林，而人为干扰林内马尾松生长几乎停滞，阔叶物种入侵后迅速抢占有利生态位。赖树雄等（2008）研究了在南岭国家级自然保护区中不同程度的保护条件下 3 种群落类型的组成和立木结构，结果发现受保护程度最低群落的丰富度和平均胸径都最小，中等保护程度群落的平均立木胸径和受保护程度最高的群落在丰富度和区系成分上表现出优势。贺握权和黄忠良（2004）对鼎湖山自然保护区外来植物入侵调查表明，鼎湖山的外来维管植物占所有维管植物种类的比例已达 23%，且入侵程度在保护区不同功能区内差异明显，表明人为干扰是影响外来种入侵的主要因素。莫江明等（2004）对处理（根据当地习惯收割凋落物和林下层植物）和保护（无人为干扰）样地进行 10 年比较试验，研究鼎湖山马尾松林群落植物养分积累动态及其对人为干扰的响应，发现长期以来受收割林下层和凋落物的影响，马尾松林乔木层养分贮量较低，这种利用方式不仅直接从林地取走大量的养分，且对林地肥力产生间接的负面影响，使该退化林地不能恢复。肖光明和黄忠良（2010）对鼎湖山旅游活动与植被环境的关系进行评价，发现旅游影响系数越大，枯枝落叶层越薄，草本层盖度越小，幼苗量越小，折枝数量越多。人为干扰还会造成间接的影响，如引入外来物种，威胁区域生态安全。

3. 经营措施

经营措施，如间伐、施肥等，对人工林植物多样性的影响很大。抚育的方式和强度会对人工林的植物种类的丰富度、密度和盖度产生重要的影响。一般而言，间伐强度越大，植物种类越丰富，密度和盖度也越大。不同的间伐强度除了对植物种类有较明显的影响外，对植被结构也有较大的影响，低强度间伐造成的植被结构无明显垂直分化，而中强度间伐的植被结构是复层的，有明显的垂直分化（李春义等，2006）。例如，叶永昌等（2016）研究香港尾叶桉和马占相思人工林间伐套种对林下植物更新和物种多样性的影响发现，与未改造林分相比，间伐套种后尾叶桉间伐林分植物多样性增加，而马占相思林则相反。周树平等（2017）研究不同密度柚木人工林对林下植被的影响发现，随着林分密度增加，林下植被盖度呈现降低趋势，草本优势物种由喜光到中生性，逐渐向耐阴过渡，林下植被各多样性指数呈现先增加后减少的趋势。Zhang 等（2006）利用模型模拟对不同管理模式下（间伐、皆伐及二者结合）马尾松林的生物量增长动态及经济效益进行比较，结果显示，在 20 年、30 年、40 年林龄时分别进行皆伐、50% 间伐的措施最能够加快马尾松林的增长速率，并获得最好的经济效益。

二、森林碳储量

森林约占陆地表面积的30%，其碳储量约占陆地生态系统总碳储量的45%，对陆地生态系统净初级生产力的贡献约为50%（Bonan，2008）。在全球气候变化的背景下，森林固碳在调节全球碳平衡、减缓CO_2等温室气体浓度上升以及维持全球气候稳定等方面具有不可替代的作用（Pan et al.，2011）。广东省地处我国华南沿海，受海洋性季风气候影响，水热资源丰富，有利于林木生长，对我国森林固碳的贡献巨大。截至2014年年底，广东省森林面积达1.083×10^7公顷，森林蓄积量达5.47×10^8立方米，其中以中幼龄林为主，固碳潜力巨大。广东省森林固碳研究起步于20世纪80年代，主要是样地水平的森林生物量以及生产力的估算，进入21世纪以来，从样地尺度到省域尺度，森林碳储量、固碳速率和潜力都受到了前所未有的关注。

（一）生物量模型

广东省生物量的研究主要起步于20世纪80年代（表4-3），如曾天勋等（1985）在广东西江林场采用分层切割法研究了杉木马尾松荷木混交林的生物量，但并未建立生物量模型。彭少麟等（1989）建立了鼎湖山马尾松种群生物量（W）与胸径（D）、树高（H）的模型$W=a(D^2H)^b$。之后，黄果厚壳桂、厚壳桂（彭少麟等，1990）、云南银柴、柏拉木（彭少麟等，1992）和格木（蚁伟民等，2000）等天然林优势树种，湿地松（彭少麟等，1991）、杉木、马占相思（曾小平等，2008）等人工林主要树种的生物量模型也得到了研究。然而，广东的典型植被主要包括南亚热带常绿阔叶林、中亚热带常绿阔叶林和热带季雨林等，这些天然林的树种组成较为复杂，通过建立各树种的生物量模型来计算林分的生物量就显得不切实际了，因此亟需建立基于多树种的混合模型。陈章和等（1993）将广东黑石顶常绿阔叶林的样木胸径（D）分为3个径级（$D<3.2$厘米、3.2厘米$\leq D<10$厘米和$D \geq 10$厘米），比较了4种生物量模型，发现模型$W=aD^b$和$W=ac^{bD}$的相关系数较高。温达志等(1997)认为在群落结构复杂的自然林中，很难准确测定树木的高度，因此以鼎湖山成熟天然林群落为对象，将样木胸径（D）分为4个

表4-3　广东省主要林分/树种的生物量方程

林分/树种	样木	器官	回归方程	修正相关系数
南亚热带鼎湖山自然林多树种混合模型（温达志等，1997）	$D\leq$5厘米（n=10）	树干	$W_T = 0.05549 \times D^{2.87776}$	0.91164
		树枝	$W_B = 0.01124 \times D^{3.16237}$	0.81933
		树叶	$W_L = 0.05549 \times D^{2.32693}$	0.86555
		树根	$W_R = 0.02838 \times D^{2.65348}$	0.90495
	5厘米$<D\leq$10厘米（n=12）	树干	$W_T = 0.11701 \times D^{2.36933}$	0.88428
		树枝	$W_B = 0.01621 \times D^{2.93859}$	0.76490
		树叶	$W_L = 0.04169 \times D^{1.90082}$	0.68922
		树根	$W_R = 0.04977 \times D^{2.19517}$	0.95730

（续）

林分/树种	样木	器官	回归方程	修正相关系数
南亚热带鼎湖山自然林多树种混合模型（温达志等，1997）	10厘米<D≤20厘米（n=13）	树干	$W_T = 0.10769 \times D^{2.34891}$	0.77761
		树枝	$W_B = 0.00385 \times D^{3.15093}$	0.88184
		树叶	$W_L = 0.00372 \times D^{2.65113}$	0.82848
		树根	$W_R = 0.03583 \times D^{2.29567}$	0.81687
	D>20厘米（n=9）	树干	$W_T = 0.03541 \times D^{2.65146}$	0.97844
		树枝	$W_B = 0.00583 \times D^{2.94383}$	0.84965
		树叶	$W_L = 0.07709 \times D^{1.55399}$	0.71000
		树根	$W_R = 0.01128 \times D^{2.67850}$	0.92962
南亚热带黑石顶自然林多树种混合模型（陈章和等，1993）	D<3.2厘米（n=15）	树干	$W_T = 0.0532 \times D^{2.694}$	0.924
		树枝	$W_B = 0.0194 \times D^{2.515}$	0.716
		树叶	$W_L = -13.107+1.312D$	0.547
		树根	$W_R = 0.0218 \times D^{2.625}$	0.910
	3.2厘米≤D<10厘米（n=14）	树干	$W_T = 0.0799 \times D^{2.604}$	0.981
		树枝	$W_B = 0.0122 \times D^{2.734}$	0.932
		树叶	$W_L = 0.0175 \times D^{2.297}$	0.869
		树根	$W_R = 0.0408 \times D^{2.336}$	0.944
	D≥10厘米（n=16）	树干	$W_T = 0.0896 \times D^{2.492}$	0.935
		树枝	$W_B = 0.0252 \times D^{2.072}$	0.769
		树叶	$W_L = -0.266+0.177D$	0.713
		树根	$W_R = 0.0234 \times D^{2.765}$	0.746
马占相思（曾小平等，2008）	（n=6）	树干	$W_T = 0.0409 \times D^{2.6518}$	0.9855
		树枝	$W_B = 0.0626 \times D^{1.8713}$	0.8756
		树叶	$W_L = 0.0228 \times D^{1.7535}$	0.9064
		树根	$W_R = 0.0049 \times D^{2.9697}$	0.9657
杉木（曾小平等，2008）	（n=6）	树干	$W_T = 0.0413 \times D^{2.4315}$	0.9817
		树枝	$W_B = 0.0050 \times D^{2.6872}$	0.8918
		树叶	$W_L = 0.0105 \times D^{2.3283}$	0.9131
		树根	$W_R = 0.0330 \times D^{2.0744}$	0.9929
马尾松（曾小平等，2008）	（n=6）	树干	$W_T = 7.9160 \times D^{0.5521}$	0.9560
		树枝	$W_B = 0.3515 \times D^{1.4020}$	0.8831
		树叶	$W_L = 0.0055 \times D^{2.5631}$	0.9178
		树根	$W_R = 0.1300 \times D^{1.8237}$	0.0.9511
红荷、木荷（曾小平等，2008）	（n=6）	树干	$W_T = 0.0311 \times D^{2.7140}$	0.9892
		树枝	$W_B = 0.2120 \times D^{1.6440}$	0.8240
		树叶	$W_L = 0.0181 \times D^{1.9945}$	0.8951
		树根	$W_R = 0.0319 \times D^{2.2582}$	0.9770
湿地松（彭少麟等，1991）	（n=5）	树干	$W_T = 0.2018 \times (D^2H)^{0.737}$	—
		树枝	$W_B = 0.057 \times (D^2H)^{0.774}$	—
		树叶	$W_L = 0.1012 \times (D^2H)^{0.774}$	—
		总和	$W = 0.3589 \times (D^2H)^{0.755}$	—

注：D表示胸径，H表示树高，W_T、W_B、W_L、W_R和W分别表示树干、树枝、树叶、树根的生物量及总生物量；n表示样本数。

径级（$D \leqslant 5$ 厘米、5 厘米 <D ≤ 10 厘米、10 厘米≤ D ≤ 20 厘米和 D>20 厘米），提出了适合南亚热带地区的混合多树种的生物量模型 $W = aD^b$，这一研究成果在日后南亚热带森林固碳的研究中得到广泛应用。

（二）森林生物量

1. 林分 / 样地尺度

（1）天然林。自 20 世纪 80 年代以来，广东省科研工作者对森林生物量进行了长期持续的观测研究，其中中国科学院华南植物园的科学家在鼎湖山站、鹤山站等野外生态定位研究站开展了大量的观测研究工作，取得了瞩目的成绩。

天然（次生）林的生物量一般随群落演替逐渐升高，演替后期顶级群落的生物量达到峰值后在一定范围内波动，并稳定在一定水平。在广东省肇庆市鼎湖山和黑石顶的长期观测研究表明，处于演替后期的南亚热带常绿阔叶林生物量约为 300 吨 / 公顷。鼎湖山季风常绿阔叶林演替系列森林在南亚热带地区具有极强的代表性，该区域分布着演替初期的马尾松纯林、中期的针阔混交林和演替后期年龄约 400 年的顶级群落南亚热带季风常绿阔叶林。彭少麟等（1990，1992）初期采用单一树种的相对生长方程，估算了季风常绿阔叶林中黄果厚壳桂、厚壳桂、云南银柴和柏拉木的生物量，其值分别为 39.1 吨 / 公顷、24.1 吨 / 公顷、12.0 吨 / 公顷和 7.9 吨 / 公顷。之后彭少麟等（1994）根据 2000 平方米样地调查的数据，估算地带性植被厚壳桂群落生物量为 380 吨 / 公顷，而温达志等（1997）此后根据 1 公顷样地调查的数据估算地带性植被锥栗 + 黄果厚壳桂 + 荷木群落的植被生物量则为 295.6 吨 / 公顷，其中乔木层 286.1 吨 / 公顷，两者的估算结果有较大的差异，这主要是调查面积的不同造成的，较小的调查面积会导致群落生物量估算结果偏高，同时还与群落物种组成的波动有关（周小勇等，2005）。此后，张咏梅等（2003）、刘申等（2007）也根据鼎湖山站定期调查的数据估算了季风常绿阔叶林的生物量，估算结果也都在 300 吨 / 公顷左右。与地带性群落相比，演替中期的混交林群落的生物量一般在 200 吨 / 公顷左右，如鼎湖山演替中期的马尾松、荷木混交林群落的生物量为 174～270 吨 / 公顷，平均 227 吨 / 公顷（方运霆等，2003；刘申等，2007），而演替早期的马尾松林群落生物量仅为 81～145 吨 / 公顷（莫江明等，2004；刘申等，2007）。此外，低海拔区域的沟谷雨林由于更好的土壤、水热条件而拥有更高的生物量，如鼎湖山沟谷雨林的生物量高达 472.9 吨 / 公顷（刘申等，2007）。

除鼎湖山外，粤西黑石顶常绿阔叶林演替系列也受到了长期充分研究。陈章和等（1993）率先估算黑石顶常绿阔叶林的总生物量为 358.0 吨 / 公顷，其中乔木层为 353.5 吨 / 公顷。此后，杨清培等（2001）估算黑石顶马尾松群落的生物量为 167.7 吨 / 公顷，而 30～40 年林龄的针叶林和 40～50 年林龄的针阔混交林生物量分别为 246.7 吨 / 公顷和 287.4 吨 / 公顷（杨清培等，2003），净第一性生产力分别为 14.7 吨 /（公顷 · 年）和 17.2 吨 /（公顷 · 年），常绿

阔叶林的净第一性生产力为 18.7 吨 /(公顷· 年)，也体现出常绿阔叶林在固碳方面比针叶林、针阔混交林更占优势。除典型常绿阔叶林外，人工次生湿地植物群落（邱彭华等，2011）、红树林种群（缪绅裕等，1998）等林分的生物量也获得了一些研究。

（2）人工林。与天然次生林不同，人工纯林的树种组成单一，因此其生物量主要决定于树种、林龄、立地条件等因素。在树种方面，阔叶树固碳能力通常高于针叶树，如广州白云山 6 年林龄加勒比松、黧蒴锥、马占相思、马占相思 + 木荷群落的生物量分别为 29.99、50.93、70.48 和 98.25 吨 / 公顷(曾曙才等,2002)，阔叶混交林表现出更大的优势。在林龄方面，从幼龄林到成熟林，人工林生物量逐渐提高，如杉木林在 16 年林龄时生物量为 41.2 吨 / 公顷，24 年林龄时升高至 165 吨 / 公顷（刘蔚秋等，2002）。然而人工林进入过熟林阶段，由于林分衰退、群落无法更新等原因，生物量可能反而下降，如鹤山 15 年林龄马占相思人工林乔木层总生物量为 196.94 吨 / 公顷（任海等，2000），19 年林龄时降低为 176.03 吨 / 公顷（曾小平等，2008）。而不同林分的生物量在不同林龄阶段的差异也会发生改变，如黑石顶 16 年林龄的杉木林生物量（41.2 吨 / 公顷）远低于同龄次生林（166 吨 / 公顷），而 24 年林龄的杉木林生物量（165 吨 / 公顷）与 26 年林龄次生林接近（177 吨 / 公顷），差异缩小的主要原因是次生林的上层黧蒴锥大量死亡（刘蔚秋等，2003）。

2. 区域尺度

市域至省域等大空间尺度的生物量通常是利用森林资源清查资料，借助材积源—生物量方程来估算，而不像样地尺度的估算借助相对生长方程。在全省尺度，薛春泉等（2008）基于广东省森林资源清查第 5 次复查，估算 2002 年广东省阔叶林的平均生物量为 76.82 吨 / 公顷，最大值为 329.33 吨 / 公顷，最小值为 0.90 吨 / 公顷，这一格局与广东省森林的林龄结构有关，广东省森林以针叶林、中幼林为主，因此平均生物量相对较低。在珠江三角洲地区，杨昆等（2006）利用森林资源清查资料，经过实地校正的相关森林生物量和生产力估算方程，估算珠江三角洲森林总生物量为 1.324×10^8 吨，总净生产力为 2.627×10^7 吨 / 年，按照各优势树种组划分，11 种森林类型的平均生物量介于 36.22～73.28 吨 / 公顷之间（图 4-1），其中阔叶树平均生物量最高，其次是木麻黄（70.92 吨 / 公顷），桉树林最低。对于沿海防护林，李怡（2010）利用国家、广东省的统计数据以及文献数据，结合广东省林业局、林业调查规划院的观测研究基础数据，估算广东省沿海防护林的生物量，其中红树林消浪林带、海岸基干林带和纵深防护林带的生物量分别为 78.63、34.55 和 56.68 吨 / 公顷。

目前在广州、韶关、深圳开展了市域尺度的生物量估算，其他地市尚未见相关报道。其中，韶关市的 2009 年林业用地面积（1.48×10^6 公顷）相对较大，故生物量相对较高，森林植被生物量为 6.783×10^7 吨（谭文雄等，2010）；广州市 2011 年的林地面积为 2.94×10^5 公顷，森林生物量为 1.611×10^7 吨（刘萍等，2015）；深圳市林业用地面积相对其他两市较低，2013 年为 7.74×10^4 公顷，因此森林生物量相对较低，其中经济林生物量为 1.037×10^6 吨（文伟等，2015）。

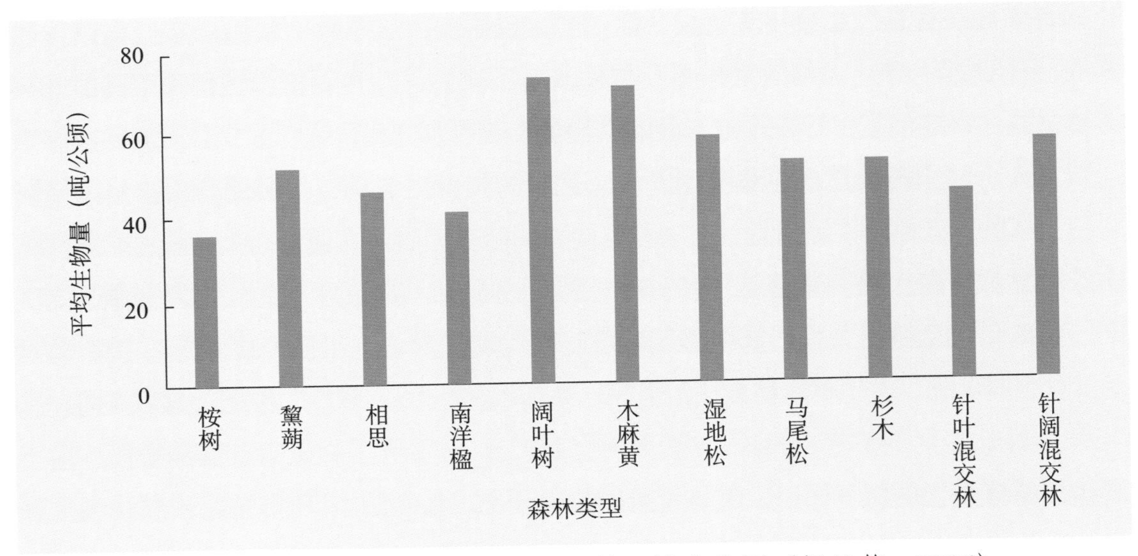

图 4-1　珠三角不同优势树种森林的平均生物量（杨昆等，2006）

（三）碳储量

1. 碳密度

森林生态系统碳密度是指单位面积的森林生态系统碳储量，在很多研究中并未将其与碳储量进行严格区分。碳密度反映森林的成熟程度，随着林分逐渐成熟，其碳密度也不断提高，如南亚热带 3～7 年林龄混交林的乔木层碳密度为 8.43 吨 / 公顷 ±2.45 吨 / 公顷，9～11 年林龄时提高至 36.93 吨 / 公顷 ±5.30 吨 / 公顷，占生态系统碳密度的比例也从 6.14% 上升至 22.94%（黄钰辉等，2017）；唐旭利等（2003）基于鼎湖山生态站 1 公顷样地胸径 1 厘米以上个体的连续调查数据，估算地带性植被季风常绿阔叶林 1992—1999 年的碳储量为 89.75～109.85 吨 / 公顷，林分碳储量因群落中老龄、高大乔木衰老和死亡而呈现下降趋势。一些研究发现，部分速生人工林在 30 年林龄左右时，乔木层碳密度已接近成熟天然林，如广州市 25 年林龄黧蒴锥和 27 年林龄木荷人工林乔木层碳密度分别为 103.08 和 83.19 吨 / 公顷（林雯等，2014），但其碳密度能否继续增长或维持在这一水平，目前尚不清楚。

广东省森林以中幼龄林为主，碳密度相对不高。多数研究表明，广东省森林平均碳密度在 30 吨 / 公顷以下（图 4-2）。在全省尺度上，Zhou 等（2008）采用材积源生物量法及广东省森林资源档案数据，率先研究了广东省森林的碳储量动态，发现广东省森林植被碳密度从 1994 年的 20.02 吨 / 公顷增加到 2003 年的 22.60 吨 / 公顷。此后，张亮等（2010）估算的 2007 年森林植被碳密度为 22.96 吨 / 公顷；邵怡若等（2013）估算的 2009 年森林植被碳密度为 32.2 吨 / 公顷；王璟睿等（2016）估算广东省森林平均碳密度从 1979 年的 7.57 吨 / 公顷增加到 2012 年的 23.01 吨 / 公顷。20 世纪 80 年代广东省森林平均碳密度相对较低，90 年代后开始逐渐升高，这一趋势与广东省开展的“五年消灭荒山，十年绿化广东”行动相吻合。

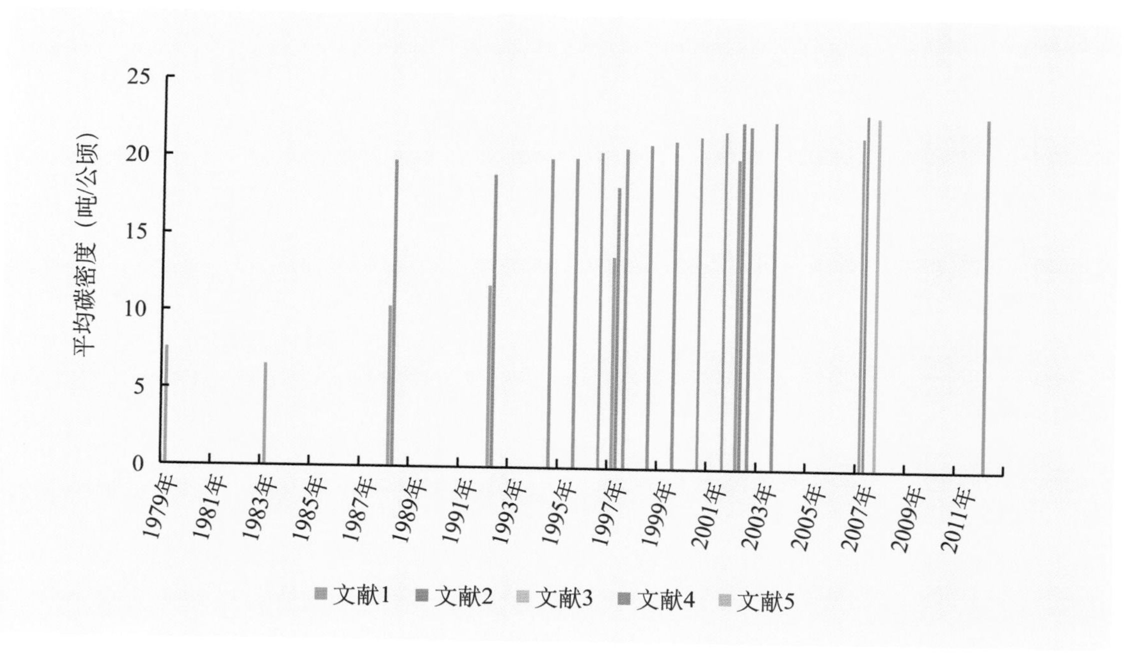

图 4-2 广东省森林植被平均碳密度动态

注：文献 1（王璟睿等，2016），文献 2（叶金盛等，2010），文献 3（吴庆标等，2008），文献 4（Zhou et al. 2008；周传艳等，2007），文献 5（张亮等，2010）

在地级市尺度上，广州、韶关、东莞、深圳的碳密度得到了一定研究，其余地级市未见相关报道，植被碳密度都相对较低，土壤碳密度相对较高。广州市森林生态系统碳密度由 1993 年的 59.9 吨 / 公顷提高到 2006 年的 65.9 吨 / 公顷，其中植被碳密度从 9.93 吨 / 公顷提高到 15.9 吨 / 公顷（周国逸等,2009）；东莞市森林植被平均碳密度为 33.21 吨 / 公顷（朱剑云等，2011）。韶关市 2009 年乔木林平均碳密度为 23.86 吨 / 公顷（谭文雄等，2010）；深圳市 2005 年和 2010 年森林植被碳密度分别为 2.18 吨 / 公顷和 28.21 吨 / 公顷；乔木林碳密度由 29.32 吨 / 公顷增加到 32.17 吨 / 公顷（谭一凡等，2013）；深圳市 2013 年经济林生态系统碳密度为 104.17 吨 / 公顷，其中植被碳密度为 20.62 吨 / 公顷（文伟等，2015）。

2. 总碳储量

在全省尺度上，已有多个研究估算了广东省森林植被碳储量及其动态变化。其中，Zhou 等（2008）采用材积源生物量法及广东省 1994—2003 年森林资源档案数据，率先估算了广东省森林植被碳储量，发现广东省森林植被总碳库从 1994 年的 169.61×10^{12} 克增加到 2003 年的 211.28×10^{12} 克，共固定碳 41.67×10^{12} 克。此后多位研究人员也进行了类似的估算，但不同研究的结果偏差较大，如叶金盛等（2010）对 20 世纪 80 年代的估算结果明显大于其他研究，而王璟睿等（2016）和吴庆标等（2008）对 20 世纪 90 年代的估算结果则相对较小。根据这些估算结果，广东省森林植被碳储量在 20 世纪 80 年代为千万吨级，21 世纪提高至亿吨级。此外，张亮等（2010）利用广东省 2007 年森林资源清查档案数据，按珠三角、粤东、粤西和粤北四大区域估算了广东省各个区域的总碳储量，从大到小依次为粤北 180.22×10^{12} 克，珠三角 34.60×10^{12} 克、粤西 21.49×10^{12} 克、粤东 10.04×10^{12} 克。王兵等(2008)利用森林资源清查资料，估算了广东省竹林生态系统的碳储量，全省1977—1981年、1984—1988年、1994—1998年和1999—2003年4个阶段分别为 49.27×10^{6} 吨、45.75×10^{6} 吨、55.47×10^{6} 吨和 54.08×10^{6} 吨。

在地级市尺度上，目前主要有广州、深圳、韶关、东莞等市开展了区域总碳储量的估算。广州市1993年的森林生态系统总碳储量为 1.69×10^{7} 吨，2006年增加至 5.09×10^{7} 吨，年均增长 0.39×10^{6} 吨。其中，植被碳储量从 2.81×10^{6} 吨增长至 5.32×10^{6} 吨，年均增长 0.19×10^{6} 吨；土壤碳储量从 1.41×10^{7} 吨增加至 1.67×10^{7} 吨，年均增长 0.20×10^{6} 吨（周国逸等，2009）；此后刘萍等（2015）根据2011年的森林资源清查数据估算广州市植被碳储量为 7.93×10^{6} 吨。根据深圳市2005年和2010年森林资源二类调查数据资料，采用生物量转换因子连续函数法，谭一凡等（2013）估算深圳市2005年和2010年森林植被碳储量分别为 2.06×10^{6} 吨和 2.24×10^{6} 吨，乔木林植被碳储量由2005年的 1.39×10^{6} 吨增加到2010年的 1.62×10^{6} 吨；文伟等（2015）利用深圳市2013年森林资源二类调查数据，估算深圳市经济林碳储量为 232.31×10^{4} 吨。韶关市2009年森林植被碳储量为 3.39×10^{7} 吨，其中乔木林碳储量为 2.79×10^{7} 吨（谭文雄等，2010）；东莞市森林碳储量为 973.05×10^{4} 吨，其中森林植被总碳储量为 161.48×10^{4} 吨；凋落物碳储量为 21.98×10^{4} 吨；土壤有机碳储量为 789.70×10^{4} 吨（朱剑云等，2011）。

红树林是地球上生产力最高的生态类型之一，面积虽小，但其单位面积固碳能力很强，是重要的“蓝碳”碳库，对全球碳平衡起重要影响（Alongi，2008；Dittmar et al.，2006）。红树林碳库可以分为5个部分，地上生物量碳库、地下生物量碳库、枯死木碳库、枯落物碳库、土壤碳库，它们又可被归纳为生物量碳库和土壤碳库。以往对红树林碳储量的研究多集中在植物地上生物量部分，遥感估算与异速生长法因非破坏性、便捷性等原因成为红树林生物量估算的主要研究方法。近年来，广东乃至中国红树林碳储量和碳循环的研究也越来越多，对净初级生产、土壤 CO_2 和 CH_4 通量、凋落物动态研究、根系分解、沉积物有机碳溯源等都有涉及。但对红树林碳储量的研究主要停留在生物量的研究上，多未对生物量进行碳储量的换算。对红树林土壤碳库的研究不多，土壤采样深度10～120厘米不等。广东省红树林研究多集中在福田和湛江两个热点地区。

黄妃本等（2015）探讨了广东省红树林碳汇监测与计量技术路线，确定了主要红树林生物量模型通式，并提出红树林碳储量及2014—2005年碳汇量变化的具体估算方法。毛子龙等（2011）研究薇甘菊入侵对深圳湾红树林生态系统碳储量的影响，结果表明，薇甘菊入侵对红树林生态系统碳储量有着显著的影响，碳储量从未被入侵的215.73吨/公顷减少到轻、高度入侵下的197.56吨/公顷和166.70吨/公顷，分别减少8.42%和22.72%。其中，

植被和土壤碳储量显著减少，凋落物碳储量显著增加。毛子龙等（2012）对深圳市福田红树林自然保护区内不同滩位的秋茄群落碳循环的主要过程进行了初步观测，初步系统地构建了深圳福田秋茄红树林的碳环模式。彭聪姣等（2016）对深圳福田红树林 4 种代表性群落的各植被碳库组分进行调查，结果表明，白骨壤群落、秋茄群落、海桑群落、无瓣海桑群落的植被碳储量分别为 28.7 吨 / 公顷、127.6 吨 / 公顷、100.1 吨 / 公顷、73.6 吨 / 公顷，该区红树林每年固定 CO_2 高达 4000 吨（彭聪姣等，2016）。

红树林群落碳储量一般具有随树龄增加而持续增大的趋势，主要原因为土壤碳储量不断增加。高潮位红树林碳储量高于低潮位的，潮位因素与树种因素对碳储量的影响具有交互作用，潮位因素对不同树种的影响程度不同（高天伦等，2017）。沉积物碳密度随土层加深而降低，这一规律不受纬度和物种影响，表层土（0～50 厘米）碳密度平均为 0.007 克碳 / 克，并受到环境与红树林种群的影响（Li et al.，2015）。

（四）固碳潜力

固碳潜力是生态系统最大碳储量与当前碳储量的差值。估算森林固碳潜力时，既要计算森林的现存碳密度，又要明确森林未来碳密度的参考水平。根据参考水平确定方法的差异，可以将估算方法分为时间连续法、空间代替时间法、限制因子法、情景分析法（刘迎春等，2015），其中空间代替时间法以成熟林的碳密度代表相近区域森林的最大生物量碳密度，因操作简便而得以广泛运用；其他 3 种方法在实际操作中因周期长、因子多、复杂程度高等原因而极少采用。目前，Tang 等（2018）、刘迎春等（2015）、吴庆标等（2008）先后在全国尺度上估算了森林固碳潜力，青藏高原（王建等,2016）、安徽（汲玉河等,2016）、吉林（范春楠等，2016）、甘肃（关晋宏等，2016）、江西和浙江（聂昊等，2011）等省域尺度上的森林固碳潜力也得到了估算。广东省森林固碳潜力的研究相对较少，刘迎春等（2015）估算的广东省森林固碳潜力为 0.648×10^9 吨碳，吴庆标等（2008）估算广东省林业工程固碳潜力为 1.51×10^6 吨 / 年。广东省森林以中幼龄林为主，森林平均碳密度接近 30 吨 / 公顷，远低于成熟人工林和天然林的水平，同时广东具有较好的水热条件，有利于林木生长，森林具有较高的固碳速率，如中幼龄林可达到 5.7 吨 /（公顷·年）（黄钰辉等，2017），因此广东省森林理论上具有较大的固碳潜力。然而，目前广东省城市化进程在加速，人为活动加剧，区域气候变化也存在较大的不确定性，这些都对森林固碳存在难以预估的影响，因此需要开展精准林业建设，根据各地的植被生长状况进行管理，充分提高广东森林固碳能力。

（五）展　望

广东省主要受亚热带季风气候影响，拥有较好的水热条件，有利于森林固碳，对于未来我国森林固碳潜力具有很大的贡献（Tang et al.，2018）。目前，一些地区营造的碳汇林，

经过合理的经营措施和树种配置模式，森林表现出较高的固碳速率（黄钰辉等，2017），这对于未来进一步提高广东森林固碳，提供了良好的借鉴。然而，广东高速发展的经济与城市化进程，都对森林的发展带来了很大的挑战，在这一背景下如何维持广东森林较高的固碳效益，需要加强监测与研究，从而为林业政策的制定提供科学依据。

三、森林生态系统生态化学计量特征

（一）森林植被层生态化学计量特征

生态化学计量学能用来更好地揭示生态系统各组分（植物、凋落物和土壤）养分比例的调控机制，认识养分比例在生态系统的过程和功能中的作用，阐明生态系统、元素平衡的化学计量比格局，对于揭示元素相互作用与制约变化规律具有重要的现实意义（王绍强等，2008）。森林植被层生态化学计量学包括了植物生态化学计量学、凋落物生态化学计量学。植物组织中的C:N值反映植物吸收N和同化C的能力、C、N的固定和利用效率等，决定了群落生长速率、群落结构、物种组成和分布格局。

1. 马尾松林生态化学计量特征

鼎湖山演替初期马尾松纯林植物器官中，叶片的N、P含量最高，树干的N、P含量最低。叶片N的含量超过了2%，P的含量在0.08%～0.10%范围内；根系N含量为0.93%，P含量为0.05%（刘兴诏等，2010）。广州林龄为30年左右的马尾松林，其乔木层营养元素的储量（千克/公顷）：874.1（N）、30.9（P）、392.1（K）、244.2（Ca）和170.1（Mg）；广西林龄为20～30年生的马尾松林地上乔木层营养元素储量（千克/公顷）：81.9～133.26（N）、20.52～31.51（P）、35.83～82 .66（K）、89.71～138.43（Ca）和28 .48～48 .94（Mg）（管东生，1989）。鼎湖山马尾松林群落乔木层养分储量较低（千克/公顷）:216.36（N）、7.85（P）、93.93（K）、55.40（Ca）和12.04（Mg），其原因是长期受收割林下层和凋落物这种人为干扰的影响，使原本已退化的林地没有得到正常恢复。通过处理（根据当地习惯收割凋落物和林下层植物）和保护（无任何人为干扰）样地的比较试验，在10年时间里（1990—2000年）鼎湖山生物圈保护区马尾松林群落植物养分积累动态及其对人为干扰的响应是不同的。1990—1995年，保护样地乔木层养分元素总储量增加了34.9%～38.1%，较处理样地（收获林下层和凋落物）总储量增加的百分比（29.3%～33.5%）高。可见，人为干扰活动导致处理样地马尾松林乔木层养分元素年平均积累量降低1.58%～1.72%，即年平均增长量减少0.12～2.39千克/公顷，正是由于长期以来受收割林下层和凋落物这种人为干扰的影响，鼎湖山马尾松林乔木层养分储量较低。这种利用方式不仅直接从林地中取走大量的养分而且还对林地肥力产生间接的负面影响，其结果使该退化林地不能恢复或继续退化。1995—2000年，保护样地乔木层养分元素总储量增加的百分比为26.3%～28.9%，较处理样地总储量增加的百分比（28.8%～32.1%）低，表明收获林下层和凋落物活动会刺激马尾松林在林下层积累更多的养

分，因此对于退化较严重的林地还可以采取割而不取走的办法。这样既可以改善林地肥力，又有利于马尾松自然更新和维持物种多样性（对于以生物多样性（包括生态系统和物种多样性）保护为主要目的的自然保护区尤为重要），为我国目前大面积的退化马尾松林恢复和马尾松林可持续性管理提供理论依据（莫江明等，2004）。

2. 南亚热带针阔混交林生态化学计量特征

（1）植物生态化学计量特征。广东佛山10～11年、7～9年和3～5年林龄人工杉木针阔混交林乔木叶片碳含量均值为502.88毫克/克（周丽等,2014），广西凭祥市人工林（格木、红椎和马尾松）叶片平均碳含量（514.7毫克/克）（王卫霞等，2013），中山市长江镇针阔混交林乔木叶片平均碳含量（509.47毫克/克）（吴统贵等，2010）。南亚热带针阔混交林乔木叶片碳含量明显高于喀斯特峰丛洼地不同森林类型乔木叶片平均碳含量（496.15毫克/克）（俞月凤等,2014）、中亚热带针阔混交林乔木层叶片平均碳含量（460.73毫克/克）（宫超等，2011）、黄土高原刺槐林叶片平均碳含量（454.25毫克/克）（杨佳佳等，2014）。

南亚热带10～11年、7～9年和3～5年林龄杉木人工针阔混交林灌木叶片碳含量均值为472.18毫克/克（周丽等，2014），明显高于阿拉善荒漠区主要灌木叶片碳含量（384.33毫克/克）（牛得草等,2013），略低于黄土丘陵区主要灌木叶片碳含量（477.52毫克/克）（王凯博等，2011）。南亚热带10～11年、7～9年和3～5年林龄杉木人工针阔混交林草本叶片碳含量均值为438.31毫克/克（周丽等，2014），明显低于亚高山草甸高产草地（530.50毫克/克）和低产草地（525.10毫克/克）（陈军强等，2013）。

南亚热带杉木针阔混交林乔木、灌木和草本叶片氮含量均值分别为15.87、19.61和15.72毫克/克（周丽等2014），表现为灌木>乔木>草本。其中，乔木层叶片氮含量低于喀斯特峰丛洼地不同森林类型乔木叶片平均氮含量（18.35毫克/克）（俞月凤等，2014）和黄土高原刺槐林叶片平均氮含量（21.36毫克/克）（杨佳佳等，2014）；灌木层和草本层叶片氮含量均低于塔克拉玛干沙漠腹地灌木和草本氮含量（李从娟等，2013），这可能是由于南亚热带地区降雨量较高有关，使得移动性很强的有效态氮发生淋溶（吴统贵等，2010）。

南亚热带杉木针阔混交林乔木、灌木和草本叶片磷含量均值分别为1.09、1.24和0.91毫克/克，表现为灌木>乔木>草本（周丽等2014）。杉木针阔混交林乔木叶片C：N、C：P和N：P均值分别为34.43、517.98和15.63，灌木和草本叶片C：N、C：P和N：P均值分别为26.60和28.55、438.77和507.59、16.52和17.95，其中，10～11年林龄针阔混交林乔木、灌木和草本叶片N：P均值分别为11.67、15.49和19.07，7～9年和3～5年林龄针阔混交林乔、灌、草叶片N：P均值分别为17.77和17.45、17.10和16.97、18.61和16.18。不同林龄杉木叶片N：P均低于14，表明中幼龄杉木生长主要受N限制；10～11年林龄阔叶树叶片N：P均值小于14，表明此林龄段阔叶树生长主要受N的限制；7～9年和3～5年林龄乔木叶片

N : P 均值大于 16，表明造林初期阔叶树生长主要受 P 的限制；除 10～11 年林龄针阔混交林灌木生长受 N 和 P 共同限制外，其他林龄段灌木和草本生长均受磷限制。

（2）凋落物生态化学计量特征。南亚热带杉木针阔混交林凋落物枯叶碳含量、氮含量和磷含量均值分别为 497.07、11.36 和 0.45 毫克 / 克（周丽等 2014）。其中氮、磷含量低于植物叶片氮、磷含量，低于喀斯特峰丛洼地植被群落凋落氮、磷含量（16.76 和 0.98 毫克 / 克）（潘复静等，2011）和黄土丘陵刺槐凋落物氮、磷含量（18.89 和 2.05 毫克 / 克）（陈亚南等,2014）。凋落物 C : N、C : P 和 N : P 均值分别为 46.50、1193.26 和 26.17。7～9 年和 3～5 年林龄针阔混交林凋落物 N : P 均高于 25，10～11 年林龄针阔混交林凋落物低于 25，表明 10～11 年林龄针阔混交林凋落物分解速率较高，7～9 年和 3～5 年林龄针阔混交林凋落物的分解不受磷限制的影响。

3. 常绿阔叶林生态化学计量特征

南亚热带常绿阔叶林中土沉香、樟树、降香黄檀、格木、闽楠及檀香等 6 种国家珍贵树种叶片碳含量（466.0 毫克 / 克）与全球 492 种陆生植物的平均水平（464 毫克 / 克）相当（林喜珀等，2016），与华南地区鼎湖山锥栗、黄果厚壳桂及云南银柴的叶片碳含量差异不大（王晶苑等，2011）。在叶片氮含量方面，除降香黄檀和格木以外，其他受试树种要明显低于各个尺度下的平均水平，说明南亚热带常绿阔叶林珍贵树种在培育过程中存在氮元素供给不足的可能性。在磷含量方面，全球平均水平（1.99 毫克 / 克）要普遍高于我国各地区的平均水平；除土沉香有较高的磷含量以外，其他 5 种珍贵阔叶树种要低于全球平均水平，但与鼎湖山锥栗、黄果厚壳桂及云南银柴含量水平相当。在森林水平上，植物叶片中较低的磷含量被认为与土壤中较低的磷含量有关，尤其是在热带地区，磷是主要的限制因素。

在 C : N : P 化学计量方面，在全球尺度下，Elser 等（1996；2000）研究得出植物叶片 C : N、C : P 和 N : P 比值分别为 22.5、232 和 12.7；McGroddy 等（2004）研究得出植物叶片 C : N : P 比值为 469 : 13 : 1；Reich 和 Oleksyn（2004）研究得出 N : P 比为 13.8。在区域尺度下，Han 等（2005）对我国 753 种陆生植物的叶片氮、磷的研究得出叶片 N : P 比值平均为 14.4；任书杰等（2007）对我国东部南北样带植物叶片研究得出 N : P 比值为 13.5；刘兴诏（2011）对我国南亚热带森林（鼎湖山）的研究发现其植物叶片 C : N、C : P 和 N : P 分别为 23.9～30.2、536.8～687.3 及 17.7～28.7；王晶苑等（2011）对鼎湖山的研究发现植物叶片 C : N : P 比值为 561 : 22 : 1。林喜珀等（2016）对南亚热带常绿阔叶林珍贵树种研究还发现，C : N 比值与 N 含量、C : P 比值与 P 含量存在显著的负相关关系，这与郭子武等（2011）对竹林叶片化学计量的研究结论相符，表明植株随着体内氮、磷元素含量的增加，植物体利用单位养分同化碳的能力下降，即养分利用效率降低。由此可推测，在培育过程中随着苗木体内营养元素的积累，养分利用率可能会有所下降。

（二）森林不同演替阶段生态化学计量特征

随着演替的进行，鼎湖山南亚热带森林不同演替阶段植物叶片中的氮、磷含量都呈减少的趋势。对不同演替阶段植物叶片氮、磷含量进行方差分析发现，马尾松林与演替中后期的混交林和常绿阔叶林均存在显著差异（$P < 0.05$），但混交林与常绿阔叶林差异不显著（$P > 0.05$）。根、枝和皮的氮、磷含量相差不大，根系中氮、磷的含量都以演替初期（马尾松林）为最多（0.93% 和 0.05%），混交林和常绿阔叶林根系中氮、磷的含量彼此相当。所有演替阶段树干的氮、磷含量最低。同一树种氮、磷的含量在不同演替阶段也存在着差异，马尾松林的马尾松叶片和混交林的马尾松叶片的磷含量、混交林荷木叶片和常绿阔叶林荷木叶片的氮含量差异极显著（$P < 0.01$）。另外，不同演替阶段的相同树种马尾松、荷木和锥栗的根系的磷含量均存在显著性差异（$P < 0.05$），而根系氮的含量只在锥栗中存在显著性差异（$P < 0.05$）（刘兴诏等，2010）。

随着演替进程，在土壤氮含量增加的前提下，植物的主要器官叶片和根系中的氮并没有相应地表现出增加的趋势（刘兴诏等，2010）。Schleppi 等（1999）通过增加云杉林土壤氮研究发现，树木和地面植被的含氮量并没有明显增加，只有一小部分的标记氮进入地上植被，绝大部分进入土壤。因此演替序列上植被 N : P 的升高主要是磷造成的，即演替序列上植被各器官中磷的含量是下降的。由于磷本身的生物地球化学循环特征，在土壤发育的过程中，由于风化侵蚀，土壤中原生矿物逐渐消失。土壤中的磷酸盐从非闭蓄态的有机矿物形式转变成为闭蓄态和有机结合的形式，难以利用（Crews et al.，1995）。所以森林演替的过程中，可被植物吸收利用的有效磷越来越有限，就导致植物体各器官的含磷量逐渐降低。

在演替过程中，植物体各器官中 N : P 的变化与土壤中的 N : P 有类似的规律，随演替的进行也呈增加趋势。此外，鼎湖山针叶林、混交林和季风常绿阔叶林的植物叶片的 N : P 分别为对应林型 0～10 厘米土壤 N : P 的 9.7、10.1 和 8.2 倍。但是随着演替的进行，植物和土壤的 N : P 增加，表明演替的过程中，植物与土壤的变化是同步的（刘兴诏等，2010）。

叶片和根系作为植物体最为活跃的器官，它们的 N : P 在各林型内也最为相近，马尾松林、混交林和常绿阔叶林叶片中 N : P 分别为 22.7、25.3 和 29.6，而相应根系中的 N : P 分别为 18.4、25.1 和 28.9，叶片和根系的 N : P 比较接近，表明这个系统的营养输入和输出的比例一致，说明该系统稳定。作为氮、磷元素主要汲取端的根系和作为氮、磷元素主要利用端的叶片有着类似的 N : P。因此，叶片和根系中的 N : P 常用作植物体 N : P 的指示值。

（三）南亚热带森林土壤化学计量特征

对南亚热带森林生态化学计量特征的研究有助于探讨植物生理生态过程对不同尺度上温度和降水等环境因子的响应，对研究土壤中养分保持能力起着重要的指导意义，可以为我国南亚热带重建植被生态系统，评价土壤质量提供科学依据。

1. **马尾松林土壤化学计量特征**

鼎湖山演替初期马尾松纯林土壤表层（0～10 厘米）氮含量与底层土壤的分布差异非常明显（$P<0.05$），表层富集现象尤为突出；马尾松林土壤中 P 含量较低为 0.190 克 / 千克（刘兴诏等，2010）。

2. **针阔混交林土壤化学计量特征**

鼎湖山马尾松针阔混交林土壤表层（0～10 厘米）土壤氮含量与底层土壤的分布差异非常明显（$P<0.05$），表层富集现象尤为突出；针阔混交林土壤中磷含量为 0.337 克 / 千克。氮在土壤剖面上呈“倒金字塔”分布，而磷呈“圆柱体”分布，N∶P 随土层深度的增加而降低，土壤表层值最大，0 ～10 厘米土层中 N∶P 值为 2.5（刘兴诏等，2010）。土壤氮素主要来源是凋落物的归还和大气氮沉降 [鼎湖山降水氮沉降量为 38.4 千克 /（公顷· 年)]，导致氮素首先在土壤表层密集，然后再随水或者其他介质向下层迁移扩散，形成土壤氮素的浓度从表层到底层越来越低的一个渐进的分布格局（周国逸和闫俊华，2001）。土壤磷素的来源相对固定，主要是通过岩石的风化。由于岩石风化是一个漫长的过程，风化的程度在 0～60 厘米的土壤层中差异不大，这就使得磷元素在土壤中的垂直分布呈现上下差异不大的“圆柱体”形状。低纬度地区土壤中磷元素缺乏已经基本成为公认的事实（Ae et al.，1990；Asner et al.，2001；He et al.，2002；Houlton et al.，2008；Kellogg & Bridghain，2003）。

南亚热带不同林龄（分别为 10～11 年、7～9 年和 3～5 年）杉木针阔混交林土壤有机质碳储量（106.72～136.61 吨 / 公顷）、全氮储量（9.17～11.19 吨 / 公顷）、全磷储量（4.07～6.77 吨 / 公顷）及全钾储量（321.85～370.59 吨 / 公顷）均随林龄的增加表现为先降低后升高的趋势。C∶N、C∶P、C∶K、N∶P、N∶K 和 P∶K 在不同林龄针阔混交林间差异不显著（$P>0.05$）。土壤有机碳储量与土壤全氮储量、C∶N、C∶P、C∶K、N∶P 和 N∶K 呈极显著正相关（$P<0.01$），且与土壤全氮储量相关系数最高，表现出相对一致的变化规律；土壤全氮储量与 C∶P、C∶K、N∶P、N∶K 极显著正相关（$P<0.01$）；土壤全磷储量与 C∶P、N∶P 呈极显著负相关（$P<0.01$），而与 C∶N、P∶K 呈极显著正相关（$P<0.01$）（冼伟光等，2015）。

3. **常绿阔叶林土壤化学计量特征**

鼎湖山季风常绿阔叶林不同土层的氮含量作差异显著性检验，结果表明表层（0～10 厘米）土壤氮含量与底层土壤的分布差异非常明显（$P<0.05$），表层富集现象尤为突出；常绿阔叶林土壤中磷含量为 0.283 克 / 千克（刘兴诏等，2010）。

4. **森林不同演替阶段土壤化学计量特征**

鼎湖山南亚热带森林不同演替阶段的森林土壤中氮的含量随演替进行而增加，0～10 厘米土层增加得更为显著，该土层中演替初期（马尾松林）氮含量为 0.440 克 / 千克、演替中后期（混交林和季风常绿阔叶林）氮含量分别达到 0.843 克 / 千克和 1.023 克 / 千克，为演替初期的 2～2.5 倍。演替中后期，土壤中氮的输入与输出趋于平衡，增加趋势变缓（刘兴诏等，

2010)。土壤中氮的含量从针叶林、混交林到季风林持续增加主要是由于凋落物的归还及氮沉降（刘兴诏等，2010)。阔叶林凋落物输入到土壤中的氮多于针叶林，混交林多于纯林（彭少麟和刘强，2002）；鼎湖山的 3 种林型中，季风常绿阔叶林的凋落物分解最快，混交林次之，针叶林最慢（莫江明等，2004)；针叶林、混交林和季风林的年凋落物量分别为 3.31×10^3 千克 / 公顷、8.50×10^3 千克 / 公顷和 8.28×10^3 千克 / 公顷（张德强等，2000)。鼎湖山降水氮沉降量为 38.4 千克 /（公顷·年)，远远超出森林植被在生长季对氮的需求量 [5～8 千克 /（公顷 / 年）]。大气氮沉降在森林受到林冠的截留作用，使得不同林型的土壤最后实际接收的氮量有所差别（周国逸和闫俊华，2001)。此外，鼎湖山 3 种林型的穿透雨中铵态氮的含量分别为 1.85 毫克 / 升、2.36 毫克 / 升和 1.92 毫克 / 升，硝态氮的含量分别为 3.34 毫克 / 升、2.34 毫克 / 升和 5.65 毫克 / 升，阔叶林穿透雨中无机氮含量分别比混交林和针叶林高出 61.1% 和 45.9%（方运霆等，2005)。

不同演替阶段土壤中磷的含量表现出较大的差异（$P < 0.05$)。土壤中磷含量以演替中期混交林最为丰富，其中 0～10 厘米土层中磷的含量为 0.337 克 / 千克，而演替前期（马尾松林 0.190 克 / 千克）和后期（常绿阔叶林 0.283 克 / 千克）土壤中磷的含量相对较低。在各演替阶段，氮在土壤剖面上呈“倒金字塔”分布，而磷呈“圆柱体”分布。因此，N：P 值随土层深度的增加而降低，土壤表层值最大，马尾松林、混交林和常绿阔叶林 0～10 厘米土层中 N：P 分别为 2.3、2.5 和 3.6。在演替过程中，各土层中 N：P 随演替的进行呈现总体增加的趋势，0～10 厘米土层增加的较为明显，而其他土层增加的幅度不大，差异不显著。

5. 土壤微生物在生态系统养分循环中的作用

土壤微生物量的多少反映了土壤同化和矿化能力的大小，是土壤活性大小的标志（何振立，1997)。微生物对养分的利用状况是反映土壤质量的重要特性，利用率越低，微生物所需养分就越多，一般来说，恶劣的土壤环境不利于土壤微生物的生长。其次，土壤有机质的分解速率受到土壤微生物种类、数量和活性的影响。Compton 等（2004）研究表明土壤微生物活性的变化会影响温室气体的释放和整个陆地生态系统碳库，这由于微生物能够在其生命活动过程中不断同化环境中的有机碳，同时又向外界释放碳素。有机质经过微生物的分解还可被植物再次利用，提供植物生长所需的养分，在碳、氮循环过程中具有重要意义（Porazinska et al.，2003)。而且，土壤微生物对植物有效养分有着储备作用，对土壤碳、氮等养分的有效性及其在地上、地下的循环特征方面起着调控作用（何振立，1997；Spehn et al.，2000)。

第四节　广东省森林气象要素观测研究

一、森林小气候

森林调节小气候的作用既是生态系统的基本功能之一，森林的小气候效应一般表现为通过调节地表生物物理过程如辐射特征、热特性、水分循环、地表粗糙度等途径产生调温、调湿、降低风速等小气候效应。

森林小气候在空间分布上如林内—林外空间、林内水平和垂直的空间及时间分布上有明显的变化规律。有研究在广东南亚热带山地丘陵鹤山试验站观测资料的基础上，分析了马占相思人工林空气及土壤温湿度在空间（水平和垂直）和时间尺度（年、季、日）上的动态变化，发现林内平均气温比林外低，林内极端最高温小于林外，极端最低温则高于林外，且表层土壤的平均温度比林外低；林分的降温效应湿季比干季明显，保温效应主要体现在湿季的深夜和干季气温较低的时候，说明森林起到了小气候变化的缓冲器作用。白天林内各垂直层的气温随着离地面高度的增加而降低，夜晚随高度增加气温升高的逆温现象，且林内的气温变化要滞后于林外。另外还发现，林内的平均相对湿度比林外高，林内空气湿度随高度增加而下降，但在湿季，接近林冠处的湿度要大于近地表和林冠上层，充分体现了林冠层蒸腾作用下的加湿器功能。土壤湿度在40厘米以上随土层深度的增加而增加，之下则随土层深度的增加而逐渐减少（彭少麟等，2001）。在广东德庆三叉顶自然保护区的生态公益林及林外空旷地的对比观测中也发现，生态公益林林地气温平均比空旷地气温分别低1.7℃和1.6℃，林地相对湿度平均比空旷地相对湿度分别高8.3%和2.2%，森林平均透射率分别为5.9%和7.7%；空旷地与林内的气温、相对湿度和太阳辐射相关性极显著，说明森林是通过改变地表覆盖进而改变太阳辐射产生小气候效应（林义辉等，2009）。在鼎湖山针阔叶混交林和附近空旷地的对比观测中发现，混交林内年均气温与地温分别比空旷地低2.3℃和4℃，年均相对湿度比空旷地高7.4%，土壤各层湿度明显高于空旷地，表现出良好的降温、增湿、涵养水源的小气候效应。针阔叶混交林的降温和增湿作用白天大于夜晚，降温作用湿季大于干季，增湿作用干季大于湿季（欧阳旭等，2014）。

在进一步对不同林龄的森林小气候效应研究中发现，树种及森林在不同演替阶段对小气候的影响也有差异。对14年林龄的马占相思、荷木、湿地松人工林小气候效应的对比研究表明，荷木林的降温保湿效应最好，气温（包括最高、最低和平均）和土壤温度（包括地表最高、最低和平均温）均为几种林分中最低。荷木林林内气温一般比马占相思林和湿地松林低0.1～0.5℃，地表和土壤温度一般低0.1～0.5℃，相对湿度高1.2%（林永标等，2003）。在鹤山试验站3种典型生态恢复模式样地（自然恢复草坡、马尾松林、马占相思林）的观测和研究结果表明，人工林的林间温度变化较草坡小，草坡的最低、最高温度均比人工林低和高，人工林具有更好的保温调节作用，针叶林的保温调节作用略优于阔叶的马占

相思林。在土壤温度方面，草坡地表温度的波动远大于 2 种人工林；在辐射强度方面，自然恢复草坡明显高于 2 种人工林，而马占相思林的年辐射量为针叶林的 3 倍，这种结果表明人工林，特别是利用乡土的针叶林植被恢复模式下，能给林下生物构建更为稳定、适中的辐射环境。人工林的林内相对湿度均高于草坡，针叶林的林内空气湿度略大于阔叶的相思林，针叶林的保湿效果更好，说明在人工林恢复模式中，乡土树种人工林比外来树种的适应能力和小气候调节功能更强。在降低风速方面，人工林的平均林间风速、最大阵风风速均少于草坡，针叶林的风速小于阔叶林，针叶林降低风速的效果好于相思林和草坡（段文军等，2014）。红树林作为海上森林，其小气候效应也非常显著。在珠海淇澳岛红树林的观测研究表明，在一年的观测周期内 8:00～18:00 之间，红树林林内的气温一直低于林外无林地，相对湿度则高于林外无林地，红树林日降温幅度在 0.6～2.4℃，平均降温 1.3℃，平均降温率为 3.92%；日增湿幅度 4.0%～20.7%，平均增湿约为 8.0%，平均增湿率达到 12.0%。红树林内和林外无林地之间气温、相对湿度的日最大差值出现在 14:00 左右，年最大差值出现在 8 月。

森林植被恢复过程中，随演替“降温增湿”效应越来越显著，且“降温”效应在干季更明显，而“增湿”效应在湿季明显，而且在演替驱动下越到演替后期，森林对气温及土温的调节作用越突出（刘效东等，2014）。森林管理措施也会影响森林小气候效应，有研究结果显示，尾叶桉和厚荚相思人工林在林下植被清除 6 个月之后，土壤表面发光强度升高了 90～500cd，温度也升高了 0.5～0.8℃，尾叶桉人工林桉树的土壤水分减少了，但厚荚相思土壤水分没有变化（Wang，2014）。

森林小气候研究是开展森林生态系统结构、功能和过程研究的基础，对于评价森林经营管理措施的效应及森林对全球气候变化的响应与反馈有重要意义。更好地理解森林小气候效应，也有利于森林管理决策，推进管理实践。

二、森林生态系统土壤温室气体排放

CO_2、CH_4 和 N_2O 是大气中的重要温室气体（Edenhofer and Seyboth，2013）。人类活动引起的 CO_2、CH_4 和 N_2O 等温室气体的排放对全球增温的贡献率高达 80%，并有逐步增加的趋势，这三种温室的年均增长速度分别达到 0.5%、0.8% 和 0.3%，已成为近几十年来全球气候变暖的主要驱动因素（Christiansen et al.，2015）。土壤碳库是大气中温室气体的重要来源，受全球变化（增温、降雨、氮沉降）和人类活动（土地利用 / 土地覆盖变化）双重影响，其碳排放时空格局呈差异化和动态化趋势。广东省绝大部分地区属于亚热带（少部分地区，如雷州半岛属于热带）区域，其碳通量变化在全球森林土壤温室气体排放研究中占有重要位置。广东亚热带区森林长期受人类活动干扰，森林退化较为严重。20 世纪 80 年代后期，人们开始在该区域大规模造林再造林，森林覆盖率逐步提高、部分地区森林恢复显著，但同期森林经营活动也渐增，森林干扰和恢复交替进行，增大了该区碳源/汇估算的不确定性。根据前人研究成果介绍温室气体组成与来源，总结广东森林生态系统土壤温室气体排放的基本特点、时空格局及相关影响因素。

（一）温室气体的组成及来源

大气中温室气体主要包括 CO_2、CH_4、N_2O、NO_x、SO_2、CO 和氟氯烃气体（CFCs）等（US EPA，2012）。其中 CO_2 约占 56%，是温室效应的最大贡献因子（Hansen and Lacis，1990）。其次是 CH_4，其温室效应潜能是 CO_2 的 23 倍，对温室效应的贡献率约占 15%。N_2O 排名第三，其温室效应潜能为 CO_2 的 296 倍。这三种温室气体对全球温室效应的贡献率接近 80%（Butterbach-Bahl et al.，1997）。

大气中温室气体浓度增加主要来源于自然排放和人类活动，前者包括陆地生态系统呼吸，后者包括大量化石燃料、生物质燃烧、工业废气排放和土地利用类型变化等（Kiehl and Trenberth，1997）。两者相比较而言，陆地生态系统呼吸过程排放的 CO_2 是化石燃料燃烧排放 CO_2 的 10～15 倍（Raich and Schlesinger，1992）。此外，大气中每年仍有 5%～20% 的 CO_2、15%～30% 的 CH_4 和 80%～90% 的 N_2O 来自于森林土壤释放（IPCC，2000）。

（二）土壤温室气体排放的基本特点

1. 常绿阔叶林

依据森林土壤异氧呼吸通量与凋落物和土壤有机质的关系，得出以青冈属为代表的常绿阔叶林土壤呼吸年通量为 24.12 吨 CO_2/（公顷· 年）（黄承才，1999）。在干湿交替条件下，格氏栲天然和人工林枯落层呼吸年通量分别为 3.76 吨 CO_2/（公顷· 年）和 2.63 吨 CO_2/（公顷· 年），无根土壤呼吸年通量则分别为 3.44 吨 CO_2/（公顷· 年）和 2.79 吨 CO_2/（公顷· 年），与我国热带地区森林碳通量接近，但高于常绿、常绿落叶阔叶林的年通量 [4.90 吨 CO_2/（公顷· 年）]（杨玉盛等，2005，2006）。常绿阔叶林土壤呼吸特征因演替阶段不同呈不同的规律，如在演替后期的顶级群落中，常绿阔叶林的土壤呼吸大于前期和中期（Yan et al.，2010），

2. 针叶林

马尾松和杉木是中国亚热带华南林区的重要人工林树种。总体而言，杉木中龄林土壤呼吸强度远大于幼龄林（辛勤等，2010）。处于幼龄阶段的杉木林，植物生物量较低，进入土壤碳库的量小，土壤有机质的积累也略低于中龄林。

3. 再造林

人工林因受人为经营活动干扰表现出与天然、次生林有所不同的碳排放规律。人工林的土壤呼吸显著高于天然次生林，而其土壤有机碳含量却显著大于人工林（黄承才，1999）。天然次生阔叶林比杉木人工林土壤 CO_2 排放量大。华南地区是我国最重要的人工林产区之

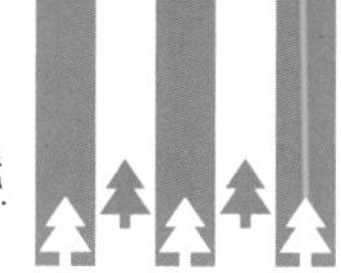

一。尾巨桉人工林和马占相思人工林地表温室气体季节排放规律明显。两种人工林分有着相似的季节变化规律，地表 CO_2 通量呈雨季高旱季低的单峰规律，地表 CH_4 吸收通量表现为旱季高雨季低的单峰趋势，地表 N_2O 通量呈现雨季高旱季低且雨季内有两个峰值的排放规律。尾巨桉和马占相思林温室气体年排放总量为 31.014 吨 / 公顷和 28.782 吨 / 公顷（贾朋等，2018）。各林分间对比可知，尾叶桉人工林年均土壤 CO_2 通量 [3.35 微摩尔 /（平方米· 秒）]> 针阔叶混交林 [2.66 微摩尔 /（平方米· 秒）]> 乡土树种恢复林 [2.09 微摩尔 /（平方米· 秒）]> 常绿阔叶林 [1.86 微摩尔 /（平方米· 秒）]。

（三）土壤温室气体排放的时空格局

华南地区亚热带森林土壤温室气体（CO_2、N_2O、CH_4）排放季节变化规律大体一致，均表现为冬季最低，在春末夏初有一个较为急剧的上升过程，夏季最高，进入秋季后又开始回落。这个规律与全球范围内的绝大多数生态系统中基本一致（Feng et al.，2008 ；Martin and Bolstad，2005 ；Rayment and Jarvis，2000 ；Rey et al.，2010）。华南南亚热带森林土壤温度是影响土壤呼吸速率的主要因素，而土壤温度在不同季节间均存在明显差异（Jassal et al.，2010 ；Keith et al.，1997）。同时植被的生长与代谢及微生物活性等，在季节尺度上亦受土壤温度影响，并随温度升高而增强，从而导致土壤温室气体排放又明显季节规律（Fahey and Yavitt，2005）。春季伴随气温回升，植物及土壤微生物代谢活动逐渐加强，植物根呼吸与异养呼吸均增加，土壤呼吸速率增加，土壤温室气体排放增加；夏季植物生长进入旺盛期，随着温度和植物光合作用达到全年的最大值，土壤呼吸速率也达到最大值，因此土壤温室气体排放通量通常也达到最大值；之后，秋季来临，土壤温度降低，植物的生理代谢活动逐渐减弱，土壤呼吸速率开始回落，从而导致土壤温室气体排放速率和通量降低（周文嘉等，2011）。

（四）土壤温室气体排放的相关影响因素

森林土壤 CO_2 来源于根系呼吸、土壤动物呼吸和各种微生物代谢以及有机质的矿化分解过程，其中根系呼吸和微生物代谢是其主要组分。森林土壤 N_2O 主要来源于硝化、反硝化和化学还原过程，通气良好的森林土壤是 N_2O 源。森林土壤产生和消耗 CH_4 的过程是并行发生的，通常认为良好通气性的森林土壤是大气 CH_4 汇。同时，土壤对大气 CH_4 的吸收取决于土壤中甲烷氧化菌对渗入到土壤表层 CH_4 的氧化能力。凋落物分解、土壤微生物量、根系生物量、土壤动物和各种真菌的数量及活性、土壤透气性以及人类活动（氮沉降、土地利用类型、森林经营管理措施等）都对森林土壤主要温室气体通量具有重要影响（Butterbachbahl et al.，2002 ；Smith et al.，2003）。此外，森林土壤主要温室气体通量在全球和区域尺度上主要受气候（降水和气温）因子调控，而在局部范围内，主要受植被类型、土壤温度和湿度（史广松等，2009）。

随着人类活动的日益频繁，氮沉降的年增加量呈上升趋势，随着经济发展的全球化，氮沉降问题呈现出全球化趋势。我国东南沿海工业发达地区也存在严重的氮沉降问题(Galloway et al.，2003)。如广州市 1990 年降水中氮沉降量为 73 千克 /（公顷· 年）（任仁和白乃彬，2000)。处于广东省珠江三角洲下风向的鼎湖山自然保护区降水中氮沉降量 1989 年为 36 公顷 / 年，10 年后升至 38 公顷 / 年（黄忠良等，1994；周国逸和闫俊华，2001)。伴随经济的发展，广东沿海地区氮沉降问题还会加剧。但是氮沉降对森林土壤温室气体排放的影响机理尚不明确，存在促进、抑制或无影响等。如，莫江明等在鼎湖山阔叶林中进行模拟氮沉降试验的初期结果表明，氮输入短期内（90 天）明显促进土壤 CO_2 排放，且发现这种促进作用随氮处理水平的升高而增强，同时这种促进作用随施氮时间的推移存在可变性（莫江明等，2005)。莫江明等在鼎湖山马尾松林、混交林和苗圃中的试验结果也表明，土壤 CO_2 对模拟氮沉降初期（90 天）响应不显著，且连续 3 年施氮后，氮沉降对马尾松林土壤 CO_2 排放仍无显著影响，但 3 年后，氮沉降对地表 CO_2 通量的影响由无影响转变为抑制作用（Mo et al.，2007；莫江明等，2005)。抚育活动对土壤碳排放有明显干扰作用。在不清除地面凋落物及杂灌草情况下，马尾松林、针阔混交林与季风常绿阔叶林的土壤碳总呼吸通量分别为 578、1001 和 1586 C/（平方米· 年）；除掉地表凋落物及杂灌草后，3 种林分的年土壤总呼吸通量分别降低了 34%、38% 和 49%。其中，常绿阔叶林受凋落物碳输入影响最大。

第五节　广东省其他要素观测研究

一、森林调控环境空气质量功能

随着全球环境危机，大气污染已经直接或间接地威胁到全球生态系统和人类的生存环境。大气污染物是造成大气污染的主要因子，当大气污染物含量达到一定程度时，会对人类健康、生态环境造成影响。因此，人们越来越意识到大气污染的控制和治理可以有效提高生存环境质量，并对保护生态环境卫生和人体健康发挥作用。

一般来说，近地表的大气污染物包括物理性、生物性和化学性 3 大类污染物。物理性大气污染物主要包括大气颗粒物，生物性大气污染物主要包括大气中诸如链球菌属、芽孢杆菌属、酵母菌、真菌等微生物和某些病原微生物（张帅等，2010)，化学性污染物主要有无机化学污染物（SO_2、Cl_2、HF、O_3、NO_x、CO_x 等气体和 Pb、Zn、Cu、Cd、Cr 等重金属离子）和有机化学污染物（PAHs、多氯代二苯并 - 对 - 二恶英、多氯代二苯并呋喃（PCDD/Fs）多氯联苯（PCBs)、三氯乙烯（TCE）等）2 类（陶雪琴等，2007)。

森林生态系统的净化环境功能是指生态系统中的生物类群通过物理、化学和代谢作用将环境中的污染物利用或与之发生作用后使之降解或消失，最终达到净化环境的过程（彭子恒等，2008)。森林净化环境污染的生态功能主要表现为：森林通过吸收、过滤、阻隔和分

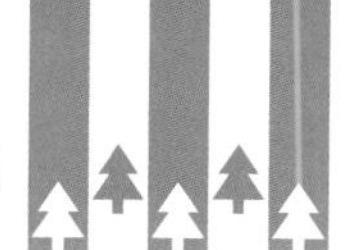

解等过程将大气中的有害物质（如SO_2、氟化物、氮氧化物和粉尘等）降解和净化，提供负离子（吴楚材等,1998）和萜烯类物质（如芬多精），还可在一定程度上有效减轻工业、交通、施工和社会生活噪音等无形的环境污染（李少宁等，2007）。森林之所以被称为“天然的空气过滤器”，主要是因为森林能够净化大气中的各类污染物。粉尘是大气污染的重要指标之一，植物特别是乔木树种对粉尘、烟灰有明显的阻挡、过滤和吸附作用。

从源头减少污染物的排放量是目前控制大气污染的主要手段，包括物理手段和化学手段，尽管这些手段能在一定程度上降低大气中污染物含量，但也存在投入成本高、容易造成二次污染等缺点，而森林净化大气是一种经济、有效、非破坏型的大气污染修复方式，具有投入成本低、操作简单等优点。城市森林对环境净化效益的贡献巨大，使得其成为城市建设中十分重要的部分。

（一）城市森林对大气环境净化功能

如何利用森林植物进行环境修复和污染治理一直是生态环境方面研究的热点问题之一，一些研究人员对广东省园林绿化植物抗大气污染能力进行了相关研究。植物对大气环境的净化能力与植物本身的生态学特性和生物学特性有很多的关系，如植物的生长阶段、植物形态、高度、叶面积等都有密切关系，不同植物吸收污染气体的能力也有很大的差异。此外，植物吸附污染气体的能力还与植物生长季节、叶片年龄、大气污染物浓度、接触污染物时间和温度、相对湿度等其他环境因子相关。

1. 城市森林净化大气悬浮颗粒物

大气悬浮颗粒物是指漂浮在空气中的固态和液态颗粒物质。其中粒径在10微米以下的称可吸入颗粒物或叫飘尘（PM_{10}），粒径在2.5微米以下的细颗粒物称$PM_{2.5}$。大气悬浮颗粒物是人类活动释放污染物的载体，其表面吸附大量的有毒物质，主要组成成分为硫酸盐、硝酸盐、氨、氯化钠、黑炭、矿物粉尘和水等，包括悬浮在空气中的有机和无机物的固体和液体复杂混合物。

肖以华等（2013）测定了广州市城市区、近郊区和远郊区森林公园$PM_{2.5}$质量浓度，表明从城区至郊区其浓度呈递减趋势，机动车对城区空气中SO_2和NO_x的贡献远大于近郊和远郊森林公园；另一研究（肖以华等，2013）发现，广州市大夫山森林公园内空气的总悬浮颗粒物（TSP）和$PM_{2.5}$的质量浓度24小时平均值均高于林外浓度，说明森林能显著改善空气环境质量。对广州城区大气颗粒物污染特征进行分析，结果表明，颗粒物数浓度及其谱分布日变化特征明显，在交通高峰期及太阳辐射较强的时间段均出现峰值，推测大气光化学反应引起的气—粒转化是广州城区夏季大气颗粒物的重要来源（韩冰雪等，2015）。禹海群等（2012）对深圳市28种常见园林绿化植物的滞尘能力进行了研究，筛选出常见的园林绿化植物中滞尘能力强的种类，为城市绿化提供优先选择，并使其成为有效改善空气质量的生物基本元素。佛山市林业科学研究所从树种抗污染、绿化景观效果、对土壤的适应、栽培技术的掌握、种源的获得等方面考虑，经过多年的研究，推出了竹节树、光叶山矾、毛黄肉楠、石笔木、铁冬青、红桂木、环纹榕、高山榕、傅园榕等抗污染树种（董文茂，2006）。刘璐等（2013）以广州市常见的18种行道树为对象，比较其叶表面形态结构，测定其叶片接触角对滞尘能力的影响，结果显示，杧果等叶表面具有网状结构、气孔密度较大且气孔开口较大的树种容易滞留粉尘；红花羊蹄甲、桃花心木、大叶紫薇、鹅掌藤等叶表面平滑具有蜡质层，气孔排列整齐，无明显起伏的树种滞尘能力较弱，并认为植物叶表面蜡质含量和气孔密度及其叶片接触角的大小是影响植物叶片滞尘能力的主要因素。

生物质燃烧释放出的大气悬浮颗粒物对城市大气污染及雾霾等环境的影响也是当前研究的热点之一。Wang等(2007)于2004年10月测定了广州市挥发性有机物和颗粒有机物的浓度，结果表明，生物质燃烧对城市和郊区大气环境都有影响，城市（广州市中心）和郊区（广州新垦）空气污染事件受生物质燃烧的影响频率分别为100%和58%，城市和郊区生物质燃烧对环境$PM_{2.5}$浓度的贡献率分别为3.0%～16.8%和4.0%～19.0%。Andreae等（2008）对广州市气溶胶光吸收和散射（$PM_{2.5}$）、元素碳（EC）、有机碳（OC）和无机物浓度进行测定，结果显示，市区气溶胶浓度极高，$PM_{2.5}$、OC和EC的平均浓度分别为103微克/立方米、22.4微克/立方米和7.1微克/立方米，生物质燃烧和交通废气排放对该区域雾霾有显著贡献。

2. 城市森林净化大气NO_x

氮氧化物（NO_x）种类很多，主要包括NO、N_2O_5、NO_3、NO_2、N_2O_3和N_2O_4等，其中空气中含量较多且具有危害作用的主要是NO和NO_2，其中在空气中NO易氧化为NO_2（郝吉明和马广大，2002），NO_x也是造成大气污染的主要气态污染物之一。NO_x的来源主要包括人工源和自然源，人工源主要来源于汽车尾气排放和化石燃料的燃烧，自然源主要是生物源，包括生物体腐烂形成的硝酸盐、经细菌作用产生的NO和缓慢氧化形成的NO_2和生物源产生的N_2O等。调查发现，城市大气NO_x的约2/3来源于汽车尾气排放，剩余部分来源于固定源的排放（刘培桐，1995）。目前对于NO_x污染修复技术的研究是世界性热点之一（骆永明等，2002）。植物主要通过2种方式修复大气NO_x：第一种为植物叶面等直接吸收NO_x，并经过植物维管系统进取型运输和分布；第二种则通过生理过程，植物将空气中NO_x转换为N_2或植物生长所必须的氮素，以降低自身的毒性，通过代谢过程或酶等物质进一步分解体内的污染物（李玫和章金鸿，2006）。

植物是城市生态环境的重要组成部分，不仅具有美化、绿化的功能，而且具有吸收净化大气污染物的能力（张德强等，2003）。植物对大气NO_2抗性及吸收净化能力受到了科研人员的关注，并对其进行了研究。刘婵芳(2007)对广州市番禺区3个典型的大气功能区（清洁区、商住交通混合区和工业区）普遍种植的30种典型绿化植物进行含硫量和含氮量的定量分析，结合不同功能区大气SO_2、NO_x的浓度分布，初步筛选出对SO_2有较强吸收性的

植物 14 种，对 NO_x 具有较强吸收性的植物 16 种，同时进一步筛选出对大气 SO_2 和 NO_x 的优良修复型植物。潘文等（2012）采用人工模拟熏气法对广州市 36 种园林绿化植物 SO_2 和 NO_2 气体吸收净化能力，并将这些植物的吸收净化能力划分为强性、较强、中等、较弱和弱 5 个等级，为广州市园林植物的选择提供科学依据。

3. 城市森林净化大气 SO_2

SO_2 是大气中的主要污染物之一，来源于煤、油等化石燃料的燃烧和含硫矿石的冶炼等（陈伟光等，2017）。SO_2 不仅会给生态系统造成严重危害，而且是造成酸雨的重要因素之一。它能改变土壤和水体的 pH 值，使植物生长发育受阻，使其枯萎死亡，还对动物造成严重影响，甚至引起人体呼吸道疾病等（赵勇等，2002；李珍珍，2000）。植物对大气 SO_2 污染的响应主要表现在其抗性和吸收性上，但不同植物抗 SO_2 污染和吸硫量并不完全一致，有些植物抗性强，但吸硫量小，有些植物则吸硫量大，但抗性强，也有些植物抗性强吸硫量也强。

广东省有关绿色植物对大气环境净化作用最早于 20 世纪 70 年代开始研究，广东省植物研究所环境保护组（1978）研究了绿化树木、果树、农作物、庭园花卉、野生草本植物对 Cl_2、SO_2、H_2S 等有害气体的反应。21 世纪初期，绿色植物对大气污染的净化能力相关研究较多，管东生等（1999）从广州城市建成区绿地植物的硫储量和净生产量中的硫量来探讨城市绿地植物对大气 SO_2 的净化作用。张德强等（2003）研究了佛山市污染区 23 种园林绿化植物对大气 SO_2 和氟化物的净化能力及其对大气污染的修复功能，表明所研究的植物对大气 SO_2 和氟化物具有很好的净化能力和修复功能。孔国辉等（2003）评价了广东省 125 种木本植物在酸雨、硫化物、氟化物和粉尘复合生长环境下对空气污染敏感性的反应，为城市植被建立和生态公益林树种选择提供了依据。吴耀兴等（2009）对广州城市森林主要树种抗硫强度、硫净化量、净化大气 SO_2 潜力、吸氟能力和滞尘功能等进行了研究。洪渊等（2007）对深圳市 116 种园林绿化植物叶片含硫量与大气 SO_2 浓度关系的研究发现，大红花和勒杜鹃叶片含硫量与 SO_2 浓度呈正相关，九里香叶片含硫量与大气 SO_2 浓度呈负相关，其他植物相关性不明显，且植物叶片含硫量随季节变化而变化，秋季叶片含硫量高于春季。邱媛等（2007）测定了惠州不同功能区主要绿化树种大叶榕、紫荆叶片及其叶面降尘的硫质量分数，表明叶片中硫的质量分数随春、夏、秋季而增加，季节差异显著，植物叶片中硫质量分数随交通流量的减少而降低，说明大叶榕、紫荆叶片及其叶面降尘可作为城市区域大气 SO_2 污染的有效指示剂。裴男才等（2013）研究了珠江三角洲地区 3 处不同污染程度森林类型的 32 个树种叶片和枝条中总硫含量，得出帽峰山和南沙森林样地中优势叶片和枝条中硫含量接近，而龙凤山样地中优势叶片和枝条中硫含量最高，不同地区各林型植物体内硫含量的差异基本反映出不同地区空气环境中受含硫污染物的影响程度。

4. 城市森林空气负离子和精气含量

空气负离子有降尘、灭菌和预防疾病等功能，被誉为“空气维生素和生长素”，空气负离子含量是空气质量评价参考指数之一。精气是指植物的器官和组织在自然状态下释放出的气态有机物，我国学者一般将芬多精称为植物精气，植物精气有防病、治病、健身、强体等多种功效，同时能杀死空气和水中的细菌、真菌等多种致病性微生物。徐猛等（2008）研究了广州帽峰山森林公园负离子含量的年、季、月以及不同天气的变化规律，并对其空气质量进行了评价，分析负离子含量与环境因子的相关关系，结果显示山下瀑布空气负离子含量最高，沟谷小溪和山中部瀑布人为干扰较多，负离子含量年动态降低，夏季负离子含量最高，冬季最低，不同天气条件下负离子含量表现为雨天 > 晴天 > 阴天，负离子含量与空气温度和湿度呈正相关，与空气气压呈负相关。肖以华等（2011）对不同植被环境中空气负离子含量与大气质量的关系进行研究，表明空气中负离子浓度大小表现为度假村 > 旅游游憩区 > 森林公园 > 居民区，且旱季空气负离子含量和空气质量低于雨季。许宇星等（2016）研究了雷州半岛湿加松和巨尾桉 2 种速生人工林内外 $PM_{2.5}$ 和空气负离子浓度日变化，得出林分内外空气负离子浓度傍晚最高，中午最低，$PM_{2.5}$ 则相反。赵庆等（2018）选取广东省佛山市云勇森林公园中阴香、灰木莲、湿地松、黧蒴锥、尾叶桉和阔叶混交林 6 种林分，分析其空气负离子指数、空气颗粒物质量浓度和植物精气相对含量等指标，表明阴香林和黧蒴锥林的综合保健功能较佳，自然状态下释放到林分中的植物精气相对含量较低，林分内相对湿度对空气颗粒物质量浓度有影响。此外，部分研究人员还对车八岭国家级自然保护区（张璐等，2004；张兵等，2016）、鹅凰嶂自然保护区（林喜珀等，2016）等广东省内自然保护区空气负离子水平进行了相关研究。

（二）城市森林对大气环境净化功能研究展望

城市森林对人类的作用会越来越明显，对生态系统的作用越来越重要，然而我国的城市森林的人均水平低于国际水平，因此城市森林的建设更需要得到重视。大气污染是一个复杂的环境问题，并已涉及多方面原因，植物能否有效地清除大气污染物和净化大气环境也受到诸多因素的影响和限制。这些因素除了来自植物和污染物本身之外，还来自气候和土壤等多方面。城市森林的物理降尘功能目前已经广为接受，研究也已经逐步由宏观转向微观，与叶片表面微观结构相结合来分析植物滞尘能力，已成为目前研究植物滞尘机理的一个重要途径。进一步加强城市森林空气颗粒物的组成成分以及与城市森林固碳释氧、降温增湿、杀菌抑菌等生态功能相结合的研究，对于揭示城市森林净化大气功能的机理具有重要意义。

二、森林生态系统服务功能

（一）沿海防护林生态建设及其主要防护功能研究

我国的森林根据主导功能分为生态公益林和商品林两大类，防护林属于生态公益林，而根据经营目的分为 5 个林种，防护林是其中之一。防护林的定义是以防护为主要目的的

森林、林木和灌木丛，包括水源涵养林，水土保持林，防风固沙林，农田牧场防护林，护岸林，护路林和其他防护林（国家林业局，2003；LYT 2188.1—2013）。从森林防护的内涵出发，防护林是利用森林能影响环境的功能，保护生态脆弱地区的土地资源、农牧业生产、建筑设施和人居环境等免遭或减轻自然灾害及不利环境因素的威胁和危害；防护林体系建设就是林业生态工程的主体或其同义词，即在一个自然景观内，依据不同的防护目的和地貌类型而营造的各种人工防护林和原有天然林的有机复合系统（姜凤岐，2003）。

几个世纪以来，人们一直在使用防护林带或防风林来降低风的速度，改善气候和环境来提高作物产量。沿海防护林建设的主要目的是减弱海陆风的风力及其推动的飞沙、飞盐、风暴潮等对岸基受防护区域的直接破坏或二次侵害，改善海岸带生态环境。

1. 沿海防护林工程建设的发展历史

防护林的建设和研究主要是依托以国家运作方式开展的大型防护林工程建设，终极目的是防护功能或生态服务功能高效、稳定并可持续。国内外著名的防护林工程有美国大平原各州林业工程（“罗斯福工程”）、前苏联斯大林改造大自然计划、日本的治山治水防护林工程和北非五国“绿色坝”跨国防护林工程等，以及我国的三北防护林工程和沿海防护林工程等（朱教君，2013）。早在18世纪，英国人率先在苏格兰滨海地带和英格兰东部沿岸营造防护林，并取得显著效益。我国沿海防护林体系建设工程自20世纪80年代末批准立项并开始实施后，经过多年的建设也取得了显著成效（高岚和李怡，2012）。

1988年，国家计委批复了《全国沿海防护林体系建设总体规划》（计经〔1988〕174号），1989年，开始工程试点建设；1991—2000年，林业部把全国沿海防护林体系建设工程列入林业重点工程，在全国沿海11个省（自治区、直辖市）的195个县（市、区）全面实施了沿海防护林体系建设工程。2001年，在总结上期工程建设经验基础上，国家林业局组织编制并实施了《全国沿海防护林体系建设二期工程规划（2001—2010年）》（林计发〔2004〕171号）。为吸取2004年年底印度洋海啸的教训，2005—2006年，国家林业局对二期工程规划进行了修编，将建设期限延长至2015年，进一步扩大了工程建设范围，丰富了工程建设内容。2007年12月经国务院批复，2008年1月，国家发改委、国家林业局联合印发了《全国沿海防护林体系建设工程规划（2006—2015年）》（发改农经〔2008〕29号）。2015年，国家林业局针对全国沿海防护林工程建设过程中存在的主要问题及新趋势、新要求，继续编制了《全国沿海防护林体系建设工程规划（2016—2025年）》，启动了新一期全国沿海防护林体系建设工程。

我国沿海防护林工程体系由沿海基干林带和纵深防护林组成。沿海基干林带是沿海防护林体系的核心，是沿海地区防灾减灾的重要屏障。从浅海水域向内陆延伸，沿海基干林带分为一级基干林带（消浪林带）、二级基干林带（海岸基干林带）、三级基干林带（海岸缓冲林带）等三个建设梯级。纵深防护林是指从沿海基干林带后侧延伸到工程区范围内广大区域的全部防护林（国家林业局，2015）。

2. 沿海防护林消浪的功能

在我国的沿海防护林工程中一级基干林主要承担消浪功能。一级基干林带主要是指海岸线以下的浅海水域、潮间带、近海滩涂及河口区域营造的以红树林、柽柳等为主的防浪消浪林带（国家林业局，2015）。在我国已发生的海洋自然灾害中，发生频率最高、经济损失最重且危害最大的是风暴潮灾害（乐肯堂等，1998），分布于沿海河口淤泥质海岸带的红树林具有消浪护岸的重要功能，能够保护海岸线免受海水侵蚀和风暴潮危害（王文卿等，2007），也是众多水生生物及鸟类等的繁殖和栖息地，生物多样性和生产力极高（Cui et al.，2018）。近年来随着台风灾害对沿海经济和社会影响的加剧和升级，这使得海岸带植被的防灾减灾功能不断受到重视。2004 年的印度洋海啸在亚洲造成的巨大灾害，夺去了超过 20 万人的生命，来自印度、斯里兰卡、印度尼西亚及马来西亚的报道均表明，在没有自然生态（红树林）保护的地方受海啸损失最大，而受到完好红树林蔽护的海岸社区则受到较少的破坏。研究表明，红树林消波效应与红树林植被与水文状态相关，受地上根、树干及树冠等多种植被参数的影响。同时，波浪特征（幅度及水平轨道速度）以及水深是具有重要影响作用的水文参数（Massel et al.，1999；陈玉军等，2011）。

3. 沿海防护林的防风功能和结构

沿海防护林带削弱风力的原理是海陆风通过林带后，经过树木的阻挡和林冠的摩擦作用，降低了气流动能。生态系统的结构和功能是相互依存的，对不同防护林结构下防风效果的探索，有较多的实测实验研究，有实测数据配合模型模拟，也有理论推导研究。

张纪林等（1997）在江苏沿海地区三类农田林网防风效应研究中，利用具有实测的观测高度、地面粗糙度、林带高度、林带宽度、副林带长度、风向与林带交角、透风系数等参数，带入区域性方法效应评价模型评估评价了杨树、水杉、苦楝、槐树、桃、梨等树种不同配置组成的林网的实际效果，得出对于 10 米高度的防风效果影响，主林带高度呈正相关关系，与副林带长度和疏透度呈负相关。谭芳林等（2003）在福建沿海地区实际调查的数据基础上，建立了数量化理论 I 模型评价了 7 个影响木麻黄防护林带防风效能的因子，发现主要因子依次是树木的胸径、冠幅、树高以及地貌类型和林分密度。叶功富等（2008）对沿海防护林木麻黄及其混交林等的防护效能方面也开展了较多观测工作。

初期的研究者把防护林林带的结构归纳为通透、半通透、紧密和复合型等 4 种抽象的模式类型，其后许多研究者又提出了林带的结构参数，如疏透度、透风系数等作为评价林带优劣的指标。由于以上林带结构参数实际测量不便，朱廷曜等（2004）探索推导生物量体积这一较易测量的参数，即利用测树学方法结合树种的生长模型，获得的地上部分树干、树枝、叶片的生物量体积或其表面积占防护林空间范围内总体的比例来预测风速削弱系数。Tuzet（2007）利用高大的柏树树篱实测了密集自然防护林防护模式下平均风速和湍流动能变化，得出在没有其他辅助防护带情况下，树篱 H/4 高度剖面风速在离树篱 H/4 的背风面

降至最低（迎风面的 20%～25%），且透过风的风向与迎风面的风向高度一致而不受与树篱夹角的影响。

在借助计算流体动力学（CFD）软件模拟研究等方面，唐朝胜（2017）根据影响海南橡胶防护林防风效应的多种因素，通过分析林带内部结构对林带流场的影响，将林带视为符合空气动力特性的多孔介质模型，构建林带二维模型，结果表明橡胶防护林带的树高对护林带后的防护距离差别不明显，且树越高，承受的风压越大；矮化紧密型和矮化疏透型林带防护效果更好。参数计算和实验相结合的方法也被用于防风结构的设计，Ferreira（2011）利用当地风速测量数据风洞实验的技术图像，开展树木防护林带在高水平竞争下的宽度维度上的不均匀的风速分布行间通道优化实验，通过对计算模型进行基准测试，实现一到两行树木配置形成不同的横断面形状和孔隙度，计算出一个成行排列的矩形防护林带二维通道截面下，林带宽度方向 35% 的孔隙度，高度方向上树干 87%，树冠 60% 的孔隙度较好，一排和两排混交的配置表明，两排的配置更有利于风速降低和气流平稳通过。Wang 等(2001)回顾总结了过去的几十年里建模与数值模拟防护带和通过防风林的流体流动和湍流的机理等研究结果，将数值模拟与实验数据进行比较，并解释了遮蔽效果与防护带和防风林结构之间的关系，针对多孔防护带和防风带的一般方程的推导建立了数值模型和仿真程序，描述了风的方向、密度、宽度和三个维度对气流和湍流的影响，讨论了利用高性能分布式和并行计算及网络工作站的集群使用来提高模型的性能以应用于防风林。

近年来，防护林模拟和理论推导研究结果与初期防护林的研究结果、理论一致，在整体上高度、疏透度、林带宽度是影响防护林结构和实际防风效果的主要决定因素，理想防护林结构是一个随林带中树木个体结构特点、生长发育过程及环境气象条件等多因素在时间和空间上多尺度变化的动态过程。接近最优状态的防护功能设计是多个参数在一定假设的理想状态下的预测。实际中要受到不同的防护对象和防护目的，不同的防护林树种及其组合结构、风向夹角、地形地貌和坡度等空间特性及其在树龄、季节、演替阶段等时间上的多种参数变化的影响。

防风效能实测研究的结果对典型的防护林类型有较高的生产参考价值，实测数据配合模型模拟对防护林的设计和防护效能的预测有指导意义，理论推导的结构模型可以帮助设计者认识事物的本质，将来在防护林工程技术研发中应该加强其与实测数据和模型模拟配合，开发合适的计算机软件，方便工程设计人员的应用。

4. 广东省沿海防护林建设

广东省大陆海岸线长达 4114.3 千米，位居全国第一，广东省红树林是作为一级基干防护林带的红树林，现存面积中国最大，也是种类最丰富的地区之一，现存面积大部分集中在广东省西部雷州半岛沿海一带，在沿海河口淤泥质海岸带具有消浪护岸的重要功能（廖宝文和张乔民，2014）。

由于红树林的特殊地位，经国家批准成立湛江和福田2个国家级自然保护区，国内外高校、科研机构在其中开展了大量人工林引种和造林实验和研究工作，对广东红树林的保护和发展起重要作用。20世纪80年代中期湛江市开始选择小乔木型的种类进行人工育苗造林试验。1994年在雷州市继续对秋茄、红海榄和木榄进行人工造林试验10公顷，幼林生长良好；1998年起，澄海市从福建、湛江等地引进秋茄种苗，在泥滩造林200公顷，2年生幼林平均高0.9～1.0米。近年来，乔木型的海桑推广造林尤为引人注目。海桑属植物是组成红树林乔木群落的主要种类，包含海桑、海南海桑、拟海桑、杯萼海桑、卵叶海桑、无瓣海桑，前5种在海南岛有天然分布。无瓣海桑原产孟加拉国，分布于盐度较低的泥质滩涂上，低潮线的外缘，高度一般15～20米。1993年开始，湛江市从海南引进无瓣海桑4521株，播种550千克（果），培育苗木40.53万株，营造出79.6公顷海桑林。之后在雷州市附城苗圃地附近营造的试验林，已形成一条海桑防护林带。1993年，中国林业科学研究院热带林业研究所从海南省采种在深圳育苗，留床苗现已生长成林。1995年，无瓣海桑开始引入广东湛江地区和深圳福田红树林自然保护区，1998年9月至2000年8月，无瓣海桑从湛江北移到北回归线以北的粤东澄海市的滩涂栽植造林面积，成活率90%以上。海桑属树种和其他树种的推广造林，丰富了广东红树林的树种种类。无瓣海桑从海南北移至湛江及粤东澄海市，北移350千米，为扩大栽植范围提供了有益的探索。此外，近年来深圳和湛江红树林保护区先后引种海桑、海南海桑、卵叶海桑、海莲、尖瓣海莲、红树、玉蕊、木果楝、水椰及小花木榄、十雄角果木、红茄冬、正红树、澳洲木榄、海南木榄、海南木果楝、湄公河木果楝、澳洲木果楝和阿吉木等树种，为促进红树林树种多样化，改变红树林种类结构方面迈出重要的一步。湛江市成为广东省红树林种苗的重要生产基地，为推广红树林造林提供有力的物质保证（陈远生等,2000）。田野等（2014）研究了广东湛江白骨壤红树林、海桑—无瓣海桑人工造林红树林的消波防浪效应，发现消其波率随着林分空间密度的增加而增加的，受林分结构指标林分生物量体积密度的影响，波高减低率随水深的增加而增加，波浪经过红树林25米后的消波率能达到30%左右；波浪减低率随着林带宽度的增加而提高，红树林的消波减低率随水深的增加而减低，随着波高的增加而降低的。总体看来，红树林消波消减程度受林分结构主导，随林分地面至胸高处体积密度增加而增加。

二级基干防护林带在我国华南沿海（包括广东沿海地区）是陆地沙质海岸带最典型的沿海防护林，木麻黄是组成广东沿海地区二级基干防护林的主要组成优势树种。木麻黄的主要天然分布区是在澳大利亚、东南亚和太平洋群岛等地垂直于海平面潮线至海拔3000米以上山地，我国引种木麻黄已有100多年的历史。1897年，我国台湾首先引进木麻黄（杨政川等，1995）；1919年，福建省泉州市引进木麻黄；1929年又有人在厦门载植；大约在20世纪20年代，广东省广州市从东南亚地区引种了木麻黄；30年代后，广东省湛江市从越南引进了木麻黄，种植数量较大；40年代前后，海南岛有木麻黄种植，而且种类较多。20世

纪 80 年代中期，我国开始系统地开展木麻黄遗传育种研究工作，借助国际合作项目，从澳大利亚种子中心引进木麻黄种子，开展了木麻黄遗传资源收集、优良种源筛选、优良家系筛选和无性繁殖等研究（仲崇禄等，2005）。广东省从 1972 年开始木麻黄的良种繁育工作，在本省和福建选育出的优树种子或材料全部投入营建初级种子园，1976 年起开展木麻黄无性系育种研究，通过选优、鉴定和人工杂交等方法，选育出速生、抗病的无性系苗投入造林。1980 年起开展木麻黄小枝水培扦插育苗研究，为木麻黄良种繁育开辟了一条新的快捷途径；1987 年起开展木麻黄种源研究。从 1976 年开始，育种工作者陆续从广东、福建、海南各省木麻黄不同群体或自然杂交后代中选择了 1000 多株优树，经过二十多年的田间试验，根据不同的育种目的（主要是速生、抗病）从中选育出了 61 个无性系，广东省林业科学研究院紧密结合生产需要，针对沿海基干林带恶劣生境，通过在广东沿海基干林带造林对比试验，发现这 61 个无性系在适应性、生长量、抗风性、抗青枯病、耐盐碱性、抗旱性等方面具极显著差异，在生产及研究上都具有巨大的利用价值。广东省优良无性系选育、推广过程均以 A13 为对照。A13 是 20 世纪 80 年代从木麻黄青枯病患病残留林中筛选出来的自然杂种，由于其生长快、适应性强、抗青枯病、水培繁殖容易在生产上得到大量应用，目前广东木麻黄沿海防护林 95% 以上都为 A13，试验中也称为当地对照（许秀玉，2012，2015）。魏龙等（2016）通过在广东湛江东海岛沿海防护林的长期定位监测，系统地分析了木麻黄沿海防风林带内和林带外不同梯度空间和时间尺度上防风效能的变化特征，并基于广东省沿海木麻黄防护林整年的定位连续观测数据，分析了广东湛江木麻黄沿海防护林生态系统的辐射通量特征，发现华南热带、亚热带地区防护林建立后，大气层温度常年高于下垫面防护林生态系统的冠层表面温度，在夜间太阳辐射为零时有利于大气中所含大量水汽在植被表面的凝结，这种水分来源的利用机制对沿海和岛屿生态系统的恢复和重建有重要启示意义。

三级基干林带（海岸缓冲林带）即纵深防护林是从沿海基干林带后侧延伸到工程区范围内广大区域的全部防护林，随着我国沿海防护林体系建设工程的实施，极大地改善了这一地区的农业生产条件，使沿海地区的复合农林业得到了快速发展，经营面积迅速扩大，经营模式逐步多样化。粤东地区潮阳县在木麻黄基干林带的后缘，在防护林网的保护下，种植柑橘、西瓜、蔬菜成功，发展起了林—果—蔬复合经营模式，取得了良好的经济效益。湛江沿海地区在橡胶林间种茶叶、波萝、咖啡等经济作物，形成了胶—茶间作复合经营模式，并随着桉树在这一地区大面积发展，也开始发展桉树林下经济作物的研究。在珠江三角洲由于池杉、落羽杉的引种成功，在新会、中山、斗门等市的沿海滩涂和河岸两旁，营造了大面积的池杉、落羽杉防护林带，逐步形成了带、网、片相结合的农田防护林网。因地制宜地构建起林—农、林—果、林—渔等复合模式，在林带（网）保护下，粮食、经济作物、果树等各业的生产得到了顺利进行，并实现了农业增产、稳产的目的。新品种和人工养殖技术的加入，为复合农林业发展注入了新的生机和活力，显示出巨大的生态系统服务功能提升潜力（甘先华，2003）。

广东高度重视沿海防护林体系建设，突出以海岸防护林建设为重点、以工程为依托，通过“造、改、封、育”等措施，大力开展防沙治沙和红树林恢复建设，沿海地区已基本建成“山、海、路、田、城”相连的防护林体系框架。从新一期的沿海防护林工程建设规划情况来看，规划建设的沿海防护林，生态区位更重要、自然条件更恶劣、建设难度更大。但一些关键性技术难题的科研攻关还未取得突破，如低效防护林改造、盐碱涝洼地和风沙频发地等困难立地的造林树种选择、重大病虫害防治、高效防护林体系配置、已退化生态系统的恢复与修复等。这些技术难题在很大程度上制约了防护林质量的提高和效益的发挥。此外，在强化沿海防护林生态功能的同时，如何进一步提高其生态功能和经济效益，是将来沿海防护林提质增效建设过程中需解决的问题（许秀玉等，2009）。

5. 总　结

在2017年9月，台风“天鸽”正面登陆澳门和珠海，造成了严重的灾害。2018年9月，30年来最强台风“山竹”横扫菲律宾造成数十人遇难，之后在广东台山登陆，期间广东全省启动灾害I级响应。过去的研究表明，相比2005年之前30多年，西北太平洋和北大西洋台风的潜在破坏力平均分别增强了75%和近一倍，每年平均超强台风数几乎也增加了一倍（Ernanuel，2005；Webster et al.，2005）。随着沿海地区人口增长和基础设施增加，台风灾害的经济损失加重，全社会对台风灾害的关注度也提高了（吴建国等，2009；张艳娇等，2011）。中国科学院关于气候变化对我国的影响与防灾对策建议中指出：沿海地区应对气候变化需加强自然灾害影响及预防的研究，重点是防御台风灾害（中国科学院学部，2008）。因此，加强沿海防护林生态系统长期监测和基础科学研究，提高沿海防护林生态系统恢复技术研发，继续实施和完善沿海防护林体系建设工程，是广东沿海地区应对和减缓自然灾害，改善人居生活环境，建设美好家园，推进美丽中国建设的现实需求。

（二）森林净化大气环境生态系统服务功能评价

森林净化大气环境也是森林生态系统服务功能中一个重要指标，因此，森林净化大气环境价值常在森林生态系统功能价值评估研究中进行定量评估。周毅等（2005）对广东省生态公益林的生态环境价值计量和评估研究中发现，2001—2003年广东省生态公益林净化大气效益价值为472.83×10^8元/（公顷·年），占七大生态效益总价值的9.88%。罗传秀等（2005）对广东鼎湖山地区森林生态系统服务功能进行了初步估算，得出森林生态系统服务功能的总价值为4.2340亿元/年，其中净化空气价值为436.62万元/年。张佩霞等（2010）评估了鹤山市森林生态系统服务功能价值，其中森林净化大气环境价值为1.36亿元/年。方小林和高岚（2016）对广东碳汇林生态服务功能价值进行了评价，得出广东碳

汇林吸收 SO_2、氟化物、氮氧化物和阻滞降尘价值量分别为 3293255.87 元、99327.05 元、117089.28 元和 46947.01 元。此外，一些研究人员还对深圳市水生生态系统服务功能（梁鸿等，2016）、韶关市森林生态系统服务功能（韩秋萍等，2014）、南岭国家级自然保护区生态系统服务功能（张亚坚等，2017）和广州市湿地生态系统服务价值（郑文松，2009）中净化大气价值进行了评估。

（三）红树林生态系统服务价值评估

红树林作为全球四大湿地生态系统之一，具有独特的生态服务功能和重大的社会、经济价值，单位服务价值巨大（8.27 万元 / 公顷），中国红树林每年提供防浪护堤价值高达 10 亿元（韩维栋等，2000）。因此，红树林湿地生态系统服务功能的价值研究在红树林生态资源合理定价、有效补偿，惩处红树林湿地破坏行为经济标准等方面具有重要科学意义。广东红树林生态系统服务价值研究在红树林健康指标评价体系、服务功能分类与定量化核算等方面做出探索（郑耀辉和王树功，2008；郑耀辉等，2010）。但研究热点集中在福田和湛江两个地区湛江红树林服务价值（邓培雁等，2007；韩维栋等，2012）。

曲林静（2012）基于《广东省湿地调查报告》数据和成果参照法对广东红树林湿地服务价值进行评估，结果未 145243.78 万元 / 年（曲林静，2012）。陈忠（2007）针对广东省红树林生态系统净化功能及价值进行评估，总价值为 40739.25 万元，其中红树林底泥净化价值量占 81.13%，植物净化价值量站 18.87%（陈忠，2007）。张以科（2008）对广东红树林湿地净化石油和多环芳烃类污染物的功能及其价值估算，结果表明，平均每公顷红树林每年净化石油 123559.78 千克，平均每公顷红树林年净化 PAHs 11.00 千克，净化石油的总价值为 445277.11 万元，净化 PAHs 的总价值为 3051.90 万元，每公顷天然林年净化石油的价值为 47.65 万元，净化 PAHs 的价值为 0.33 万元，每公顷人工林年净化石油的价值为 33.30 万元，净化 PAHs 的价值为 0.15 万元（张以科，2008）。徐桂红等（2014）华侨城湿地服务总价值为 68228.52 万元，其中旅游休闲、宜居环境和企业生态品牌价值共为 60500.52 万元，占总价值的 88.67%（徐桂红等，2014）。彭友贵等（2004）分析了南沙地区湿地系统的服务功能，依据功能的重要程度与湿地资源的稀缺性，指出南沙开发应加强生态敏感区、红树林生境、水生动物繁殖区与鱼类洄游通道、自然林植被区、历史文化遗迹与自然景观分布区等重要湿地的保护（彭友贵等，2004）。张永雪等（2014）对南沙湿地的 8 种服务功能进行价值评估，结果表明，南沙湿地生态系统服务总价值为 61.50 亿元 / 年，其中环境条件、物质生产、人文社会服务价值分别占总价值的 40.27%、34.84% 和 24.90%（张永雪等，2014）。李跃林等（2011）研究得出，深圳湾红树林湿地生态系统总价值为 2928 万元，单位面积生态功能价值约 10.74 万元 /（公顷·年）（李跃林等，2011）。王燕等（2010）研究得出，福田红树林鸟类自然保护区生态服务总价值为 4.417×10^8 元，单位价值为 1.20×10^6 元

/（公顷·年），均高于全国红树林相应值（王燕等，2010）。赖李佳子（2011）对淇澳岛红树林湿地服务价值评估结果，2010 年生态系统服务总价值为 2.98×10^8 元，其中防风护堤、提供生物栖息地、水文调节、物质产出 4 种生态服务功能价值处于主要地位，并应用以上研究成果，提出珠海淇澳红树林湿地生态补偿的具体补偿方式和实施对策（赖李佳子，2011）。范海滨（2008）高桥红树林生态系统服务功能内容与价值构成将红树林湿地生态系统服务功能分为 3 大类型 12 类别各类服务功能项价值大小顺序为：营养物质调节（128.04 万元）< 维护生物多样性（622.44 万元）< 实物性产品（647 万元）< 科研教育（769.43 万元）< 支持近海渔业（838.77 万元）< 休闲娱乐（952.84 万元）< 减灾护岸（966.91 万元）< 提供就业机会（4605.74 万元）< 气体调节（4909.47 万元）< 污染物净化（7546.0 万元）< 保护土壤，促淤造陆（14702.23 万元）在红树林服务功能中的使用价值中，间接使用价值要大于直接使用价值，更远远大于实物性产品价值，从产品与服务的角度来看，也符合服务远远大于产品价值的特点（范海滨，2008）。

由于红树林湿地生态过程的复杂性及生态系统服务的多样性，目前已有的服务价值核算的方法体系均尚待完善。因此，未来红树林湿地服务价值评估仍需在以下几个方面开展深入研究，如红树林湿地范围界定及其服务的合理分类、红树林湿地单位服务价值的合理量化、红树林湿地生态系统服务及其价值的形成机理、全球变化与人类活动影响下红树林湿地生态系统服务的变化过程及特点、红树林湿地服务价值评估理论、评估指标体系及技术方法改进等（高常军等，2017）。今后对广东红树林湿地服务开展更为详细的野外长期定位观测实验，同时结合新的评估指标体系和技术，将提高红树林湿地服务价值评估的真实性及各研究之间的可比性和延续性，以及服务价值评估结果的准确性和稳定性，为掌握广东乃至华南地区滨海红树林湿地服务价值现状及制定滨海红树林湿地保护与开发政策等提供理论依据（易小青等，2018）。

参考文献

毕肖峰，彭华贵，黄忠良，等 . 2005. 南岭大顶山常绿阔叶林群落结构及其物种多样性 [J]. 生态科学，24（2）:113-116.

曾曙才，谢正生，古炎坤，等 . 2002. 广州白云山几种森林群落生物量和持水性能 [J]. 华南农业大学学报，23（4）: 41-44.

曾天勋，古炎坤 . 1985. 广东西江林场杉木马尾松荷木混交林分调查研究 [J]. 热带亚热带森林生态系统研究，3: 146-166.

曾向武，高晓翠，高常军 . 2016. 广东海丰鸟类省级自然保护区水鸟多样性 [J]. 湿地科学，14: 611-618.

曾小平，蔡锡安，赵平，等 . 2008. 南亚热带丘陵 3 种人工林群落的生物量及净初级生产力 [J]. 北京林业大学学报，30（6）: 148-152.

常弘，彭友贵 . 2005. 广州南沙湿地鸟类群落组成、多样性和保护策略 [J]. 生态环境学报，14: 242-246.

常弘，粟娟，廖宝文，等 . 2006. 广州新垦红树林湿地鸟类多样性动态研究 [J]. 生态科学，25: 4-7.

常弘，王勇军，张国萍，等 . 2001. 广东内伶仃岛夏季鸟类群落生物多样性的研究 [J]. 动物学杂志，36: 33-36.

陈步峰，陈勇，尹光天，等 . 2004. 珠江三角洲城市森林植被生态系统水质效应研究 [J]. 林业科学研究，17（4）:453-460.

陈步峰，粟娟，肖以华，等 . 2011. 广州市帽峰山常绿阔叶林生态系统的暴雨水文特征 [J]. 生态环境学报，20（5）: 829-833.

陈利娜 . 2016. 森林土壤养分空间变异性研究 [D]. 广州：华南农业大学 .

陈伟光，黄芳芳，温小莹，等 . 2017. 大气 SO_2 和 NO_2 污染及植物的抗性和净化能力研究进展 [J]. 林业与环境科学，33（4）:123-129.

陈玉军，廖宝文，黄勃，等 . 2011. 红树林消波效应研究进展 [J]. 热带生物学报，2（4）:378-382.

陈远生，甘先华，吴中亨，等 . 2001. 广东省沿海红树林现状和发展 [J]. 防护林科技，1（1）:20-26.

陈章和，王伯荪，张宏达 . 1993. 黑石顶自然保护区南亚热带常绿阔叶林生物量与生产量研究——Ⅱ. 马尾松生长分析 [J]. 中山大学学报（自然科学版），32（4）:81-86.

陈章和，王伯荪，张宏达 . 1996. 南亚热带常绿阔叶林的生产力 [M]. 广州：广东高等教育出版社 .

陈忠 . 2007. 广东省红树林生态系统净化功能及其价值评估 [D]. 广州：华南师范大学 .

程静，欧阳旭，黄德卫，等 . 2015. 鼎湖山针阔叶混交林 4 种优势树种树干液流特征 [J]. 生态学报，35（12）:4097-4104.

程真，周光益，吴仲民，等 . 2015. 南岭南坡中段不同群落林下幼树的生物多样性及分布 [J]. 林业科学研究，28（4）:543-550.

崔艳荷 . 2016. 森林土壤中活性氮的微生物转化过程研究 [D]. 北京：中国科学院大学 .

邓巨燮，关贯勋，卢柏威，等 . 1989. 广东省及海南重要鸟类资源现况调查 [J]. 生态科学，60-70.

邓培雁，刘威 . 2007. 湛江红树林湿地价值评估 [J]. 生态经济 ，126-128.

董文茂 . 2006. 珠三角抗污染树种揭秘 [J]. 环境，（6）:80-82.

杜阿朋，赵知渊，王志超，等 . 2014. 不同品种桉树人工林生长特征及持水性能研究 [J]. 热带作物学报 ，35（7）:1306-1310.

段经华 . 2017. 论生态效益评价体系之监测平台构建——加强林业生态监测网络建设研究 [J]. 国家林业局管理干部学院学报 ，3:27-32.

段文军，王金叶，李海防 . 2014. 华南退化生态系统三种典型生态恢复模式的小气候效应研究 [J]. 生态环境学报 ，（6）:911-916.

范春楠，韩士杰，郭忠玲，等 . 2016. 吉林省森林植被固碳现状与速率 [J]. 植物生态学报 ，40（04）: 341-353.

范海滨 . 2008. 高桥红树林湿地生态系统服务功能及其价值评估 [D]. 广州：华南师范大学 .

范玉龙，胡楠，丁圣彦，等 . 2016. 陆地生态系统服务与生物多样性研究进展 [J]. 生态学报，36（15）:4583-4593.

方小林，高岚 . 2016. 广东碳汇林生态服务功能价值评价 [J]. 中南林业科技大学学报（社会科学版），10（1）:48-55.

方运霆，莫江明，BROWN S，等 . 2004. 鼎湖山自然保护区土壤有机碳贮量和分配特征 [J]. 生态学报，24（1）: 135-142.

方运霆，莫江明，黄忠良，等 . 2003. 鼎湖山马尾松、荷木混交林生态系统碳素积累和分配特征 [J]. 热带亚热带植物学报 ，11（1）:47-52.

方运霆，莫江明，周国逸，等 . 2004. 南亚热带森林土壤有效氮含量及其对模拟氮沉降增加的初期响应 [J]. 生态学报 24，（11）:2353-2359.

方运霆，莫江明，周国逸，等 . 2005. 鼎湖山主要森林类型植物胸径生长对氮沉降增加的初期响应 [J]. 热带亚热带植物学报，13（3）:198-204.

冯汉华，熊育久 . 2011. 广东岩溶地区石漠化现状及其综合治理措施探讨 [J]. 中南林业调查规划，30（1）:15-19.

傅伯杰，刘宇 . 2014. 国际生态系统观测研究计划及启示 [J]. 地理科学进展,33（7）:893-902.

傅伯杰，牛栋，于贵瑞 . 2007. 生态系统观测研究网络在地球系统科学中的作用 [J]. 地理科学进展, 26（1）:1-16.

甘海华，吴顺辉，范秀丹 . 2003. 广东土壤有机碳储量及空间分布特征 [J]. 应用生态学报，14（9）: 1499-1502.

甘先华 . 2003. 东沿海地区复合农林业的现状及发展对策 [J]. 防护林科技，（3）:39-40.

高常军，魏龙，贾朋，等 . 2017. 基于去重复性分析的广东省滨海湿地生态系统服务价值估算 [J]. 浙江农林大学学报，34: 152-160.

高德强 . 2017. 鼎湖山典型森林水文过程氢气稳定同位素特征研究 [D]. 北京：中国林业科学研究院 .

高岚，李怡 . 2012. 广东省沿海防护林体系综合效益评价及可持续经营策略研究 [M]. 北京：中国林业出版社 .

高天伦，管伟，毛静，等 . 2017. 广东省雷州附城主要红树林群落碳储量及其影响因子 [J]. 生态环境学报，26: 985-990.

高翔伟，戴咏梅，韩玉洁，等 . 2016. 上海市森林生态连清体系监测布局与网络建设研究 [M]. 北京：中国林业出版社 .

弓明钦，陈羽，王凤珍，等 . 1999. 外生菌根对桉树青枯病的防治效应 [J]. 林业科学研究，12（4）: 339-345.

龚建文，周永章，张正栋 . 2010. 广东新丰江水库饮用水源地生态补偿机制建设探讨 [J]. 热带地理，30（1）:40-44.

关贯勋，邓巨燮 . 1990. 华南红树林潮滩带的鸟类 [J]. 逻辑学研究，66-73.

关晋宏，杜盛，程积民，等 . 2016. 甘肃省森林碳储量现状与固碳速率 [J]. 植物生态学报，40（4）: 304-317.

管东生，刘秋海，莫大伦 . 1999. 广州城市建成区绿地对大气二氧化硫的净化作用 [J]. 中山大学学报（自然科学版），38（2）:109-113.

广东省林业局 . 2015. www.gdf.gov.cn.

广东省植物研究所环境保护组 . 1978. 广东的抗大气污染植物 [J]. 植物杂志，（01）:14-16.

郭慧 . 2014. 森林生态系统长期定位观测台站布局体系研究 [D]. 北京：中国林业科学研究院 .

郭索彦，李智广 . 2009. 我国水土保持监测的发展历程与成就 [J]. 中国水土保持科学，7

(5) :19-24.

郭治兴，王静，柴敏，等 . 2011. 近 30 年来广东省土壤 pH 值的时空变化 [J]. 应用生态学报 22 (2) :425-430.

国家林业局 . 2003. 森林资源规划设计调查主要技术规定 [S].

国家林业局 . 全国沿海防护林体系建设工程（2016—2025 年）[R/OL]（2017-05-04）.

韩冰雪，张国华，毕新慧，等 . 2015. 广州城区夏季大气颗粒物数浓度谱分布特征 [J]. 环境科学研究，28（02）: 198-204.

韩桂云，孙铁珩，李培军，等 . 2002. 外生菌根真菌在大型露天煤矿生态修复中的应用研究 [J]. 13 (9) :1150-1152.

韩秋萍，张修玉，许振成，等 . 2014. 珠三角生态屏障区森林生态系统服务功能价值核算——以韶关市为例 [J]. 中国人口·资源与环境，165（s2）:430-434.

韩维栋，高秀梅，卢昌义，等 . 2000. 中国红树林生态系统生态价值评估 [J]. 生态科学 ，19: 40-46.

韩维栋，黄剑坚，李锡冲 . 2012. 雷州半岛红树林湿地的生态价值评估 [J]. 泉州师范学院学报 ，30: 62-66.

郝吉明，马广大 . 2002. 大气污染控制工程（第 2 版）[M]. 北京 : 高等教育出版社 .

何俊杰，陈小梅，冯思红，等 . 2016. 城郊梯度上南亚热带季风常绿阔叶林土壤 C、N、P 化学计量特征 [J]. 生态学杂志，35（3）: 591-596.

何克军，常弘 . 2005. 广东汕头海岸湿地鸟类群落与多样性的研究 [J]. 生态环境学报 ，14: 746-751.

何克军，陈晓翔，何执谦，等 . 2005. 广东湿地资源及其分布特征研究 [J]. 生态科学，2005，24 (3) :207-211.

何克军，林寿明，林中大 . 2006. 广东红树林资源调查及其分析 [J]. 林业与环境科学 ，22: 89-93.

何亚群，赵跃民，段晨龙，等 .2008. 主动脉动气流分选动力学模型及其数值模拟 [J]. 中国矿业大学学报 ，37 (2) :157-162.

何振立 . 1997. 土壤微生物量及其在养分循环和环境质量评价中的意义 [J]. 土壤，2:61-69.

何志斌，杜军，陈龙飞，等 . 2016. 旱区山地森林生态水文研究进展 [J]. 地球科学进展，31 (10) :1078-1089.

贺握权，黄忠良 . 2004. 外来植物种对鼎湖山自然保护区的入侵及其影响 [J]. 林业与环境科学，20 (3) :42-45.

洪渊，黄俊华，张冬鹏 . 2007. 深圳市园林植物叶片含硫量的特点 [J]. 生态科学,26 (2) :122-125.

侯晓丽，许建新，薛立 . 2016. 冰雪灾害对粤北杉木林林冠残体和凋落物持水特性的影响 [J]. 中南 林业科技大学学报，36（11）:86-91.

黄承才 . 1999. 浙江省马尾松（*Pinus massoniana*）林土壤呼吸的研究 [J]. 绍兴文理学院学报 : 65-69.

黄川腾，庄雪影，李荣喜，等 . 2012. 冰灾后南岭五指山森林树种的受损与早期恢复 [J]. 生态学杂志 ，31（6）:1390-1396.

黄妃本，陈纯秀，罗勇，等 . 2015. 碳汇监测与计量技术在广东红树林生态系统的应用研究 [J]. 林业与环境科学 ，31: 101-105.

黄灵玉 . 2015. 广东红树林土壤有机碳分布特征及其影响因素研究 [D]. 桂林：广西师范学院 .

黄钰辉，甘先华，张卫强，等 . 2017. 南亚热带杉木林皆伐迹地幼龄针阔混交林生态系统碳储量 [J]. 生态科学，36（4）:138-146.

黄志宏，王旭，周光益，等 . 2008. 不同理论方程模拟华南桉树人工林蒸散量的比较 [J]. 生态环境，17（3）: 1107-1111.

黄忠良，丁明懋，张祝平，等 . 1994. 鼎湖山季风常绿阔叶林的水文学过程及其氮素动态 [J]. 植物生态学报 ，18（2）:194-199.

黄忠良，孔国辉，魏平 . 1998. 鼎湖山植物物种多样性动态 [J]. 生物多样性 6（2）: 116-121.

郭盛才 . 2011. 广东湿地资源保护管理现状及其对策研究 [J]. 广东林业科技，27（2）：100-103.

吉冬青，文雅，魏建兵，等 . 2015. 流溪河流域景观空间特征与河流水质的关联分析 [J]. 生态学报，35（2）:246-253.

汲玉河，郭柯，倪健，等 . 2016. 安徽省森林碳储量现状及固碳潜力 [J]. 植物生态学报，40（04）: 395-404.

贾朋，高常军，李吉跃，等 . 2018. 华南地区尾巨桉和马占相思人工林地表温室气体通量 [J]. 生态学报，38: 6903-6911.

姜凤岐 . 2003. 防护林经营学 [M]. 北京：中国林业出版社 .

蒋婧，宋明华 . 2010. 植物与土壤微生物在调控生态系统养分循环中的作用 [J]. 植物生态学报，34（8）:979-988.

蒋有绪，郭泉水，马娟 . 1998. 中国森林群落分类及其群落学特征 [M]. 北京 : 科学出版社 .

柯娴氡，张璐，苏志尧 . 2012. 粤北亚热带山地森林土壤有机碳沿海拔梯度的变化 [J]. 生态与农村环境学报 ，28（2）:151-156.

孔国辉，陈宏通，刘世忠，等 . 2003. 广东园林绿化植物对大气污染的反应及污染物在叶片的积累 [J]. 热带亚热带植物学报 ，11（4）:297-315.

赖李佳子 . 2011. 淇澳红树林湿地生态系统服务功能价值评估及其生态补偿研究 [D]. 广州：

华南师范大学 .
赖树雄，区余端，苏志尧，等 . 2008. 南岭国家级自然保护区不同保护条件下林分的组成和立木结构 [J]. 热带亚热带植物学报，16（4）:315-320.
乐肯堂 . 1998. 我国风暴潮灾害风险评估方法的基本问题 [J]. 海洋预报，(3）:38-44.
黎夏，刘凯，王树功 . 2006 珠江口红树林湿地演变的遥感分析 [J]. 地理学报，61: 26-34.
黎植权，林中大，薛春泉 . 2002. 广东省红树林植物群落分布与演替分析 [J]. 林业与环境科学，18: 52-55.
李春义，马履一，徐昕 . 2006. 抚育间伐对森林生物多样性影响研究进展 [J]. 世界林业研究，19（6）:27-32.
李海滨，吴林芳，黄萧洒，等 .2017. 莲花山白盆珠自然保护区 3 种森林土壤养分含量比较 [J]. 林业与环境科学（6）:61-64.
李汉强，邱治军，张宁南，等 . 2013. 马占相思人工林的林冠截留效应 [J]. 中南林业科技大学学报，33（2）:86-90.
李皓宇，彭逸生，刘嘉健，等 . 2016. 粤东沿海红树林物种组成与群落特征 [J]. 生态学报，36: 252-260.
李建勇 . 2004. 红树林湿地生态系统服务功能与可持续利用研究——以湛江红树林国家级自然保护区为例 [D]. 广州：中山大学 .
李矿明，邓小飞，韩维栋 . 2006. 广东江门沿海红树林及其它湿地植被 [J]. 中南林业调查规划，25: 35-38.
李玫，章金鸿 . 2006. 大气污染的植物修复及其机理研究的进展 [J]. 广州环境科学,(2):39-43.
李清湖，庄雪影 . 2012. 广东山区 3 种不同人工林林下植物多样性初步研究 [J]. 林业与环境科学，28（2）:37-45.
李少宁，王兵，郭浩，等 . 2007. 大岗山森林生态系统服务功能及其价值评估 [J]. 中国水土保持科学，5（6）:58-64.
李天宏，赵智杰，韩鹏 . 2002 深圳河河口红树林变化的多时相遥感分析 [J]. 遥感学报，6: 364-369.
李伟，魏润鹏，郑勇奇，等 . 2013. 广东高要南部低丘桉树人工林下植被物种多样性分析 [J]. 广西林业科学，42（3）:222-225.
李伟，张翠萍，魏润鹏 . 2014. 广东中西部桉树人工林植物多样性与林龄和土壤因子的关系 [J]. 生态学报，34（17）:4957-4965.
李星，杨扬，乔永民，等 . 2015. 东江干流水体氮的时空变化特征及来源分析 [J]. 环境科学学报，35（7）:2143-2149.
李延梅，牛栋，张志强，等 . 2009. 国际生物多样性研究科学计划与热点述评 [J]. 生态学报，

29（4）:2115-2123.
李怡 . 2010. 广东省沿海防护林综合效益计量与实现研究 [D]. 北京：北京林业大学 .
李跃林，宁天竹，徐华林，等 . 2011. 深圳湾福田保护区红树林生态系统服务功能价值评估 [J]. 中南林业科技大学学报，31: 41-48.
李珍珍 . 2000. 沈阳东陵公园与陨石山森林公园 SO_2 污染及树木含硫量的比较分析 [J]. 辽宁大学学报（自然科学版），27（1）:80-84.
李振，李浩，曾宪曙，等 . 2013. 广东鹤山三种南亚热带人工林的生态系统服务价值动态 [J]. 生态环境学报，（6）:967-975.
梁国华，张德强，卢雨宏，等 . 2018. 鼎湖山季风常绿阔叶林土壤 C:N:P 生态化学计量特征对长期模拟酸雨的响应 [J]. 生态环境学报，027（005）：844-851.
梁鸿，潘晓峰，余欣繁，等 . 2016. 深圳市水生态系统服务功能价值评估 [J]. 自然资源学报，31（9）:1474-1487.
梁璇，刘萍，徐正春，等 . 2015. 不同类型城市森林的林下植物多样性研究 [J]. 华南农业大学学报，36（2）:69-73.
廖宝文，张乔民 . 2014. 中国红树林的分布、面积和树种组成 [J]. 湿地科学，（4）：435-440.
廖剑宇，彭秋志，郑楚涛，等 . 2013. 东江干支流水体氮素的时空变化特征 [J]. 资源科学，35（3）:505-513.
林雯，李吉跃，周平，等 . 2014. 广州市 3 种典型人工林碳储量及分布特征研究 [J]. 广东林业科技，30（2）: 1-7.
林喜珀，黄钰辉，陈永聚，等 . 2016. 鹅凰嶂自然保护区空气负离子时空分布及其与环境因子的关系 [J]. 林业与环境科学，32（3）: 14-18.
林义辉，周毅，张卫强，等 . 2009. 西江中下游生态公益林小气候特征 [J]. 华南农业大学学报，30（2）:68-72.
林永标，申卫军，彭少麟，等 . 2003. 南亚热带鹤山三种人工林小气候效应对比 [J]. 生态学报，23（8）:1657-1666.
林中大，刘惠民 . 2003. 广东红树林资源及其保护管理的对策 [J]. 中南林业调查规划，22: 35-38.
刘婵芳 . 2007. 番禺区典型植物对大气 SO_2、NO_x 的响应研究 [D]. 广州：中山大学 .
刘飞鹏 . 2007. 广东省森林土壤酸化现状及调控措施 [J]. 林业调查规划，32（4）:69-72.
刘菊秀，周国逸，褚国伟，等 .2003. 鼎湖山季风常绿阔叶林土壤酸度对土壤养分的影响 [J]. 土壤学报 40（5）:763-767.
刘凯，朱远辉，李骞，等 . 2016. 基于多源遥感的广东镇海湾红树林演变分析 [J]. 热带地理，36: 850-859.

刘璐，管东生，陈永勤 . 2013. 广州市常见行道树种叶片表面形态与滞尘能力 [J]. 生态学报，33（8）:2604-2614.

刘敏，苏志尧 . 2010. 广东低山林下土壤理化特征分析 [J]. 中南林业科技大学学报 30（2）:36-40.

刘培桐 . 1995. 环境科学概论 [M]. 北京 : 高等教育出版社 .

刘萍，邓鉴峰，魏安世，等 . 2015. 广州市森林生物量及碳储量评估 [J]. 西南林业大学学报，35（4）: 62-65.

刘琦，江源，丁佼，等 . 2016. 东江流域主要支流溶解性有机质污染特征初探 [J]. 自然资源学报，31（7）:1231-1240.

刘申，罗艳，黄钰辉，等 . 2007. 鼎湖山五种植被类型群落生物量及其径级分配特征 [J]. 生态科学，26（5）: 387-393.

刘世荣，代力民，温远光，等 . 2015. 面向生态系统服务的森林生态系统经营 : 现状、挑战与展望 [J]. 生态学报，35（1）:1-9.

刘世荣，温远光，王兵，等 . 1996. 中国森林生态系统水文生态功能规律 [M]. 北京 : 中国林业出版社 .

刘树华，李浩，陆宏芳 . 2011. 鼎湖山南亚热带森林生态系统服务价值动态 [J]. 生态环境学报，20（z1）:1042-1047.

刘蔚秋，余世孝，王永繁，等 . 2002. 黑石顶自然保护区森林生物量测定的比较分析 [J]. 中山大学学报（自然科学版），41（2）: 80-84.

刘蔚秋，余世孝，王永繁，等 . 2003. 粤西黑石顶自然保护区杉木林与次生常绿阔叶林群落特征比较 [J]. 内蒙古大学学报（自然科学版），34（3）: 318-324.

刘效东，龙凤玲，陈修治，等 . 2016. 基于修正的 Gash 模型对南亚热带季风常绿阔叶林林冠截留的模拟 [J]. 生态学杂志，35（11）:3118-3125.

刘效东，乔玉娜，周国逸，等 . 2013. 鼎湖山 3 种不同演替阶段森林凋落物的持水特性 [J]. 林业科学，49（9）:8-15.

刘效东，周国逸，陈修治，等 . 2014. 南亚热带森林演替过程中小气候的改变及对气候变化的响应 [J]. 生态学报，34（10）:2755-2764.

刘兴诏，周国逸，张德强，等 . 2010. 南亚热带森林不同演替阶段植物与土壤中 N-P 的化学计量特征 [J]. 植物生态学报，34（1）:64-71

刘旭拢 ，邓孺孺，秦雁，等 .2016. 东江流域地表水功能区水质对土地利用的响应 [J]. 热带地理，36（2）:296-302.

刘迎春，于贵瑞，王秋凤，等 . 2015. 基于成熟林生物量整合分析中国森林碳容量和固碳潜力 [J]. 中国科学 : 生命科学，45（2）: 210-222.

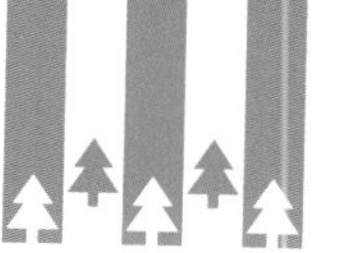

柳杨，何先进，侯恩庆 . 2017. 鼎湖山森林演替和海拔梯度上的土壤微生物生物量碳氮变化 [J]. 生态学杂志 36（2）:287-294.

鲁显楷，莫江明，董少峰 . 2008. 氮沉降对森林生物多样性的影响 [J]. 生态学报，28（11）:5532-5548.

罗传秀，潘安定，夏丽华 . 2005. 鼎湖山森林与旅游生态服务功能的初步评估 [J]. 西北林学院学报，20（4）:161-164.

罗薇，张会化，陈俊坚，等 . 2018. 广东省土壤有机碳储量及分布特征 [J]. 生态环境学报，27（09）: 1593-1601.

骆土寿，杨昌腾，吴仲民，等 . 2010. 冰雪灾害对粤北天然次生林的损害及产生的林冠残体量 [J]. 热带亚热带植物学报，18（3）:231-237.

骆永明，查宏光，宋静，等 . 2002. 大气污染的植物修复 [J]. 土壤，34（3）:113-119.

毛子龙，赖梅东，赵振业，等 . 2011. 薇甘菊入侵对深圳湾红树林生态系统碳储量的影响 [J]. 生态环境学报，20: 1813-1818.

毛子龙，杨小毛，赵振业，等 . 2012. 深圳福田秋茄红树林生态系统碳循环的初步研究 [J]. 生态环境学报，1189-1199.

梅婷婷，赵平，倪广艳，等 . 2012. 树木胸径大小对树干液流变化格局的偏度和时滞效应 [J]. 生态学报，32（22）:7018-7026.

缪绅裕，陈桂珠，陈正桃，等 . 1998. 广东湛江保护区红树林种群的生物量及其分布格局 [J]. 广西植物，18（1）: 20-24.

莫江明，方运霆，徐国良，等 . 2005. 鼎湖山苗圃和主要森林土壤 CO_2 排放和 CH_4 吸收对模拟 N 沉降的短期响应 [J]. 生态学报；25: 682-690.

莫江明，彭少麟，Sandra Brown，等 . 2004. 鼎湖山马尾松林群落生物量生产对人为干扰的响应 [J]. 生态学报，24（2）:193-200.

莫江明，彭少麟，Sandra BROWN，等 . 2004. 鼎湖山马尾松林植物养分积累动态及其对人为干扰的响应 [J]. 植物生态学报，28（6）:810-822

倪广艳，赵平，朱丽薇，等 . 2015. 荷木整树蒸腾对干湿季土壤水分的水力响应 [J]. 生态学报，35（3）:652-662.

聂昊，王绍强，周蕾，等 . 2011. 基于森林清查资料的江西和浙江森林植被固碳潜力 [J]. 应用生态学报，22（10）: 2581-2588.

欧阳旭，李跃林，张倩媚 . 鼎湖山针阔叶混交林小气候调节效应 [J]. 生态学杂志，2014，33（3）:575-582.

欧阳学军，周国逸，黄忠良，等 . 2002. 鼎湖山森林地表水水质状况分析 [J]. 生态学报，22（9）:1373-1379.

欧阳志云，王如松，赵景柱 . 1999. 生态系统服务功能及其生态经济价值评价 [J]. 应用生态学报，10（5）:635-640.

潘文，张卫强，张方秋，等 . 2012. 广州市园林绿化植物苗木对二氧化硫和二氧化氮吸收能力分析 [J]. 生态环境学报，21（4）:606-612.

盘李军，黄钰辉，张卫强，等 . 2016. 南亚热带不同类型人工林溪流水水质特征 [J]. 林业与环境科学，32（1）:1-9.

裴男才，陈步峰，邹志谨，等 . 2013. 珠江三角洲不同污染梯度下森林优势种叶片和枝条 S 含量比较 [J]. 生态学报，33（19）: 6114-6120.

彭聪姣，钱家炜，郭旭东，等 . 2016. 深圳福田红树林植被碳储量和净初级生产力 [J]. 应用生态学报 ，27: 2059-2065.

彭少麟，李鸣光，陆阳 . 1989. 鼎湖山马尾松种群生物生产量初步研究 [J]. 热带亚热带森林生态系统研究，5: 75-82.

彭少麟，申卫军，戴智明，等 . 2001. 马占相思人工林温湿效应的时空动态 [J]. 热带亚热带植物学报，9（4）:277-283.

彭少麟，余作岳，张文其 . 1991. 广东鹤山亚热带丘陵人工林群落分析Ⅳ . 针叶林 [J]. 生态科学，(01）:20-25.

彭少麟，张祝平 . 1990. 鼎湖山森林植被主要优势种黄果厚壳、厚壳桂生物量及第一性生产力研究 [J]. 植物生态学与地植物学学报，14（1）: 23-32.

彭少麟，张祝平 . 1992. 鼎湖山森林植被优势种云南银柴和柏拉木的生物量及第一性生产力研究 [J]. 应用生态学报，3（3）: 202-206.

彭少麟，张祝平 . 1994. 鼎湖山地带性植被生物量、生产力和光能利用效率 [J]. 中国科学（B 辑），24（5）: 497-502.

彭耀强，薛立，曹鹤，等 . 2006. 三种阔叶林凋落物的持水特性 [J]. 水土保持学报，20（5）:189-191.

彭逸生，王晓兰，陈桂珠，等 . 2008. 珠海淇澳岛冬季的鸟类群落 [J]. 生态学杂志 ，27: 391-396.

彭友贵，陈桂珠，夏北成，等 . 2004. 广州南沙地区湿地生态系统的服务功能与保护 [J]. 湿地科学，2: 81-87.

彭子恒，王怀领，王宇欣 . 2008. 井冈山国家级自然保护区森林生态系统服务功能价值测度 [J]. 林业经济问题，28（6）:512-516.

秦伟，朱清科 . 2006. 绿色 GDP 核算中森林保育土壤价值的研究进展 [J]. 中国水土保持科学 4（3）:109-116.

丘清燕，陈小梅，梁国华，等 . 2013. 模拟酸沉降对鼎湖山季风常绿阔叶林地表径流水化学

特征的影响 [J]. 生态学报，33（13）:4021-4030.

邱彭华，徐颂军，符英，等 . 2011. 广州南沙区万顷沙人工次生湿地植物群落初步研究 [J]. 生态科学，30（1）: 43-50.

邱媛，管东生，陈华，等 . 2007. 惠州绿化乔木叶片及其叶面降尘对大气 SO_2 污染的生物监测 [J]. 生态环境，16（2）:317-322.

邱治军，曾震军，周光益，等 . 2010. 流溪河小流域 3 种林分的土壤水分物理性质 [J]. 南京林业大学学报（自然科学版），34（3）:62-66.

邱治军，牛强，周光益，等 . 2016. 广州市流溪河小流域典型林分枯落物的持水特性 [J]. 中南林业科技大学学报，36（4）:64-67.

邱治军，吴仲民，王旭，等 . 2011. 冰雪灾害对粤北九峰阔叶林枯落物量及水文功能的影响 [J]. 林业科学研究，24（5）: 591-595.

邱治军，周光益，吴仲民，等 . 2011. 粤北杨东山常绿阔叶次生林林冠截留特征 [J]. 林业科学，47（6）:157-161.

曲林静 . 2012. 广东省红树林生态系统服务价值评估 [J]. 海洋信息 ，40-44.

任海，彭少麟，向言词 . 2000. 鹤山马占相思人工林的生物量和净初级生产力 [J]. 植物生态学报，24（1）:18-21.

任仁，白乃彬 . 2000. 中国降水化学数据的化学计量学分析 [J]. 北京工业大学学报 . 26: 90-95.

任向荣，薛立，曹鹤，等 . 2008. 3 种人工林凋落物的持水特性 [J]. 华南农业大学学报，29（3）:47-51.

山广茂，王兵 . 2013. 吉林省森林生态型系统服务功能及其效益评估 [M]. 哈尔滨：东北林业大学出版社，31-81.

邵怡若，钟斌，杨振意，等 . 2013. 广东省森林资源及碳储量分布 [J]. 湖南林业科技，40（3）: 34-38.

邵宜晶，俞梦笑，江军，等 . 2017. 鼎湖山 3 种演替阶段森林土壤 C、N、P 现状及动态 [J]. 热带亚热带植物学报，25（6）:523-530.

申卫军，彭少麟，周国逸，等 . 2001. 马占相思（*Acacia mangium*）与湿地松（*Pinus elliotii*）人工林枯落物层的水文生态功能 [J]. 生态学报，21（5）:846-850.

申卫军，周国逸，彭少麟，等 . 1999. 南亚热带鹤山 5 种生态系统的地表径流 [J]. 热带亚热带植物学报，7（4）:273-281.

沈德才，周永东，龙田养，等 .2013. 东莞市森林土壤有机质空间变异性研究 [J]. 林业与环境科学 29（3）:1-6.

时忠杰，张宁南，何常清，等 . 2010. 桉树人工林冠层、凋落物及土壤水文生态效应 [J]. 生态学报，30（7）:1932-1939.

史广松，刘艳红，康峰峰 . 2009. 暖温带森林土壤呼吸随林分类型及其微生境因子的变异规律 [J]. 江西农业大学学报，31: 408-415.

史军辉，黄忠良，周小勇，等 . 2005. 鼎湖山森林群落多样性垂直分布格局的研究 [J]. 生态学杂志，24（10）:1143-1146.

苏开君，王光，马红岩，等 . 2007. 流溪河小流域针阔混交林林冠降雨截留模型研究 [J]. 中南林业科技大学学报（自然科学版），27（1）:60-63.

谭芳林，朱炜，林捷，等 . 2003. 沿海木麻黄防护林基干林带防风效能定量评价研究 [J]. 林业科学，（s1）:27-31.

谭文雄 . 2010. 广东省韶关市森林植被碳储量及其分布 [A]. 中国科学技术协会、福建省人民政府 .2010 中国科协年会第五分会场全球气候变化与碳汇林业学术研讨会优秀论文集 . 中国科学技术协会、福建省人民政府，2010: 5.

谭一凡，彭友贵，史正军，等 . 2013. 深圳市森林碳储量及其动态变化 [J]. 西南林业大学学报，33（4）: 17-24.

唐朝胜，刘世洪，程杰仁，等 . 2017. 基于数值模拟的橡胶防护林防风效应探讨 [J]. 西北林学院学报，32（2）:79-83.

唐旭利，周国逸，温达志，等 . 2003. 鼎湖山南亚热带季风常绿阔叶林 C 贮量分布 [J]. 生态学报，23（1）: 90-97.

陶雪琴，卢桂宁，周康群，等 . 2007. 大气化学污染的植物净化研究进展 [J]. 生态环境学报，16（5）:1546-1550.

田野，陈玉军，侯琳，等 . 2014. 广东湛江白骨壤红树人工林消波效应初步研究 [J]. 地球环境学报，（1）:30-35.

王兵，崔向慧，杨锋伟 . 2004. 中国森林生态系统定位研究网络的建设与发展 [J]. 生态学杂志，（4）: 84-91.

王兵，鲁绍伟，尤文忠，等 . 2010. 辽宁省森林生态系统服务价值评估 [J]. 应用生态学报，21（7）: 17-92.

王兵，鲁绍伟 . 2009. 中国经济林生态系统服务价值评估 [J]. 应用生态学报，20（2）:417-425.

王兵，魏文俊，邢兆凯，等 . 2008. 中国竹林生态系统的碳储量 [J]. 生态环境，17（4）: 1680-1684.

王兵 . 2011. 广东省森林生态系统服务功能评估 [M]. 北京 : 中国林业出版社 .

王兵 . 2015. 森林生态连清技术体系构建与应用 [J]. 北京林业大学学报，37（1）:1-8.

王兵 . 2016. 生态连清理论在森林生态系统服务功能评估中的实践 [J]. 中国水土保持科学，14（1）:1-11.

王冬云，张卓文，苏开君，等 . 2008. 广州流溪河流域毛竹林的水文生态效应 [J]. 浙江林学

院学报，25（1）:37-41.

王海芹，高世楫 . 2017. 生态环境监测网络建设的总体框架及其取向 [J]. 改革，（5）:15-34.

王建，王根绪，王长庭，等 . 2016. 青藏高原高寒区阔叶林植被固碳现状、速率和潜力 [J]. 植物生态学报，40（04）: 374-384.

王金叶，于澎涛，王彦辉，等 . 2008. 生态水文过程研究 [M]. 北京 : 科学出版社 .

王璟睿，仵宏基，孙昕，等 . 2016. 广东省森林碳储量与动态变化 [J]. 东北林业大学学报，44（1）: 18-22，36.

王绍强，于贵瑞 . 2008. 生态系统碳氮磷元素的生态化学计量学特征 [J]. 生态学报，28（8）: 3937-3943.

王文卿，王瑁 . 2007. 中国红树林 [M]. 北京：科学出版社 .

王燕，王艳，李韶山，等 . 2010. 深圳福田红树林鸟类自然保护区生态服务功能价值评估 [J]. 华南师范大学学报（自然科学版），3:86-91.

王勇军，刘治平，陈相如 . 1993. 深圳福田红树林冬季鸟类调查 [J]. 生态科学 ，74-84.

王勇军，徐华林，昝启杰 . 2004. 深圳福田鱼塘改造区鸟类监测及评价 [J]. 生态科学，23: 147-153.

魏龙，张方秋，高常军，等 . 2016. 广东沿海典型木麻黄防护林带风场的时空特征 [J]. 林业与环境科学，32（4）:1-6.

魏龙，张方秋，高常军，等 . 2016. 广东湛江沿海木麻黄防护林生态系统的辐射通量特征 [J]. 林业与环境科学，32（5）:1-6.

温达志，魏平，孔国辉，等 . 1997. 鼎湖山锥栗、黄果厚壳桂、荷木群落生物量及其特征 [J]. 生态学报，17（5）: 497-504.

温美丽，杨龙，方国祥，等 . 2015. 新丰江水库上游氮磷污染的时空变化 [J]. 热带地理，35（1）:103-110.

文伟，谭一凡，史正军，等 . 2015. 深圳市经济林生物量与碳储量及其空间分布 [J]. 西部林业科学，44（3）: 90-96.

吴楚材，钟林生，刘晓明 . 1998. 马尾松纯林林分因子对空气负离子浓度影响的研究 [J]. 中南林业科技大学学报，（1）:70-73.

吴道铭，傅友强，于智卫，等 .2013. 我国南方红壤酸化和铝毒现状及防治 [J]. 土壤 45（4）:577-584.

吴建国，吕佳佳，艾丽 . 2009. 气候变化对生物多样性的影响 : 脆弱性和适应 [J]. 生态环境学报，18（2）: 693-703.

吴培强，马毅，李晓敏，等 . 2011. 广东省红树林资源变化遥感监测 [J]. 海洋学研究 ，29: 16-24.

吴庆标，王效科，段晓男，等 . 2008. 中国森林生态系统植被固碳现状和潜力 [J]. 生态学报，28（2）: 517-524.

吴耀兴，康文星，郭清和，等 . 2009. 广州市城市森林对大气污染物吸收净化的功能价值 [J]. 林业科学，45（5）:42-48.

吴征镒 . 1980. 中国植被 [M]. 北京 : 科学出版社 .

吴中伦 .1997. 中国森林 [M]. 北京 : 中国林业出版社 .

武锋，郑松发，陆钊华，等 . 2015. 珠海淇澳岛红树林的温湿效应与人体舒适度 [J]. 森林与环境学报，35（2）:159-164.

肖光明，黄忠良 . 2010. 旅游活动对鼎湖山生物圈保护区植被的影响 [J]. 地理研究，（6）:1005-1016.

肖以华，李炯，旷远文，等 . 2013. 广州大夫山雨季林内外空气 TSP 和 $PM_{2.5}$ 浓度及水溶性离子特征 [J]. 生态学报，33（19）:6209-6217.

肖以华，刘世荣，佟富春，等 .2013. “非正常”凋落物对冰雪灾后南岭森林土壤有机碳的影响 [J]. 生态环境学报（9）:1504-1513.

肖以华，刁丹，佟富春，等 . 2013. 广州市城乡梯度森林公园雨季空气 $PM_{2.5}$ 浓度及水溶性离子特征 [J]. 应用生态学报，24（10）:2905-2911.

肖以华，陈步峰，温建新，等 . 2011. 中山市不同植被环境与空气负离子及空气质量关系研究 [J]. 中国城市林业，9（04）: 20-23.

肖以华 . 2012. 冰雪灾害导致的凋落物对亚热带森林土壤碳氮及温室气体通量的影响 [D]. 北京：中国林业科学研究院

谢正生，古炎坤，陈北光，等 . 1998. 南岭国家级自然保护区森林群落物种多样性分析 [J]. 华南农业大学学报，19（3）:61-66.

辛勤，刘源月，刘云斌 . 2010. 中国亚热带森林土壤呼吸的基本特点 [J]. 成都大学学报（自然科学版）.29: 32-35.

徐桂红，吴苑玲，杨琼 . 2014. 华侨城湿地生态系统服务功能价值评估 [J]. 湿地科学与管理，9-12.

徐猛，陈步峰，粟娟，等 . 2008. 广州帽峰山林区空气负离子动态及与环境因子的关系 [J]. 生态环境学报，17（5）:179-185.

徐馨，王法明，邹碧，等 . 2013. 不同林龄木麻黄人工林生物多样性与土壤养分状况研究 [J]. 生态环境学报，22（9）:1514-1522.

徐义刚，周光益，骆土寿，等 . 2001. 广州市森林土壤水化学和元素收支平衡研究 [J]. 生态学报 . 21（10）:1670-1681

徐正春，安娜，高岚 . 2011. 雨雪冰冻灾害造成自然保护区生态服务功能损失的经济评估—

以南岭自然保护区乳阳林业局为例 [J]. 西南林业大学学报，31（2）:33-37.
许方宏，张进平，张倩媚，等 . 2012. 广东湛江高桥三个天然红树林的土壤碳库 [J]. 价值工程，31: 5-6.
许秀玉，曾锋，黎珊颖，等 . 2009. 广东省沿海防护林体系建设现状、问题与对策 [J]. 林业与环境科学，25（5）:98-101.
许秀玉，王明怀，魏龙，等 . 2012. 51 个木麻黄无性系遗传多样性的 ISSR 分析 [J]. 林业科学研究，25（6）:691-696.
许秀玉，肖莉，王明怀，等 . 2015. 沿海抗台风树种评价体系构建与选择 [J]. 浙江农林大学学报，32（4）:516-522.
许伊敏，龚粤宁，刁丹，等 .2013. 南岭自然保护区常绿阔叶林优势树种叶片中 11 种化学元素含量特征 [J]. 林业科学研究 26（6）:759-765.
许宇星，王志超，竹万宽，等 . 2016. 雷州半岛 2 种速生人工林内外 PM2.5 与空气负离子浓度日变化特征 [J]. 桉树科技，(3）: 7-11.
薛春泉，叶金盛，杨加志，等 . 2008. 广东省阔叶林生物量的分布规律研究 [J]. 华南农业大学学报，29（1）: 48-52.
薛立，李燕，屈明，等 . 2005. 火力楠、荷木和黎蒴林的土壤特性及涵养水源的研究 [J]. 应用生态学报，16（9）:1623-1627.
薛立，梁丽丽，任向荣，等 .2008. 华南典型人工林的土壤物理性质及其水源涵养功能 [J]. 土壤通报，39（5）:986-989.
闫俊华，周国逸，陈忠毅 . 2001. 鼎湖山人工松林生态系统蒸散力及计算方法的比较 [J]. 生态学杂志，20（1）:5-8
闫俊华，周国逸，申卫军 . 2000. 用灰色关联法分析森林生态系统植被状况对地表径流系数的影响 [J]. 应用与环境生物学报，6（3）:197-200.
闫俊华，周国逸，唐旭利，等 . 2001. 鼎湖山 3 种演替群落凋落物及其水分特征对比研究 [J]. 应用生态学报，12（4）:509-512.
闫俊华，周国逸，张德强，等 . 2003. 鼎湖山顶级森林生态系统水文要素时空规律 [J]. 生态学报，23（11）:2359-2366.
杨娟，Gao J，刘宝林，等 . 2012. 雷州半岛红树林边缘效应及其对海岸有机碳库的影响 [J]. 海洋学报，34: 161-168.
杨昆，管东生 . 2006. 珠江三角洲森林的生物量和生产力研究 [J]. 生态环境，15（1）:84-88.
杨勤业，郑度，吴绍洪 . 2002. 中国的生态地域系统研究 [J]. 自然科学进展，12（3）:65-69.
杨清培，李鸣光，李仁伟 . 2001. 广东黑石顶自然保护区马尾松群落演替过程中的材积和生物量动态 [J]. 广西植物，21（4）: 295–299.

杨清培，李鸣光，王伯荪，等 . 2003. 粤西南亚热带森林演替过程中的生物量与净第一性生产力动态 [J]. 应用生态学报，14（12）: 2136-2140.

杨清培，李鸣光，张炜银，等 . 2000. 黑石顶自然保护区未受干扰与人为干扰马尾松林物种多样性比较 [J]. 中山大学学报（自然科学版），39（s3）:87-92.

杨汝荣 . 2000. 南岭山区的生物多样性和生态系统保护与区域环境安全 [J]. 江西农业大学学报，22（2）:199-203.

杨玉盛，陈光水，王小国，等 . 2005. 皆伐对杉木人工林土壤呼吸的影响 [J]. 土壤学报 .42: 584-590.

杨玉盛，陈光水，谢锦升，等 . 2006. 格氏栲天然林与人工林土壤异养呼吸特性及动态 [J]. 土壤学报 . 43: 53-61.

姚庭玉，陈小梅，何俊杰，等 . 2017. 模拟干旱对鼎湖山季风常绿阔叶林土壤碳氮磷化学计量特征的影响 [J]. 西南林业大学学报 . 37（1）：104-109

叶功富，王小云，卢昌义，等 . 2008. 闽南沿海木麻黄基干林带的防风效应 [J]. 海峡科学，（10）:77-79.

叶金盛，佘光辉 . 2010. 广东省森林植被碳储量动态研究 [J]. 南京林业大学学报（自然科学版），34（4）: 7-12.

叶万辉，曹洪麟，黄忠良，等 . 2008. 鼎湖山南亚热带常绿阔叶林 20 公顷样地群落特征研究 [J]. 植物生态学报，32（2）:274-286.

叶永昌，张浩，陈葵仙，等 . 2016. 香港人工林改造对林下植物自然更新和物种多样性的早期影响 [J]. 林业与环境科学，32（6）: 1-9.

叶有华，喻本德，郭微，等 . 2013. 深圳东冲红树林生态系统多样性研究（英文）[J]. 生态环境学报 ，199-206.

蚁伟民，张祝平，丁明懋，等 . 2000. 鼎湖山格木群落的生物量和光能利用效率 [J]. 生态学报，20（2）: 397-403.

易小青，高常军，魏龙，等 . 2018. 湛江红树林国家级自然保护区湿地生态系统服务价值评估 [J]. 生态科学，037（002）：61-67.

尹光彩，周国逸，唐旭利，等 . 2003. 鼎湖山不同演替阶段的森林土壤水分动态 [J]. 吉首大学学报（自然科学版），24（3）:63-68.

于丹丹，吕楠，傅伯杰 . 2017. 生物多样性与生态系统服务评估指标与方法 [J]. 生态学报，37（2）:349-357.

于贵瑞，王秋凤 . 2003. 我国水循环的生物学过程研究进展 [J]. 地理科学进展,22(2):111-117.

于贵瑞，于秀波 . 2013. 中国生态系统研究网络与自然生态系统保护 [J]. 中国科学院院刊，（2）:275-283.

于贵瑞，张雷明，孙晓敏，等 . 2004. 亚洲区域陆地生态系统碳通量观测研究进展 [J]. 中国科学 D 辑地球科学，34（增刊Ⅱ）: 15-29.

余新晓，张志强，陈丽华，等 . 2004. 森林生态水文 [M]. 北京 : 中国林业出版社 .

余新晓 . 2013. 森林生态水文研究进展与发展趋势 [J]. 应用基础与工程科学学报,21（3）:391-402.

余作岳，周国逸，彭少麟 . 1996. 小良试验站三种地表径流效应的对比研究 [J]. 植物生态学报，20（4）:355-362.

禹海群，李楠，林平义，等 . 2012. 深圳市常见园林植物滞尘效应初步研究 [J]. 江苏林业科技，39（2）:1-5.

张兵，储双双，张立超，等 . 2016. 广东车八岭国家级自然保护区空气负离子水平及其主要影响因子 [J]. 广西植物 . 36（5）: 523-528.

张城，王绍强，于贵瑞，等 . 中国东部地区典型森林类型土壤有机碳储量分析 [J]. 资源科学，2006，28（2）: 97–103.

张德强，褚国伟，余清发，等 . 2003. 园林绿化植物对大气二氧化硫和氟化物污染的净化能力及修复功能 [J]. 热带亚热带植物学报，11（4）:336-340.

张德强，叶万辉，余清发，等 . 2000. 鼎湖山演替系列中代表性森林凋落物研究 [J]. 生态学报，20（6）:938-944.

张会儒，唐守正，王彦辉 . 2002. 德国森林资源和环境监测技术体系及其借鉴 [J]. 世界林业研究 15（2）:63-70.

张纪林，康立新，季永华 . 1997. 沿海林网 10 种模式的区域性防风效果评价 [J]. 南京大学学报（自然科学），(1）:151-155.

张娇艳，吴立广，张强 . 2011. 全球变暖背景下我国热带气旋灾害趋势分析 [J]. 热带气象学报，27（4）: 442-454.

张亮，林文欢，王正，等 . 2010. 广东省森林植被碳储量空间分布格局 [J]. 生态环境学报，19（6）: 1295-1299.

张璐，苏志尧，陈北光，等 . 2007a. 广东石坑崆森林群落植物区系成分的垂直分布格局 [J]. 中南林业科技大学学报，27（5）:40-43.

张璐，苏志尧，李镇魁，等 . 2007b. 广东石坑崆森林植物生活型谱随海拔梯度的变化 [J]. 华南农业大学学报，28（2）:78-82.

张璐，杨加志，曾曙才，等 . 2004. 车八岭国家级自然保护区空气负离子水平研究 [J]. 华南农业大学学报 . 25（3）: 26-28.

张佩霞，侯长谋，胡成志，等 . 2010. 广东省鹤山市森林生态系统服务功能价值评估 [J]. 热带地理，30（6）:628-632.

张帅，苏应辉，谯四红，等 . 2010. 大气污染的植物修复研究进展 [J]. 湖北林业科技，166（6）:32-35+43.
张苏峻，张友胜 . 2007. 浅论森林土壤的酸化与调控 [J]. 林业工程学报，21（2）:12-14.
张卫强，李召青，周平，等 . 2010. 东江中上游主要森林类型枯落物的持水特性 [J]. 水土保持学报，24（5）:130-134.
张亚坚，刘宗君，谢勇 . 2017. 南岭国家级自然保护区森林生态系统服务价值评估 [J]. 陕西林业科技，（5）:32-37.
张以科 . 2008. 广东红树林湿地净化石油和多环芳烃类污染物的功能及其价值估算 [D]. 广州：华南师范大学 .
张永雪，刘永，李纯厚，等 . 2014. 南沙湿地生态系统服务价值评估 [J]. 广东农业科学 ，41: 154-158.
张咏梅，周国逸，温达志，等 . 2003. 南亚热带季风常绿阔叶林锥栗—荷木—黄果厚壳桂群落发展趋势探讨 [J]. 植物生态学报，27（2）:256-262.
张友胜，黄国阳，郑定华，等 . 2009. 长潭自然保护区不同功能区森林土壤有机碳分布规律 [J]. 热带林业，37（3）:23-26.
张振振，赵平，倪广艳，等 . 2014. 华南丘陵植被恢复先锋树种木荷与马占相思的水分利用 [J]. 应用生态学报，25（4）:931-939.
赵鸿杰，谭家得，张学平，等 . 2009. 南亚热带 3 种人工松林的凋落物水文效应研究 [J]. 西北林学院学报，24（5）:54-57.
赵平，邹绿柳，饶兴权，等 . 2011. 成熟马占相思林的蒸腾耗水及年际变化 [J]. 生态学报，31（20）: 6038-6048.
赵平 . 2011. 整树水力导度协同冠层气孔导度调节森林蒸腾 [J]. 生态学报，31（4）:1164-1173
赵庆，钱万惠，唐洪辉，等 . 2018. 广东省云勇森林公园 6 种林分保健功能差异比较 [J]. 浙江农林大学学报，35（4）:750-756.
赵士洞 . 2005. 美国国家生态观测站网络（NEON）——概念、设计和进展 [J]. 地球科学进展，20（5）:578-583.
赵勇，陈志林，吴明作，等 . 2002. 平顶山矿区绿地对大气 SO_2 净化效应研究 [J]. 河南农业大学学报，36（1）:59-62.
赵院 . 2013. 全国水土保持监测网络建设成效和发展思路探讨 [J]. 水利信息化，（6）:15-18.
郑度 . 2008. 中国生态地理区域系统研究 [M]. 北京 : 商务印书馆 .
郑文松 . 2009. 广州市湿地生态系统服务价值分析 [J]. 黑龙江科技信息，（23）:187-188.
郑耀辉，王树功，陈桂珠 . 2010. 滨海红树林湿地生态系统健康的诊断方法和评价指标 [J]. 生态学杂志 ，29: 111-116.

郑耀辉，王树功 . 2008. 红树林湿地生态系统服务功能价值定量化方法研究 [J]. 中山大学研究生学刊（自然科学 . 医学版），73-83.

中国科学院学部 . 2008. 关于气候变化对我国的影响与防灾对策建议 [J]. 中国科学院院刊，23（3）:229-234

中国科学院中国植被图编辑委员会 . 2007. 中国植被及其地理格局（中华人民共和国植被图 1:1000000 说明书）[M]. 北京 : 地质出版社 .

中国科学院中国植被图编辑委员会 . 2007. 中华人民共和国植被图（1:1000000）[M]. 北京 : 地质出版社 .

中华人民共和国国务院 . 2010. 全国主体功能区规划 [R].

中华人民共和国环境保护部 . 2010. 中国生物多样性保护战略与行动计划 [R].

仲崇禄，白嘉雨，张勇 . 2005. 我国木麻黄种质资源引种与保存 [J]. 林业科学研究，18（3）:345-350.

周传艳，周国逸，王春林，等 . 2007. 广东省森林植被恢复下的碳储量动态 [J]. 北京林业大学学报，29（2）: 60-65.

周传艳，周国逸，闫俊华，等 . 2005. 鼎湖山地带性植被及其不同演替阶段水文学过程长期对比研究 [J]. 植物生态学报，29（2）:208-217.

周放 . 2010. 中国红树林区鸟类 [M]: 北京：科学出版社 .

周光益，田大伦，邱治军，等 . 2009. 广州流溪河针阔混交林冠层对穿透水离子浓度的影响 [J]. 中南林业科技大学学报，29（5）:32-38.

周光益，徐义刚，吴仲民，等 . 2000. 广州市酸雨对不同森林冠层淋溶规律的研究 [J]. 林业科学研究，13（6）:598-607.

周国逸，唐旭利 . 2009. 广州市森林碳汇分析 [J]. 中国城市林业，7（1）: 8-11.

周国逸，闫俊华 . 2001. 鼎湖山区域大气降水特征和物质元素输入对森林生态系统存在和发育的影响 [J]. 生态学报，21（12）:2002-2012.

周国逸，余作岳，彭少麟 . 1995. 小良试验站三种植被类型地表径流效应的对比研究 [J]. 热带地理，15（4）:306-312.

周丽，张卫强，唐洪辉 . 2014. 南亚热带中幼龄针阔混交林生态化学计量特征 [J]. 生态环境学报，23（11）：1732-1738

周树平，梁坤南，杜健，等 . 2017. 不同密度柚木人工林林下植被及土壤理化性质的研究 [J]. 植物研究，37（2）:200-210.

周文嘉，石兆勇，王娓 . 2011. 中国东部亚热带森林土壤呼吸的时空格局 [J]. 植物生态学报，35: 731-740.

周小勇，黄忠良，欧阳学军，等 . 2005. 鼎湖山季风常绿阔叶林原锥栗—厚壳桂—荷木群落

演替 [J]. 生态学报，25（1）: 37-44.
周毅，甘先华，王明怀，等 . 2005. 广东省生态公益林生态环境价值计量及评估 [J]. 中南林业科技大学学报 . 25（1）: 9-14.
朱剑云，莫罗坚，叶永昌，等 . 2011. 东莞森林生态系统碳储量研究 [J]. 广东林业科技，27（2）: 22-29.
朱教君 . 2013. 防护林学研究现状与展望 [J]. 植物生态学报，37（9）:872-888.
朱丽蓉，周婷，陈宝明，等 . 2014. 南方森林对雨雪冰冻灾害的受损与恢复响应的树龄依赖 [J]. 中国科学 : 生命科学，44（3）:280.
朱丽薇，赵平，蔡锡安，等 . 2010. 荷木人工林蒸腾与冠层气孔导度特征及对环境因子的响应 [J]. 热带亚热带植物学报，18（6）:599-606.
朱廷曜，关德新，吴家兵，等 . 2004. 论林带防风效应结构参数及其应用 [J]. 林业科学，40（4）:9-14.
朱耀军，赵峰，郭菊兰，等 . 2016. 湛江高桥红树林湿地有机碳分布及埋藏特征 [J]. 生态学报 , 36: 7841-7849.
邹碧，王刚，杨富权，等 . 2010. 华南热带区不同恢复阶段人工林土壤持水能力研究 [J]. 热带亚热带植物学报，18（4）:343-349.
邹发生，杨琼芳，蔡俊钦，等 . 2008. 雷州半岛红树林湿地鸟类多样性 [J]. 生态学杂志 , 27: 383-390.
邹文涛，尹光天，孙冰，等 . 2006. 广东顺德 5 种类型人工林群落物种的多样性 [J]. 中南林业科技大学学报，26（6）:71-75.
邹志谨，陈步峰 . 2017. 广州市帽峰山两种主要林型的暴雨水文特征 [J]. 生态环境学报，26（5）:770-777.
Alongi D M. 2008. Mangrove forests: Resilience, protection from tsunamis, and responses to global climate change [J]. Estuarine Coastal & Shelf Science ,76: 1-13.
Andreae M O, Schmid O, Yang H, et al. 2008. Optical properties and chemical composition of the atmospheric aerosol in urban Guangzhou, China[J]. Atmospheric Environment, 42(25):6335-6350.
AndréassianV. 2004. Waters and forests:from historical controversy to scientific debate[J].Journal of Hydrology ,291:1-27.
Bardgett R D, Frankland J C, Whittaker J B. 1993. The effects of agricultural practices on the soil biota of some upland grasslands [J]. Agriculture, Ecosystems and Environment,(45)：25-45.
Bonan G B. 2008. Forests and climate change: Forcings, feedbacks, and the climate benefits of forests [J]. Science , 320(5882): 1444-1449.

Brooker R W. 2006. Plant–plant interactions and environmental change[J]. New Phytologist, 171(2):271-284.

Brown A E, Zhang L, McMahon TA. 2005. A review of paired catchment studies for determining changes in water yield resulting from alterations in vegetation[J].Journal of Hydrology, 310:28-61.

Butterbach-Bahl K, Gasche R, Breuer L, et al. 1997. Fluxes of NO and N_2O from temperate forest soils: impact of forest type, N deposition and of liming on the NO and N_2O emissions [J]. Nutrient Cycling in Agroecosystems , 48: 79-90.

Butterbachbahl K, Rothe A, Papen H. 2002. Effect of tree distance on N_2O and CH_4 fluxes from soils in temperate forest ecosystems [J]. Plant and Soi , 240: 91-103.

Callaway R M, Brooker R W, Choler P, et al. 2002. Positive interactions among alpine plants increase with stress[J]. Nature, 417(6891):844-848.

Chapin III F S, Matson P A, Vitousek P M. 2011. Principles of terrestrial ecosystem ecology[M]. New York: Springer-Verlag.

Chen X M, Zhang D Q, Liang G H, et al． 2016. Effects of precipitation on soil organic carbon fractions in three subtropical forests in southern China [J]. Journal of Plant Ecology, 2(9)：10 – 19.

Cheng X, Bledsoe C S. 2004. Competition for inorganic and organic N by blue oak (Quercus douglasii) seedlings, an annual grass, and soil microorganisms in a pot study[J]. Soil Biology & Biochemistry, 36(1):135-144.

Christiansen J R, Outhwaite J, Smukler S M. 2015. Comparison of CO_2, CH_4 and N_2O soil-atmosphere exchange measured in static chambers with cavity ring-down spectroscopy and gas chromatography [J]. Agricultural & Forest Meteorology, 211-212: 48-57.

Compton J E, Watrud L S, Porteous L A, et al. 2004. Response of soil microbial biomass and community composition to chronic nitrogen additions at Harvard forest[J]. Forest Ecology and Management, 196(1): 143-158.

Cui X, Liang J, Lu W, et al. 2018. Stronger ecosystem carbon sequestration potential of mangrove wetlands with respect to terrestrial forests in subtropical China[J]. Agricultural & Forest Meteorology, 249:71-80.

Dittmar T, Hertkorn N, Kattner G, et al. 2006. Mangroves, a major source of dissolved organic carbon to the oceans [J]. Global Biogeochemical Cycles, 20: -.

Don A, Schumacher J, Scherer-Lorenzen M, et al． 2007. Spatial and vertical variation of soil carbon at two grassland sites implicationsfor measuring soil carbon stocks [J]. Geoderma, 141(34)：272-282.

Edenhofer O, Seyboth K. 2013. Intergovernmental Panel on Climate Change (IPCC) [J]. Encyclopedia of Energy Natural Resource & Environmental Economics , 26: 48-56.

Ernanuel K A. 2005. Increasing destructiveness of tropical cyclones over the past 30 years[J]. Nature, 436(7051): 686-688

Fahey T J, Yavitt JB. 2005. An in situ approach for measuring root-associated respiration and nitrate uptake of forest trees [J]. Plant & Soil , 272: 125-131.

Feng W T, Zou X M, Sha L Q, et al.2008. Comparisons between seasonal and diurnal patterns of soil respiration in a montane evergreen broad-leaved forest of ailao mountains, China [J]. Journal of Plant Ecology , 32: 31-39.

Ferreira A D. 2011. Structural design of a natural windbreak using computational and experimental modeling[J]. Environmental Fluid Mechanics, 11(5):517-530.

Galloway J N, Aber J D, Erisman JW, et al. 2003. The Nitrogen Cascade [J]. BioScience , 53: 341-356.

Giertz S, Diekkr ü ger B. 2003. Analysis of the hydrological processes in a small headwater catchment in Benin (WestAfrica)[J]. Physics and Chemistry of the Earth , 28:1333-1341.

Han W, Fang J, Guo D, et al. 2005. Leaf nitrogen and phosphorusstoichiometry across 753 terrestrial plant speciesin China [J]. New Phytologist , 168(2):377-385.

Hansen J E, Lacis A A. 1990. Sun and dust versus greenhouse gases: an assessment of their relative roles in global climate change [J]. Nature , 346: 713-719.

Hao W, Eugene S Take, Shen J. 2003. SHELTERBELTS AND WINDBREAKS: Mathematical Modeling and Computer Simulations of Turbulent Flows[J]. Advances in Mechanics, 33(1):549-586.

He S, Zhong Y, Sun Y, et al. 2017. Topography-associated thermal gradient predicts warming effects on woody plant structural diversity in a subtropical forest[J]. Scientific Reports, 7:40387.

Houlton B Z, Wang Y P, Vitousek P M, et al. 2008. A unifyingframework for dinitrogen fixation in the terrestrialbiosphere [J]. Nature,(454)：327-330.

Huang W J, Zhou G Y, Liu J X, et al. 2012. Effects of elevated carbon dioxide and nitrogen addition on foliar stoichiometry of nitrogen and phosphorus of five tree species in subtropical model forest ecosystems [J]. Environmental Pollution,168：113-120.

Huang W J, Zhou G Y, Deng X F, et al. 2015. Nitrogen and phosphorus productivities of five subtropical tree species in response to elevated CO_2 and N addition[J]. European Journal of Forest Research, 5(134):845-856.

Huang Y H, Li Y L, Xiao Y, et al. 2011. Controls of litter quality on the carbon sink in soils through partitioning the products of decomposing litter in a forest succession series in south China[J]. Forest Ecology and Management, 261(7): 1170-1177.

IPCC. 2000. Special Report on Emissions Scenarios, Working Group III, Intergovernmental Panel on Climate Change [M]. Cambridge University Press, Cambridge.

Jassal R, Black T, Novak M, G et al. 2010. Effect of soil water stress on soil respiration and its temperature sensitivity in an 18-year-old temperate Douglas-fir stand [J]. Global Change Biology, 14: 1305-1318.

Jia M, Wang Z, Li L, et al. 2014. Mapping China's mangroves based on an object-oriented classification of Landsat imagery [J]. Wetlands , 34: 277-283.

Jim C Y , Chen W Y . 2008. Assessing the ecosystem service of air pollutant removal by urban trees in Guangzhou (China)[J]. Journal of Environmental Management , 88(4):665-676.

Keith H, Jacobsen KL, Raison RJ. 1997. Effects of soil phosphorus availability, temperature and moisture on soil respiration in Eucalyptus pauciflora forest [J]. Plant & Soil , 190: 127-141.

Kiehl J, Trenberth K. 1997. Earth's annual global mean energy budget [J]. Bulletin of the American Meteorological Society , 78: 197-208.

Klos R J, Wang G G, Bauerle W L, et al. 2009. Drought impact on forest growth and mortality in the southeast USA: an analysis using Forest Health and Monitoring data [J]. Ecological Applications A Publication of the Ecological Society of America , 19(3):699.

Li N, Chen P, Qin C. 2015. Density,Storage and Distribution of Carbon in Mangrove Ecosystem in Guangdong's Coastal Areas [J]. Asian Agricultural Research, (002): 62-65, 73

Li Y, Liu J, Zhou G, et al. 2016. Warming effects on photosynthesis of subtropical tree species: a translocation experiment along an altitudinal gradient[J]. Scientific Reports, 6:24895.

Li Y Y, Liu J X, Chen G Y, et al. 2015. Water-use efficiency of four native trees under CO_2 enrichment and N addition in subtropical model forest ecosystems[J]. Journal of Plant Ecology, (4): 4.

Likens G E, Bormann F H, Pierce RS, et al. 1977. Biogeochemistry of a Forested Ecosystem [M]. Springer-Verlag, New York , 146.

Liu J X, Huang W J, Zhou G Y, et al. 2013. Nitrogen to phosphorus ratios of tree species in response to elevated carbon dioxide and nitrogen addition in subtropical forests [J]. Global Change Biology,19(1) ：208-216.

Liu J, Huang W, Zhou G, et al. 2012. Nitrogen to phosphorus ratios of tree species in response to elevated carbon dioxide and nitrogen addition in subtropical forests[J]. Global Change Biology, 19(1):208-216.

Liu J, Zhou G, Xu Z, et al. 2011. Photosynthesis acclimation, leaf nitrogen concentration, and growth of four tree species over 3[J]. Journal of Soils & Sediments,11(7):1155-1164.

Liu S R, Sun P S, Wen Y G. 2003. Comparative analysis of hydrological functions of major forest ecosystems in China[J].Acta PhytoecologicaSinica , 27:16-22.

Liu, X D, Li, Y L, et al. 2015. Partitioning evapotranspiration in an intact forested watershed in southern China[J]. Ecohydrol , 8,1037–1047.

Lu W, Yang S, Chen L, et al. 2014. Changes in carbon pool and stand structure of a native subtropical mangrove forest after inter-planting with exotic species Sonneratia apetala [J]. Plos One , 9: e91238.

Luyssaert S, Schulze ED, Borner A, et al. 2008. Old-growth forests as global carbon sinks[J]. Nature, 455(7210): 213-215.

Martin J G, Bolstad P V. 2005. Annual soil respiration in broadleaf forests of northern Wisconsin: influence of moisture and site biological, chemical, and physical characteristics [J]. Biogeochemistry , 73: 149-182.

Massel S R, Furukawa K, Brinkman R M. 1999. Surface wave propagation in mangrove forests[J]. Fluid Dynamics Research, 24(4):219-249.

Miller H J. 2004. Tobler’ s first law and spatial analysis [J]. Annals of the Association of American Geographers , 94(2):284-289.

Mo J, Wei Z, Zhu W, et al. 2007. Response of soil respiration to simulated N deposition in a disturbed and a rehabilitated tropical forest in southern China [J]. Plant & Soil , 296: 125-135.

Paivinen R, Lund HG, Poso S, et al. 1994. IUFRO International Guidelines for Forest Monitoring: A Project of IUFRO Working Party [J]. Iufro World S4.02-05.

Pan Y, Birdsey RA, Fang J, et al. 2011. A large and persistent carbon sink in the world's forests [J]. Science , 333(6045): 988-993.

Paul K I, Polglase P J, Nyakuengama J G, et al. 2002. Change in soil carbon following afforestation[J]. Forest ecology and management, 168(1): 241–257.

Porazinska D L, Bardgett R D, Blaauw M B, et al. 2003. Relationships at the aboveground–belowground interface: plants, soil biota, and soil processes[J]. Ecological Monographs, 73, 377–395.

Raich J W, Schlesinger W H. 1992. The global carbon dioxide flux in soil respiration and its relationship to vegetation and climate[J]. Tellus Series B-chemical & Physical Meteorology,44(2):81-99.

Rayment MB, Jarvis PG. 2000. Temporal and spatial variation of soil CO_2 efflux in a Canadian

boreal forest [J]. Soil Biology & Biochemistry , 32: 35-45.

Reich P B, Oleksyn J. 2004. Global patterns of plant leaf Nand P in relation to temperature and latitude [J]. Proceedingsof the National Academy of Sciences of the UnitedStates of America , 101(30):11001 -11006.

Rey A, Pegoraro E, Tedeschi V, et al. 2010. Annual variation in soil respiration and its components in a coppice oak forest in Central Italy [J]. Global Change Biology , 8: 851-866.

Shaw C H, Hilger A B, Metsaranta J, et al. 2014. Evaluation of simulated estimates of forest ecosystem carbon stocks using ground plot data from Canada's National Forest Inventory [J]. Ecol Model , 272:323-347.

Smith K A, Ball T, Conen F, et al. 2003. Exchange of greenhouse gases between soil and atmosphere: interactions of soil physical factors and biological processes [J]. European Journal of Soil Science , 54: 779-791.

Song M, Xu X, Hu Q, et al. 2007. Interactions of plant species mediated plant competition for inorganic nitrogen with soil microorganisms in an alpine meadow[J]. Plant and Soil,297(1-2):127-137.

Spehn E M, Joshi J, Schmid B, et al. 2000. Plant diversity effects on soil heterotrophic activity in experimental grassland ecosystems[J]. Plant and Soil,224(2):217-230.

Tang S Z, Liu X M, Xiong Y Z. 1994. Theory and Application of Water Transport in Soil-Plant-Atmosphere Continuum [M]. Beijing: Water Conservancy and Electric Power Press , 51-84.

Tang X, Wang Y, Zhou G, et al. 2011. Different patterns of ecosystem carbon accumulation between a young and an old-growth subtropical forest in Southern China[J]. Plant Ecology, 212: 1385-1395.

Tang X, Zhao X, Bai Y, et al. 2018. Carbon pools in China's terrestrial ecosystems: New estimates based on an intensive field survey [J]. Proceedings of the National Academy of Sciences, 115 (16): 4021-4026.

Thompson J A,Kolka R K. 2005. Soil carbon storage estimation in a forested watershed using quantitative soil-landscape modeling [J]. Soil Science Society of America Journal, 69(4)：1086-1093.

Thuille A, Schulze E-D. 2006. Carbon dynamics in successional and afforested spruce stands in thuringia and the alps [J]. Global Change Biology, 12(2): 325-342.

Tuzet A, Wilson J D. 2007. Measured winds about a thick hedge[J]. Agricultural & Forest Meteorology, 145(3–4):195-205.

US EPA CCD. 2012. U.S. Greenhouse Gas Inventory Report (R).

Wang F , Zou B , Li H , et al. 2014. The effect of understory removal on microclimate and soil properties in two subtropical lumber plantations[J]. Journal of Forest Research , 19(1):238-243.

Wang G, Guan D, Peart MR, et al. 2013. Ecosystem carbon stocks of mangrove forest in Yingluo Bay, Guangdong Province of South China [J]. Forest Ecology & Management , 310: 539-546.

Wang G, Guan D, Zhang Q, et al. 2014. Spatial patterns of biomass and soil attributes in an estuarine mangrove forest (Yingluo Bay, South China) [J]. European Journal of Forest Research , 133: 993-1005.

Wang G, Huang W, Mayes M A, et al. 2019. Soil moisture drives microbial controls on carbon decomposition in two subtropical forests [J]. Soil Biology and Biochemistry, 130: 185-194.

Wang Q, Shao M, Liu Y, et al. 2007. Impact of biomass burning on urban air quality estimated by organic tracers: Guangzhou and Beijing as cases[J]. Atmospheric Environment , 41(37):8380-8390.

Wang Q, Wang S L, Zhang J W. 2009. Assessing the effects of vegetation types on carbon storage fifteen years after reforestation on a Chinese fir site[J]. Forest Ecology and Management, 258(7): 1437-1441.

Wardle D A, Bonner K I, Barker G M, et al. 1999. Plant Removals in Perennial Grassland: Vegetation Dynamics, Decomposers, Soil Biodiversity, and Ecosystem Properties[J]. Ecological Monographs, ,69(4):535-568.

Webster P J,Holland G J,Curry J A, et al. 2005. Changes in tropical cyclone number, duration, and intensity in a warming environment[J]. Science,309(5742): 1844-846.

Woodall C W, Perry C H, Conkling B L, et al. 2010. The Forest Inventory and Analysis Database Version 4.0: Database Description and Users Manual for Phase 3[J] , 245.

Woodall C W, Amacher MC, Bechtold WA, et al. 2011. Status and future of the forest health indicators program of the USA [J]. Environmental Monitoring & Assessment 177(1-4):419-436.

Wu J, Liang G, Hui D, et al. 2016. Prolonged acid rain facilitates soil organic carbon accumulation in a mature forest in Southern China [J]. Science of the Total Environment, 544: 94-102.

Xiankai LU, Jiangming MO, Gilliam FS, et al. 2010. Effects of experimental nitrogen additions on plant diversity in an old-growth tropical forest[J]. Global Change Biology, 16(10):2688-2700.

Xiao X, Yao C, Chen X C, et al. 2005. Main points of forest resource inventory in US and guiding suggestions [J]. Forest Resources Management 34(2):27-33.

Yan J, Li K, Wang W, et al. 2015. Changes in dissolved organic carbon and total dissolved nitrogen fluxes across subtropical forest ecosystems at different successional stages[J]. Water Resource Research, 51: 3681-3694.

Yan J, Wang Y, Zhou G, et al. 2010. Estimates of soil respiration and net primary production of three forests at different succession stages in South China [J]. Global Change Biology , 12: 810-821.

Yiyong L, Guoyi Z, Juxiu L. 2017. Different Growth and Physiological Responses of Six Subtropical Tree Species to Warming [J]. Frontiers in Plant Science, 8:1511.

Zhang G L, Wang K Y, Liu X W, et al. 2006. Simulation of the biomass dynamics of Masson pine forest under different management[J]. Journal of Forestry Research (Harbin), 17(4):305-311.

Zhou C, Wei X, Zhou G, et al. 2008. Impacts of a large-scale reforestation program on carbo n storage dynamics in Guangdong, China[J]. Forest Ecology and Management, 255: 847-854.

Zhou G, Ge S, Xu W, et al. 2008. Estimating Forest Ecosystem Evapotranspiration at Multiple Temporal Scales With a Dimension Analysis Approach[J]. Journal of the American Water Resources Association , 44(1):208-221.

Zhou G Y, Liu S G, Li Z A, et al. 2006. Old-growth forests can accumulate carbon in soils [J]. Science, 314(5804): 1417.

Zou F, Yang Q, Dahmer T, et al. 2006. Habitat Use of Waterbirds in Coastal Wetland on Leizhou Peninsula, China [J]. Waterbirds the International Journal of Waterbird Biology , 29: 459-464.

Zou F, Zhang H, Tom D, et al.2008. The effects of benthos and wetland area on shorebird abundance and species richness in coastal mangrove wetlands of Leizhou Peninsula, China [J]. Forest Ecology & Management , 255: 3813-3818.

“中国森林生态系统连续观测与清查及绿色核算”系列丛书目录

1．安徽省森林生态连清与生态系统服务研究，出版时间：2016 年 3 月

2．吉林省森林生态连清与生态系统服务研究，出版时间：2016 年 7 月

3．黑龙江省森林生态连清与生态系统服务研究，出版时间：2016 年 12 月

4．上海市森林生态连清体系监测布局与网络建设研究，出版时间：2016 年 12 月

5．山东省济南市森林与湿地生态系统服务功能研究，出版时间：2017 年 3 月

6．吉林省白石山林业局森林生态系统服务功能研究，出版时间：2017 年 6 月

7．宁夏贺兰山国家级自然保护区森林生态系统服务功能评估，出版时间：2017 年 7 月

8．陕西省森林与湿地生态系统治污减霾功能研究，出版时间：2018 年 1 月

9．上海市森林生态连清与生态系统服务研究，出版时间：2018 年 3 月

10．辽宁省生态公益林资源现状及生态系统服务功能研究，出版时间：2018 年 10 月

11．森林生态学方法论，出版时间：2018 年 12 月

12．内蒙古呼伦贝尔市森林生态系统服务功能及价值研究，出版时间：2019 年 7 月

13．山西省森林生态连清与生态系统服务功能研究，出版时间：2019 年 7 月

14．山西省直国有林森林生态系统服务功能研究，出版时间：2019 年 7 月

15．内蒙古大兴安岭重点国有林管理局森林与湿地生态系统服务功能研究与价值评估，出版时间：2020 年 4 月

16．山东省淄博市原山林场森林生态系统服务功能及价值研究，出版时间：2020 年 4 月

17．广东省林业生态连清体系网络布局与监测实践，出版时间：2020 年 6 月